城市设计研究丛书

主编：王建国

安全城市设计
——基于公共开放空间的理论与策略

蔡凯臻　王建国　著

东南大学出版社
SOUTHEAST UNIVERSITY PRESS

·南京·

2010年度江苏省"333工程"培养资金资助项目(1101000111)

东南大学基本科研业务费资助项目"创新基金"(3201000502)

高等学校博士学科点专项科研基金新教师类资助课题(项目编号 20120092120001)

东南大学科技基金资助项目(批准号 9201000014)

内容提要

本书是针对城市公共安全的城市设计研究专著,借助跨学科研究方法和途径,旨在建立基于安全城市设计的理论实践基础,补充和完善城市公共安全规划及城市设计的相关研究。

本书首先论证城市设计领域研究公共安全的必要性,提出并阐释安全城市设计的概念及内涵,探讨安全城市设计与城市安全规划、建筑安全设计的关系;继而对应行为事故、犯罪、恐怖袭击和灾害等公共安全威胁要素,从自身安全和安全职能两方面,分析公共开放空间的安全属性,构建以公共开放空间为对象的安全城市设计理论框架;最后,通过系统分析空间形态及建筑等空间要素对其安全属性的影响,结合案例研究和评介,分别从行为安全设计、防卫安全设计、灾害安全设计三方面,阐述以公共开放空间为对象的安全城市设计策略。

本书适用于建筑学、城市规划、城市设计及城市公共安全、城市防灾减灾相关领域的专业人员和建设管理者,也可为高等院校相关专业的师生参考。

图书在版编目(CIP)数据

安全城市设计:基于公共开放空间的理论与策略/
蔡凯臻,王建国著. —南京:东南大学出版社,2013.12
(城市设计研究丛书/王建国主编)
ISBN 978 - 7 - 5641 - 4589 - 7

Ⅰ.①安… Ⅱ.①蔡… ②王… Ⅲ.①城市规划—建
筑设计—研究 Ⅳ.①TU984

中国版本图书馆 CIP 数据核字(2013)第 246069 号

书　　名:安全城市设计——基于公共开放空间的理论与策略
著　　者:蔡凯臻　王建国
责任编辑:孙惠玉　　　　　编辑邮箱:894456253@qq.com
文字编辑:咸玉芳

出版发行:东南大学出版社
社　　址:南京市四牌楼 2 号　　　邮　　编:210096
网　　址:http://www.seupress.com
出 版 人:江建中

印　　刷:江苏兴化印刷有限责任公司
排　　版:江苏凤凰制版有限公司
开　　本:787 mm×1092 mm　1/16　印张:15　字数:370 千
版 印 次:2013 年 12 月第 1 版　　2013 年 12 月第 1 次印刷
书　　号:ISBN 978 - 7 - 5641 - 4589 - 7
定　　价:49.00 元

经　　销:全国各地新华书店
发行热线:025-83790519　83791830

总序

　　近十年来,中国城市设计专业领域空前活跃,除了继续介绍引进国外的城市设计新理论、新方法以及案例实践成果外,国内学者也在一个远比十年前更加开阔而深入的学术平台上继续探讨城市设计理论和方法,特别是广泛开展了基于中国 20 世纪 90 年代末以来的快速城市化进程而展开的城市设计实践并取得了世界瞩目的成果。

　　首先,在观念上,建筑学科领域的拓展在城市设计层面上得到重要突破和体现。吴良镛先生曾提出"广义建筑学"的学术思想,"广义建筑学,就其学科内涵来说,是通过城市设计的核心作用,从观念上和理论基础上把建筑、地景、城市规划学科的精髓合为一体"①。事实上,建筑设计,尤其是具有重要公共性意义的和大尺度的建筑设计早已离不开城市的背景和前提,可以说中国建筑师设计创作时的城市设计意识在今天已经成为基本共识。如果我们关注一下近年的一些重大国际建筑设计竞赛活动,不难看出许多建筑师都会自觉地运用城市设计的知识,并将其作为竞赛投标制胜的法宝,相当多的建筑总平面都是在城市总图层次上确定的。实际上,建筑学专业的毕业生即使不专门从事城市设计的工作,也应掌握一定的城市设计的知识和技能,如场地的分析和一般的规划设计、建筑中对特定历史文化背景的表现、城市空间的理解能力及建筑群体组合艺术,等等。

　　其次,城市规划和城市设计相关性也得到深入探讨。虽然我国城市都有上级政府批准的城市总体规划,地级市以上的城市的城市总体规划还要建设部和国务院审批颁布,这些规划无疑已经作为政府制定发展政策、组织城市建设的重要依据,用以指导具体建设的详细规划,也在城市各类用地安排和确定建筑设计要点方面发挥了积极作用。但是,对于什么是人们在生活活动和感知层面上觉得"好的、协调有序的"城市空间形态,以及城市品质中包含的"文化理性",如城市的社会文化、历史发展、艺术特色等,还需要城市设计的技术支撑。也就是说,仅仅依靠城市规划并不能给我们的城市直接带来一个高品质和适宜的城市人居环境。正如齐康先生的《城市建筑》一书在论述城市设计时所指出的,"通常的城市总体规划与详细规划对具体实施的设计是不够完整的"②。

　　在实践层面城市设计则出现了主题、内容和成果的多元化发展趋势,并呈现出以下研究类型:

　　(1) 表达对城市未来形态和设计意象的研究,其表现形式一般具有独立的价值取向,有时甚至会表达一种向常规想法和传统挑战的概念性成果。一些前卫和具有前瞻性眼光的城市和建筑大师提出了不少有创新性和探索价值的城市设计思想,如伯纳德·屈米、彼德·埃森曼、雷姆·库哈斯和荷兰的 MVRDV 等。此类成果表达内容多为一些独特的语言文本表达加上空间形态结构,其相互关系的图解乃至建筑形态的实体,其中有些已经达到实施的程度,如丹尼尔·李布斯金获胜的美国纽约世界贸易中心地区后"9·11"重建案等。当然也有一些只是城市设计的假想,如新近有人提出水上城市(Floating City or

---

① 吴良镛.建筑学的未来[M].北京:清华大学出版社,1999:8.
② 齐康.城市建筑[M].南京:东南大学出版社,2001:4.

Aquatic City)、高空城市（Sky City）、城上城和城下城（Over City/Under City）、步行城市（Carfree City）等①。

（2）表达城市在一定历史时期内对未来建设计划中独立的城市设计问题考虑的需求，如总体城市设计以及配合城市总体规划修编的城市设计专项研究。城市设计程序性成果越来越向城市规划法定的成果靠近，成为规划的一个分支，并与社会和市场的实际运作需求相呼应。

（3）针对具体城市建设和开发的以项目为取向的城市设计，这一类项目目前最多。这些实施性的项目在涉及较大规模和空间范围的项目时，还常常运用 GIS、遥感、"虚拟现实"（VR）等新技术。这些与数字化相关的新技术应用，大大拓展了经典的城市设计方法范围和技术内涵，同时也使城市设计编制和组织过程产生重大改变，设计成果也因之焕然一新。

通过 20 世纪 90 年代以来一段时间的城市设计热，我们的城市建设领导决策层逐渐认识到，城市设计在人居环境建设、彰显城市建设业绩、增加城市综合竞争力方面具有独特的价值。近年来，随着城市化进程的加速，中国城市建设和发展更使世界瞩目；同时，城市设计研究和实践活动出现了国际参与的背景。

在引介进入中国的国外城市设计研究成果中，除以往的西特（C. Sitte）、吉伯德（F. Giberd）、雅各布斯（J. Jacobs）、舒尔茨（N. Schulz）、培根（E. Bacon）、林奇（K. Lynch）、巴奈特（J. Barnett）、雪瓦尼（H. Shirvani）等的城市设计论著外，又将罗和科特（Rowe & Kotter）的《拼贴城市》②、卡莫那（Matthew Carmona）等编著的《城市设计的维度：公共场所——城市空间》③、贝纳沃罗的《世界城市史》④等论著翻译引入国内。

国内学者也在理论和方法等方面出版相关论著，如邹德慈的《城市设计概论：理念·思考·方法·实践》（2003）、王建国的《城市设计》（第 2 版，2004）、扈万泰的《城市设计运行机制》（2002）、洪亮平的《城市设计历程》（2002）、庄宇的《城市设计的运作》（2004）、刘宛的《城市设计实践论》（2006）、段汉明的《城市设计概论》（2006）、高源的《美国现代城市设计运作研究》（2006）等。这些论著以及我国近年来的许多实践都显著拓展了城市设计的理论方法，尤其是基于特定中国国情的技术方法和实践探新极大地丰富了世界城市设计学术领域的内容。

然而，城市设计是一门正在不断完善和发展中的学科，20 世纪世界物质文明持续发展，城市化进程加速，但人们对城市环境建设仍然毁誉参半。虽然城市设计及相关领域学者已经提出的理论学说极大地丰富了人们对城市人居环境的认识，但在具有全球普遍性的经济至上、人文失范、环境恶化的背景下，我们的城市健康发展和环境品质提高仍然面临极大的挑战，城市设计学科完善仍然存在许多需要拓展的新领域，需要不断探索新理论、新方法和新技术。正因为如此，我们想借近来国内外学术界对城市设计学科研究持续关注的发展势头，组织编辑了这套城市设计研究丛书。

---

① 可参见世界建筑导报，第 2000 年第 1 期.
② 柯林·罗，弗瑞德·科特. 拼贴城市[M]. 童明，译. 北京：中国建筑工业出版社，2003.
③ Matthew Carmona, Tim Heath, Taner Oc，等. 城市设计的维度：公共场所——城市空间[M]. 冯江，等译. 南京：江苏科学技术出版社，2005.
④ 贝纳沃罗. 世界城市史[M]. 薛钟灵，等译. 北京：科学出版社，2000.

我们设想这套丛书应具有这样的特点：

第一，丛书突出强调内容的新颖性和探索性，鼓励作者就城市设计学术领域提出新观念、新思想、新理论、新方法，不拘一格，独辟蹊径，哪怕不够成熟甚至有些偏激。

第二，丛书内容遴选和价值体系具有开放性。也即，我们并没有想通过这套丛书要构建一个什么体系或者形成一个具有主导价值观的城市设计流派，而是提倡百家争鸣，只要论之有理、自成一说即可。

第三，对丛书作者没有特定的资历、年龄和学术背景的要求，只以论著内容的学术水准、科学价值和写作水平为准。

这套丛书的出版，首先要感谢东南大学出版社徐步政老师。实际上，最初的编书构思是由他提出的。徐老师去年和我商议此事时，我觉得该设想和我想为繁荣壮大中国城市设计研究的想法很合拍，于是欣然接受了邀请并同意组织实施这项计划。

这套丛书将要在一段时间内陆续出版，恳切欢迎各位读者在初次了解和阅读丛书时能及时给我们提出批评意见和宝贵建议，以使我们在丛书的后续编辑组织中更好地加以吸收。

王建国

序言

　　自古以来,"安全"始终是城市建设和城市发展的基本要求。而在今天,城市安全面临着更为复杂而紧迫的局面。一方面,在全球范围内,交通事故、洪涝、火灾等灾害和治安性犯罪等传统安全问题依然存在,而恐怖袭击,以 SARS、禽流感等为代表的新型流行病灾害,生态环境安全等非传统安全问题也突袭城市;另一方面,随着社会转型和高速的城市化进程,城市在人口、建筑、生产、财富日益集中的同时,公共空间安全隐患增多,城市安全面临越来越严峻的挑战。城市公共空间的环境安全设计问题在"9·11 事件"后被提到了极其重要的战略地位,美国华盛顿哥伦比亚特区专门组织了基于公共安全的城市设计,其他很多国家也都重新开始检讨以往的公共场所设计在安全方面存在的缺陷。

　　我们工作室一直关注城市设计学科的前沿进展,并将其作为学位论文课题的主要选择范围,基于安全城市设计问题研究的前沿性和迫切性,我让蔡凯臻选择了针对公共安全为主要对象的城市设计博士论文课题。这一课题研究应该说具有较大的难度,首先是领域比较新,以往城市设计主要关注的是社会、文化、审美、形态、尺度和环境行为等方面的内容,设计中虽然也有一些涉及环境行为安全的内容,但是从来没有涉及恐怖袭击的设计防范,因此先前的研究积累和可参考的文献较少;其次是在国内并没有发生过像"9·11 事件"那么严重的案件,而且很多相关信息属于有关部门的保密范围,实际案例调查存在很大困难。再者,城市公共安全还涉及地震、洪涝等多种灾害,内容范围较为广泛,而城市设计与公共安全问题的实质性关联和作用仍有待进一步厘清,但蔡凯臻不畏艰难,勇于探索,最终顺利完成以此为主题的博士学位论文。2010 年,我们又以此为题申请江苏省"333 工程"科研课题并获得资助。

　　安全城市设计涉及人的生理、心理、行为规范和城市生态环境、社会、文化等因素,相关学科及理论众多,既有安全科学、灾害学、生态学的基础性理论,还包括诸如城市地理学、城市社会学等城市学科,以及环境心理学、环境行为学、防卫空间、CPTED(通过环境设计预防犯罪模式)、灾害空间、防灾空间等城市规划、城市设计及建筑学科的相关理论,所以它是建立在跨学科平台之上的综合性空间设计。同时,基于城市设计的多元价值目标,基于公共安全的城市设计必须在提升空间安全品质的同时,兼顾功能性、可达性、便捷性、舒适性及公共活动要求等城市设计的固有追求,只有将提升空间安全品质与其他属性目标相结合,才能建立安全、协调、有序、多样化的城市空间环境。

　　本书的主要创新之处在于运用了包括安全科学、环境行为学、城市防灾跨学科等在内的研究方法,提出了安全城市设计的概念。研究通过严谨的论证和推演,辅之以案例的归纳分析总结,在国内首次比较系统地建构了以公共空间为对象的安全城市设计基本理论和方法框架。在应用层面,研究则建构了针对跌倒、跌落、溺水、高空坠物、步行交通犯罪、恐怖袭击和灾害的行为安全设计策略、防卫安全设计策略和灾害安全设计策略,部分填补了国内城市设计在这方面的空白,研究还尝试提出了一些实用措施和建议,为完善和补阙我国城市设计理论和方法做出了有益的前瞻性探索。

王建国

2013 年 8 月 6 日

前言

　　安全,是人的基本需求,也是城市存在和发展的基本要求。自城市诞生之日起,安全与城市就如影随形,相伴相生,并不断发展演化。人类在创造空前繁荣的城市文明的同时,也在不断克服城市公共安全的种种威胁。近几十年来,人、建筑、城市、环境之间的矛盾日益尖锐,造成人居环境的恶化,并反作用于人类自身,健康和安全问题即为这种作用最终的表现形式。全球范围内,不断发展壮大的城市在面对灾害等安全威胁时却经常表现出其脆弱的一面。我们的城市到底能够保证多大程度的安全及我们应当选择怎样的城市发展策略,是全世界共同思考的问题。而我国城市的安全问题具有其特殊性。一方面我国城市正在经历爆发式增长与发展过程,适合自身特色的城市良性健康发展路径仍在实践中不断探索,另一方面也面临全球范围内紧迫的城市安全局面的双重压力。建设安全城市,不仅成为全球关注的重要议题,也是我国实现可持续发展和建设社会主义和谐社会战略的基本目标和重要保障,是关系到我国社会、经济协调发展的全局性的战略问题。

　　城市建筑学科的重要目标在于确保人与城市的和谐共生,人在城市的"和谐安居"。公共安全问题在不断困扰城市及居民的同时,也时时拷问着建筑学和城市规划设计学界。采取适宜的观念立场、规划设计技术方法和运作模式,建立与城市公共安全所需要的社会、经济组织模式相适应的物质空间模式,使城市环境获得安全品质,是学术界不可回避的焦点问题。

　　近20年来,笔者一直致力于在工作室的组织形式下,针对城市设计学术领域中的新问题、新理论、新方法展开探索。2004年,结合城市建设发展的需求、以往研究实践中的经验体会和对未来城市设计发展走向的研判,我们将城市防灾与安全问题纳入研究视野,作为专项课题逐步展开研究,重点在于以下方面:

　　(1)理论意义:分析以往城市规划、城市设计、城市安全规划研究与实践的不足与缺失,分析安全城市设计在公共安全规划建设中的序位、作用和特点,探讨从城市设计视角研究公共安全问题的理论价值和必要性。

　　(2)领域方向:论证安全城市设计对哪些公共安全问题具有作用或影响。明确安全城市设计的重点内容,探究其理论研究的基本方向和可能领域。

　　(3)理论基础:厘清公共安全问题与物质空间形态、三维环境整体设计、城市设计典型空间要素等城市设计基本要点之间的相关性。

　　(4)策略探讨:通过国内外案例的研读和自身实证性调查研究的总结,论证上述相关性研究的客观性,推导具有实践可行性的安全城市设计策略。

　　2008年,笔者在《建筑学报》发表论文,系统论述了"安全城市设计"的基本概念、理论内涵和内容构成,初步探索基于公共安全的城市设计的框架要点。笔者认为,面对当代城镇建筑环境建设所面临的公共安全问题,现代城市设计应立足于本学科的特点,以人—空间—公共安全要素之间的互动关联为基础,展开对城市公共安全问题的研究和相应设计方法原则的探讨,并逐步贯彻于物质空间规划设计和建设实施的实践之中。

随后,我们就安全城市设计的研究课题展开更为深入的研究,并得到"江苏省333高层次人才工程"和"东南大学创新基金"、"东南大学基本科研启动基金"的资助,取得了阶段性成果。正是在这一研究脉络下,本书以王建国指导、蔡凯臻完成的博士学位论文《基于公共安全的城市设计理论及策略研究——以公共开放空间为对象》为基础改写而成。

本书立足于现代城市设计的学术视角,引入安全科学、环境行为心理学、犯罪学、灾害学、城市防灾学等多种学科理论,探索人的心理行为、公共安全威胁、物质空间环境、安全管理之间的关联影响,着重从公共开放空间的安全属性、物质空间三维形态和环境综合设计角度,初步建构安全城市设计的理论框架,提出设计策略和原则措施。本书既是对现代城市设计的补充、深化和拓展,也是对城市公共安全规划建设的新思路及新方法的积极探索。

本书共分七章,大致涵盖理论建构和策略研究两部分,案例评介结合具体内容穿插于各个章节,其中:

绪　论　从社会总体和城市规划设计学科背景论述当前城市公共安全建设所面临的局势和挑战,通过对国内外相关研究成果和实践案例的研读,总结城市公共安全规划、城市设计等相关领域的研究现状、趋势及可资借鉴的研究取向和方法,明确本书的基本研究方法和研究思路。

第1章　阐明与安全城市设计具有关联性的基础性理论和原理,主要包括安全科学中的事故致因理论、安全行为理论、安全风险理论,环境行为学中的环境认知理论、行为场景理论、环境应激理论,以及通过环境设计预防犯罪理论、灾害学及城市防灾理论、安全城市理念。

第2章　提出基于城市公共安全的城市设计(即安全城市设计)的概念,介绍历史上城市设计对城市公共安全的研究和实践,分析安全城市设计与城市安全规划、建筑安全设计的关系及其在城市安全规划建设系统的序位,建立安全城市设计的理念,阐释其理论内涵。

第3章　本章对应日常生活行为事故、城市犯罪、恐怖袭击和各类城市灾害等主要公共安全威胁要素与公共开放空间的关系,论述绿地、水体、广场、道路等公共开放空间的自身安全性,及其对于城市公共安全的职能作用,分析公共开放空间的安全属性。

第4章　以上述分析为基础,指出基于公共安全的城市设计以公共开放空间为主要研究对象,内容包括针对行为事故的行为安全设计、针对犯罪及恐怖袭击的防卫安全设计、针对灾害的灾害安全设计,并论述其基本要素、层次范围、价值判断与目标评价,初步建构以公共开放空间为对象的安全城市设计的理论框架。

第5章　本章针对城市日常生活中发生于公共开放空间中的跌倒事故、跌落及溺水事故、高空坠物事故和步行交通事故,运用事故致因理论及环境行为学理论,分析行为事故的构成要素、发生规律和空间要素对其的影响,从公共活动空间环境的综合设计角度,提出预防行为事故的行为安全设计策略。

第6章　本章分析公共开放空间中的犯罪及汽车炸弹恐怖袭击的行为决意、实施过程、危害影响要素、监控力量等特征,及其与之关联的公共开放空间职能属性及其他空间要素的影响,提出针对公共开放空间犯罪和汽车炸弹恐怖袭击的防卫安全设计策略。

第7章　本章针对地震、火灾、洪涝、热岛效应及高温气象灾害、空气污染、风灾等典型城市灾害,对应公共开放空间所具有的灾害安全职能,分析空间物质构成、形态布局、建筑等其他空间要素对其灾害职能的影响,分别从灾害环境调节、灾害缓冲隔离、灾害避难救援三方面阐述灾害安全设计策略。

结　语　综述本书以公共开放空间为对象而展开的安全城市设计的主要研究结论,并展望未来进一步研究的主要方向。

在我们这个时代,安全,这一城市的固有属性,不可避免地呈现出新的表现形式,也具有新的内涵和要求。在这一意义上,针对公共安全问题展开研究,既是城市设计对历史本原目标的回归,也是对时下崭新问题的探索。作为一个开端,本书期盼能够引起城市规划和城市设计从业者对公共安全问题的关注,并为塑造具有安全品质的城市空间环境提供有益的帮助。

王建国　蔡凯臻

2013 年 6 月 27 日

目录

绪论

0.1 研究背景

0.1.1 时代背景

城市是国家经济、政治、科技、文教中心，具有人口集中、建筑集中、生产和商贸集中、财富集中的特征，也是灾害、事故等安全威胁因素较为密集的空间领域。自古以来，"安全"始终是城市建设和城市发展的基本要求，也是城市的基本属性。城市的历史可以理解为城市建设发展要求与城市安全要求不断整合、相互协调的动态连续过程。随着人类社会的发展进程，威胁城市安全的因素不断涌现，城市安全面临众多挑战，其内涵及意义也在不断充实、深化及改变，城市建设必须适应新的安全要求。

在全球范围内，随着各类灾害的频发，城市正面临着更为复杂而紧迫的安全问题（图0-1）。一方面，火灾、地震等自然灾害和交通事故、治安性犯罪等人为威胁等传统安全问题依然困扰城市，而且其发生频率、影响范围和危害程度正在逐渐扩大，各种灾害、事故正在从局部性的安全威胁发展成为整体性、乃至全球性的安全问题。另一方面，以"9·11事件"为代表的恐怖袭击、以SARS为代表的新型流行病灾害，以及以空气污染等代表的环境污染等新型危害悄无声息地突袭城市，使城市安全面临新的挑战，寻求针对这些新型危害的应对策略及措施成为十分紧迫的重要任务。

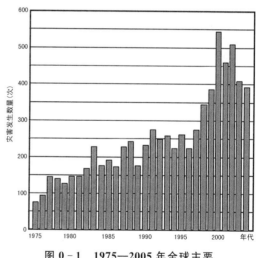

图0-1　1975—2005年全球主要
自然灾害次数统计图

近年来，随着我国经济、社会的全面发展，我国的城市建设取得了显著成就，但同时城市的安全建设相对滞后，城市公共安全问题日益显现。城市化进程的加快使城市人口急剧增加，在我国社会、经济全面转型的大背景下，城市社会关系不断调整，社会矛盾快速演化，城市正在成为各种社会问题的焦点，加上各种复杂因素的作用，城市犯罪尤其是暴力犯罪逐渐成为危害城市公共安全的主要社会问题。随着城市的高速发展，我国城市在人口、建筑、生产、财富日益集中的同时，城市空间环境逐渐无法适应城市公共安全的要求，城市的无序化扩张、城市规模尚欠合理、城市人口过于集中、城市建筑密度过大、城市空间形态结构相对密实、空间安全的弹性容量不足，都对各种灾害及事故的危害具有放大及加剧效应。而且，城市空间中危险源分布较为广泛，城市基础设施安全相对脆弱，公共空间安全隐患增多，都较大程度地提高了城市公共安全的风险水平。《21世纪国家安全文化建设纲要》中指出：中国20世纪90年代的年均自然巨灾、事故、公害三类损失之和就已占国民生产总值10%以上，几乎相当于国家财政收入的40%，且大量损失及危害都集中在防范灾害能力脆弱的城市中①。城市公共安全已成为我国社会经济发展和城市建设必须面对的重要课题。

0.1.2 学科背景

安全涉及城市社会生活的方方面面。大力发展城市安全建设，构建安全城市，创建和谐、健康、安全、幸福和充满希望的城市人居环境，不仅是全球关注的重要议题，也是我国实现可持续发展和建设社会主义和谐社会战略的基本目标和重要保障，是关系我国社会、经济协调发展的全局性战略问题。为应对新时期的城市安全局面，建设满足公共安全品质要求的城市空间环境，我国规划学科及建筑学科在原有成果的基础之上，正在进行深入探索，而城市设计领域对公共安全的研究工作亦急需全面展开。

当前，我国城市规划领域从总体规划、分区规划及专项规划等层面，针对城市公共安全，分别从工业危险源、公共场所、公共基础设施、自然灾害、道路交通、恐怖袭击与破坏行为、突发公共卫生事件的角度，进行了相应的理论探讨及规划编制。总体上，就空间层面而言，城市安全规划通过对城市土地使用的预期安排，协调城市各组成要素的相互关系，改进城市的社会、经济和空间关系，使城市环境及城市居民免受各种安全威胁要素的危害，是基于安全的城市空间及相关资源的分配过程，其主要内容、目标、范围、方法的体系建构尚处于探索阶段。

从物质空间环境的规划设计层面提升城市公共安全水平，是城市安全规划的重要内容。而相对微观而具体的城市空间（尤其是公共空间）是人感知、体验城市空间的主要领域，与各类公共安全事件和城市居民的安全要求直接相关，其安全品质涉及人的心理和行为、社会、自然等多种因素，与城市空间环境的相互关系及作用机制较为复杂。相对而言，城市公共安全规划在空间环境层面主要侧重于工程性的功能强化的单一视角，不能充分发挥空间形态结构、环境景观要素对空间安全品质的积极作用，难以应对多样化空间的具体环境背景和各种安全诉求，协调功能、结构、形态等空间要素，实现空间安全的综合绩效。而且，城市公共安全规划的规范式的刚性手段只能控制空间设计及建设中的"安全底线"，对于与心理、行为因素相关的公共安全问题缺乏有效对策，无法应对城市空间安全的全面需求。再者，在建筑安全设计内部完善的同时，以往的安全防灾规划对于建筑之外的公共空间较为忽视，无法形成完整而安全的公共空间体系。此外，城市公共安全规划的具体要求如何与建筑安全要求相协调、安全规划的结构性纲要在具体的三维城市空间环境安全建设中如何落实，都缺乏有效手段。因此，城市安全规划在内容、理论和方法上都需要进一步完善。

城市公共安全规划体系建设需要理论方法及技术手段上的创新和补充，而作为城市规

---

① 邹其嘉. 城市灾害应急管理综述[EB/OL]. (2007-04-26)[2012-08-06]http://www1.mmzy.org.cn/html/article/1247/5114918.htm.

划的有机组成部分,城市设计不仅从空间形体环境层面完善和深化城市规划的结构框架,还是城市规划与建筑设计之间的衔接和过渡。因此,在城市安全规划中引入城市设计的视角十分必要。

0.2 研究现状与动态

0.2.1 通过环境设计预防犯罪理论及实践的发展

国外学者对物质空间设计与犯罪行为模式之间关系的研究始于 20 世纪 60 年代。简·雅各布斯(Jane Jacobs)在其 1961 年发表的《美国大城市的死与生》(The Death and Life of Great American Cities)一书中认为当时城市规划的垂直化、郊区化等空间格局变化破坏了传统的城市空间模式,使对犯罪具有抑制作用的社会自然监控力量(Natural Surveillance)减弱,以致犯罪率上升。她强调通过增加"街道眼"(Eyes on the Street)等自然监控力量来预防犯罪[1]。此后,美国当代著名犯罪学家杰弗瑞以"社会疏离理论"(Social Alienation Theory)整合犯罪心理学及犯罪社会学相关成果,阐明犯罪行为、人际关系、社会规范、空间环境之间的互动关系,提出通过环境设计预防犯罪(CPTED, Crime Prevention through Environmental Design)的概念,旨在通过环境规划及设计改善空间环境,增进人际社会关系的互动,预防犯罪和降低犯罪率[2]。奥斯卡·纽曼的《可防卫空间:通过城市设计预防犯罪》(Defensible Space:Crime Prevention Through Urban Design)一书中提出可防卫空间理论,强调在环境设计中整合领域感(Territoriality)、自然监控(Natural Surveillance)、意象(Image)和周遭环境(Milieu)要素,提高居民的集体责任感和对犯罪的干预能力[3],由于其具有较强的操作性而被广泛应用。伊藤滋(1983)等人的研究将防卫空间理论与 CPTED 理论相结合,并对具体的设计原则进行了深入研究[4]。1992年,克拉克提出"情境犯罪预防"(Situational crime prevention)理论,其基本观点认为犯罪行为选择具有一定的理性,并受到具体情境的影响,通过对空间情境的控制和影响,能够增加犯罪难度、提高犯罪风险、降低犯罪回报和移除犯罪借口,从而实现预防犯罪之目的[5]。经过数十年的发展与融合,综合性 CPTED 理论和策略逐渐形成,成为预防犯罪的重要理论和指导思想,广泛运用于美国、加拿大、日本、荷兰、法国等国的实践之中,并不断深化和完善。始于 1996 年的联合国人居署"更安全城市"计划针对日益严重的城市犯罪及其引发的社会恐惧,将环境预防、社会预防、制度预防确定为三种主要途径[6]。此后,比尔·希列尔和苏智锋利用空间句法(Space Syntax)对英国城市空间与犯罪关系分析后认为开放性的

---

① 简·雅各布斯. 美国大城市的死与生[M]. 金衡山,译. 南京:译林出版社,2005:35－40.

② Jeffery C R. Crime Prevention through Environment Design[M]. Beverly Hills,CA:Sage,1971.

③ Newman O. Defensible Space:Crime Prevention Through Urban Design[M]. New York:Macmillan,1972.

④ 伊藤滋. 城市与犯罪[M]. 夏金池,郑光林,译. 北京:群众出版社,1988.

⑤ Clarke Ronald V. Situational Crime Prevention:Successful Case Studies[M]. 2nd ed. New York:Harrow and Heston,1992.

⑥ UN-HABITAT. SAFER CITIES APPROACH[EB/OL]. (2003)[2012－06－10]http://ww2. unhabitat. org/programmes/safercities/approach. asp.

变形格网街道与封闭的尽端路相比更具安全性①。泽林卡和布瑞南整合 CPTED 原则,提出安全景观(Safescape)概念,以物质空间设计减少社区中的犯罪行为②。近年来,CPTED 理论及实践的发展表现出两种趋势。一方面,强调 CPTED 理论与城市规划及城市设计的融合。2004 年,联合国人居署联合瑞士联邦科技学院(EPFL)等机构共同发起的"城市空间和安全政策"国际会议上,提出综合性犯罪预防策略包括强制性法律、社会融合以及物质规划干预。美国 AIA(2006)颁布的城市规划及城市设计标准中也明确了 CPTED 在犯罪预防方面的主导地位(图 0-2)。另一方面,随着城市公共空间犯罪的多样化和严重化,以及其对城市生活安全影响的扩大化,CPTED 的应用领域从以往以居住区及建筑为主而逐渐转向城市公共空间中的犯罪问题。英国副首相办公室发行的《更安全的场所:规划系统和犯罪预防》(Safer Places: the Planning System and Crime Prevention)阐述了通过环境设计预防公共空间犯罪的规划设计原则和管控机制③。加拿大、新西兰等国家亦展开相应研究。总体上,从城市规划及城市设计层面预防公共空间犯罪正在成为国外相关研究的重点内容。

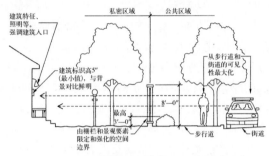

图 0-2 基于犯罪预防考虑的街道断面设计

我国大陆地区对犯罪预防之空间对策的研究主要集中于三方面,在城市规划和公安、法学等学科中均有所体现。第一,国内学者根据具体案例进行设计实践,多以居住区为主④。第二,借鉴国外犯罪及相应心理安全空间分布理论,选取某一城市为对象,分析犯罪及心理安全在城市中的分布特征⑤。第三,近年来随着国外 CPTED 理论的发展,国内学者侧重于对相关理论的评介及其在城市规划层面的结合,但仍停留于理念建立阶段。王发曾分析了城市犯罪及城市空间环境对其的影响,总结了相关的空间防控措施⑥。徐磊青论述了环境设计预防犯罪研究与实践的基本历程⑦。庄劲、廖万里介绍了情境犯罪预防的理论基础和基本原理⑧。毛媛媛、戴慎志归纳总结了国内外城市空间环境与犯罪关系的主要研究成果,认为应在城市规划中从宏观及微观多个层面加以结合和运用⑨。我国台湾地区的相关研究具有类似特点,但亦有所拓展。除以居住区及住宅为主要对象的研究之外,关华

① Hillier B, Simon Shu. Designing for Secure Spaces. Planning in London [J]. The London Planning & Development Forum,1999(29):36-38.

② Al Zelinka,Dean Brennan. Safescape:Creating Safer, More Livable Communities Though Planning and Design [M]. Chicago:Planners Press-American Planning Association,2001.

③ Office of the Deputy Prime Minister, Llewelyn Davies, Holden McAllister Partnership. Safer Places: the Planning System and Crime Prevention[M/OL]. Queen's Printer and Controller of Her Majesty's Stationery Office,2004 [2006-10-08] http://www.securedbydesign.com/pdfs/safer_places.pdf.

④ 朱嘉广. 城市住宅防卫安全问题初探[D]. [硕士学位论文]. 北京:清华大学,1983;白德懋. 居住区规划与环境设计[M]. 北京:中国建筑工业出版社,1993;戴慎志,江毅,罗晓霞. 城市住区空间安全防卫规化与设计[J]. 规划师, 2002,18(2):37-40.

⑤ 汪丽,王兴中. 对中国大城市安全空间的研究——以西安为例[J]. 现代城市研究,2003(5):17-24.

⑥ 王发曾. 城市犯罪分析与空间防控[M]. 北京:群众出版社,2003.

⑦ 徐磊青. 以环境设计防止犯罪研究与实践30年[J]. 新建筑,2003(6):4-7.

⑧ 庄劲,廖万里. 情境犯罪预防的原理与实践[J]. 山西警官高等专科学校学报,2005,13(1):17-22.

⑨ 毛媛媛,戴慎志. 国外城市空间环境与犯罪关系研究的剖析和借鉴[J]. 国际城市规划,2008,23(4):104-109.

尝试将综合性 CPTED 策略与城市规划相结合,并运用于城市公共空间领域的犯罪防控[①]。总体上,我国从物质空间规划及城市设计视角对犯罪防控的理论及策略研究,尤其是针对公共空间犯罪的研究比较欠缺。

0.2.2 通过规划设计应对恐怖袭击的研究与实践

国外从空间规划设计角度对恐怖袭击的研究和实践以美国最具代表性。早在"9·11"恐怖事件之前,针对恐怖袭击的相关研究就已展开。John J. Kiefer(2001)指出应综合物质、组织、政治、法律和社会等多种因素来减轻城市恐怖袭击的影响,并在物质空间层面提出可拓展的防卫空间理论[②]。在"9·11"恐怖事件之后,美国城市规划界开始反思以往城市规划中对恐怖袭击巨大危害的忽视,重新认识和反思 CBD 的自身价值及其抵御恐怖袭击能力的缺失,认为应在区划法规(Zoning)等具体规划实践中加入针对恐怖袭击的内容,对建筑密度、间距、体量等方面的规定进行调整,对消防通道及避难绿地的建设予以重视[③]。此后,在政府相关部门主导下,城市规划设计、景观建筑设计人员与安全顾问等多学科专家、学者及机构共同完成了多项具有操作和指导意义的具体研究。美国首都规划委员会(NCPC)2001 年发表《美国首都的安全设计》(Designing For Security in the Nation's Capital)。2002 年发表《美国首都城市设计与安全规划》(The National Capital Urban Design and Security Plan),以汽车炸弹恐怖袭击为主要对象,在包括白宫在内的华盛顿纪念性公共核心区内,将安全规划、安全设施与城市设计的历史文化、视觉品质及公共活动要求相结合,在优化环境品质的同时提升其对于恐怖袭击的防卫能力[④]。美国建筑师协会(AIA)2004 年发表《安全规划和设计:建筑专业人员使用指南》(SECURITY PLANNING and DESIGN:A Guide for Architects and Building Design Professionals)。2005 年,伦纳德·J.霍珀和马莎·J.德罗格的《安全与场地设计》结合 CPTED 基本原理和上述实践案例,系统总结了针对汽车炸弹恐怖袭击的场地安全设计的成功经验和理念构成[⑤]。联邦紧急事件管理局(FEMA,Federal Emergency Management Agency)一直致力于编写《危机治理丛书》(Risk Management Series),2005 年和 2007 年先后出版《建筑设计中整合利用安全要素的基本方法》(Primer for Incorporating Building Security Components in Architectural Design)和《安全场地和城市设计:抵御潜在恐怖袭击的指南》(Site and Urban Design for Security:Guidance Against Potential Terrorist Attacks),论述了针对恐怖袭击的安全风险评价方法和空间设计原则。在其影响下,澳大利亚也以首都政治中心区为范围进行了相应的设计实践[⑥]。总体上,国外研究的共性在于并不单纯从安全角度出发,而是努力将城市空间的日常功能、美学、社会文化价值与提升针对恐怖袭击

---

① 关华. 安全城市——从都市计划论预防公共空间犯罪[D].[硕士学位论文]. 台北:台北大学,2002.

② 张翰卿,戴慎志. 城市安全规划研究综述[J]. 城市规划学刊,2005(2):38 – 44.

③ 张庭伟. 恐怖分子袭击后的美国规划建筑界[J]. 城市规划汇刊,2002(1):37 – 39.

④ National Capital Planning Commission. The National Capital Urban Design and Security Plan[EB/OL]. (2004 – 12)[2012 – 06 – 21]http://www. inteltect. com/transfer/NCPC_UDSP_Section1_UrbanDesignSecurityPlan. pdf.

⑤ 伦纳德·J.霍珀,马莎·J.德罗格. 安全与场地设计[M]. 胡斌,吕元,熊瑛,译. 北京:中国建筑工业出版社,2006.

⑥ Australian Government-National Capital Authority. Urban Design Guidelines for Perimeter Security in the Australian National Capital[EB/OL]. (2003 – 05)[2007 – 03 – 11]. http://www. nationalcapital. gov. au/downloads/corporate/publications/misc/Urban_Design_Guidelines_LR. pdf.

的安全性相互融合。

我国应对恐怖袭击的研究目前主要集中于针对恐怖袭击的应急管理[①]，物质空间设计层面除对城市地铁等建筑设施应对恐怖袭击的设计和技术的探讨[②]之外，仅限于对美国案例及经验的介绍[③]，从整体视角的城市规划、城市设计及外部公共空间设计的系统研究尚未展开。

0.2.3 城市防灾减灾规划研究进展及动向

我国以往城市防灾减灾规划的研究成果主要在于城市防灾工程设施规划及城市空间总体布局原则等方面，城市建筑和工程建设设计相关规范和标准是最具代表性的成果，广泛运用于城市建设之中，《城市防洪标准》、《建筑抗震设计规范》、《建筑设计防火规范》、《高层民用建筑设计防火规范》、《岩土工程勘察规范》等对城市及建筑防灾具有重要的指导作用。随着各类城市灾害的危害性日趋严重，加之灾害学中环境灾害、生态灾害等理念的形成与发展，我国与国外城市防灾减灾规划的相关研究近年来呈现出新的趋势。

1）研究对象的拓展

以往的城市防灾减灾规划多局限于地震、洪水、滑坡、泥石流等自然灾害和战争、火灾等人为灾害类型，随着城市安全局面的变化，交通事故、工业污染、城市犯罪及恐怖袭击、新型流行性疫病造成的危害事件频繁发生，危害不断扩大，因而也被提升至灾害高度，共同纳入城市防灾减灾规划的研究范围。城市防灾减灾规划的研究对象大大拓展，这在美国、日本、我国大陆及台湾地区的防灾规划中均有所体现[④]。

2）规划措施的综合化

以往城市防灾减灾规划主要依托水坝、水库、拦砂坝等工程措施，多针对单一灾害类型展开。现代城市灾害类型具有多样化及连锁性的特征，与城市物质空间及社会环境具有紧密联系，需要整合一切可以利用的资源综合应对，单纯依赖工程性措施和单一灾种专项规划已难以满足城市灾害预防、减缓及救援的综合性要求。近年来，灾害监测预警、灾害安全风险评估、灾害应急管理、灾害保险、法律保障等工程技术手段之外的非工程措施逐步成为城市防灾减灾规划措施的主体。综合性防灾减灾规划强调工程与非工程措施的综合运用，具有更强的社会管理取向。

3）城市空间的防灾化

（1）防灾空间理念的探讨

近年来，在物质规划层面，城市物质空间的防灾减灾功能逐渐受到重视。从空间规划及设计角度减少建成环境的灾害弱点，增强防灾能力，在国际防灾减灾领域成为重要的研究方向之一。米莱蒂强调减灾应当成为空间环境日常开发过程的有机组成部分[⑤]。吉斯认为建成环境的设计是确保减灾原则和灾后恢复措施贯彻的本质方式，而在社区层面，基

---

① 金磊. 城市安全之道——城市防灾减灾知识十六讲[M]. 北京：机械工业出版社，2007：22，102.

② 奚江琳，王海龙，张涛. 地铁应对恐怖袭击的安全设计及建筑措施探讨[J]. 现代城市研究，2005(8)：9-13.

③ 周铁军，林岭. 城市设计与安全规划的整合——华盛顿纪念碑核心区案例思考[J]. 建筑学报，2007(3)：30-33.

④ 张翰卿，戴慎志. 城市安全规划研究综述[J]. 城市规划学刊，2005(2)：38-44.

⑤ Dennis S Mileti. Disasters by Design: A Reassessment of Natural Hazards in the United States[M]. Washington DC：Joseph Henry Press，1999.

于防灾的建成环境设计包括交通、基础设施、开放空间等系统和功能、构成、使用及形态等要素的组织①。

与上述趋势相对应的是防灾空间理念的初步建立及其在城市防灾减灾规划中地位的提升,试图通过物质空间规划主动增强城市空间的适灾、容灾能力。日本的防灾空间建设最具代表性。日本处于地震多发地带,因此其防灾规划除洪涝、地质灾害等之外,地震及地震引发的火灾是其主要对象,强调通过空间规划设计设置灾害隔离带,形成防救灾空间组团和都市防灾生活圈,并通过街区空间布局优化提升街区防灾能力,其重点在于城市防灾公园的规划建设。日本早在1923年关东大地震后,广场、绿地等开放空间的灾害避难及隔离作用就已经受到重视。在1973年、1986年的城市绿地保全法和紧急建设防灾绿地计划中都明确了城市公园的防灾避难职能。1993年日本《城市公园法》首次提出防灾公园概念,意指灾害时可作为避难场所和避难道路的城市公园。防灾公园的建设成为日本防灾规划的重要内容,并贯彻于日本1995年阪神地震后神户市灾后复兴规划和东京等城市的防灾规划之中(图0-3)。日本建设省于1998年制定了《防灾公园计划和指导方针》,详细规定了防灾公园的定义、功能、设置标准及相关设施,其中其主要功能为防止火灾发生和延缓火势蔓延、减轻或防止因爆炸而产生的损害、临时避难场所(紧急避难场所、发生大火时的暂时集合场所、避难中转地点等)、最终避难场所、避难通道、急救场所、临时生活场所、修复

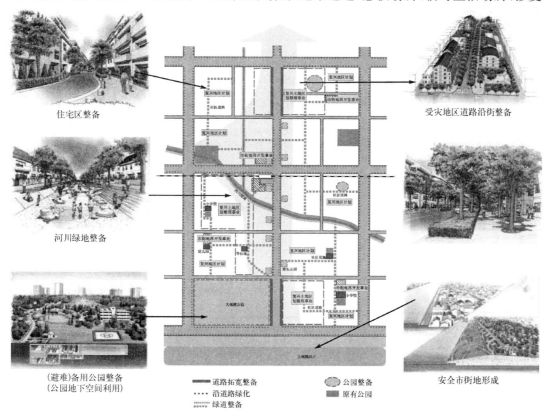

图0-3　日本东京震后恢复主要设计中的防灾绿廊空间设计及其意象

①　Donald E Geis. By Design:The Disaster Resistant and Quality-of-Life Community[J]. The Journal of Natural Hazards Review,2000,1(3):151-160.

家园和复兴城市的据点、平时学习防灾知识的场所等①。

我国台湾地区对于防灾空间的研究主要包括对人群避难行为与空间环境关系、防灾空间构成及其属性、开放空间避难救援职能、防灾空间系统规划原则和具体案例应用的研究。李威仪认为防灾空间包括避难、道路、消防、医疗、物资与警察六大系统。李繁彦从防救灾据点与道路规划角度，对台北市中心区防灾空间系统提出修正建议②。游璧菁从都市灾害管理中减灾、准备、应变和复原不同阶段对避难据点及设施的要求，介绍了台北市防灾公园绿地体系③。张威杰以台湾嘉义市火车站区为对象，从都市防灾要求探讨了车站地区都市设计的规范④。

我国大陆学者对防灾空间的研究尚处于起步阶段。苏幼坡和刘瑞兴论述了城市地震避难所规划的意义、原则、要点及安全性评价等内容⑤。吕元援引和借鉴日本、中国台湾的经验尝试建立城市防灾空间的概念及框架，并主要从避难救援角度提出防灾空间规划的基本策略⑥。施小斌以西安市为研究范围，分析了城市开放空间的防灾机能、应急避险空间规划内容和基本原则⑦。傅小娇以深圳市龙岗区应急避难场所规划为例，阐释应急避难场所的规划原则和规划程序⑧。李景奇和夏季分析了城市防灾公园的功能和规划布局原则⑨。沈悦⑩和雷芸⑪等人介绍了日本防灾绿地及公园的建设经验。孙晓春、郑曦⑫和邴启亮、张鑫⑬从防灾避难角度对城市绿地系统规划的建设进行探讨。在实践方面，我国北京、上海、唐山等主要城市将城市规划与城市防灾相结合，进行相应的编制工作。2003 年 10月，北京第一个具备应急避难功能的元大都城垣遗址公园建成。为配合奥运会的安全要求，2005 年制定的《北京中心城地震及其他灾害应急避难场所（室外）规划纲要》计划将八大城区的一些公园绿地改造为避灾疏散场地，截至 2007 年已建成 27 个。2008 年 5·12 汶川地震后，我国防灾避难公园及场所的建设成为近期城市防灾减灾规划的重点。

（2）城市形态与城市防灾减灾的探讨

国内学者亦开始关注城市空间形态与城市防灾减灾的关系。与吕元一致，金磊认为完整的防灾空间概念包括空间功能、结构及形态等要素的整合⑭，但对形态要素并未充分展

---

① 金磊. 构造城市防灾空间——21 世纪城市功能设计的关键[J]. 工程设计 CAD 与智能建筑，2001(8)：6-12.

② 李繁彦. 台北市防灾空间规划[J]. 城市发展研究，2001,8(6)：1-8.

③ 游璧菁. 从都市防灾探讨都市公园绿地体系规划[J]. 城市规划，2004,28(5)：74-79.

④ 张威杰. 以都市防灾观点探讨车站特定区都市设计规范之研究——以嘉义市火车站特定区为例[D]. [硕士学位论文]. 台南：成功大学，2004.

⑤ 苏幼坡，刘瑞兴. 城市地震避难所的规划原则与要点[J]. 灾害学，2004,19(1)：87-91.

⑥ 吕元. 城市防灾空间系统规划策略研究[D]. [博士学位论文]. 北京：北京工业大学，2005.

⑦ 施小斌. 城市防灾空间效能分析及优化选址研究[D]. [硕士学位论文]. 西安：西安建筑科技大学，2006.

⑧ 傅小娇. 城市应急避难场所规划原则及程序研究[M]//中国城市规划学会. 2007 中国城市规划年会论文集. 哈尔滨：黑龙江科学技术出版社，2007：1138-1143.

⑨ 李景奇，夏季. 城市防灾公园规划研究[J]. 中国园林，2007,23(7)：16-21.

⑩ 沈悦，齐藤庸平. 日本公共绿地防灾的启示[J]. 中国园林，2007,23(7)：6-12.

⑪ 雷芸. 阪神·淡路大地震后日本城市防灾公园的规划与建设[J]. 中国园林，2007,23(7)：13-15.

⑫ 孙晓春，郑曦. 城市绿地防灾规划建设和管理优化研究[M]//中国城市规划学会. 2008 年中国城市规划年会论文集. 大连：大连出版社，2008.

⑬ 邴启亮，张鑫. 防灾减灾视角下的城市绿地系统规划探讨[M]//中国城市规划学会. 2008 年中国城市规划年会本书集. 大连：大连出版社，2008.

⑭ 金磊. 城市安全之道——城市防灾减灾知识十六讲[M]. 北京：机械工业出版社，2007：209.

开,仍主要从城市结构及土地利用方面加以控制,强调避难、消防、医疗、物资与警察等不同防灾功能的配置。段进等人探讨了基于城市防灾的城市空间总体形态优化对策①,刘海燕分析了城市形态与城市防灾之间的辩证关系②,二者均从规划角度关注城市规模与环境容量、城市空间结构和城市用地形态等方面。

（3）环境灾害与绿地系统规划的探讨

此外,随着城市空间防灾作用在防灾规划中的提升,以及对城市热岛效应、空气污染等城市环境灾害的关注,国内外学界逐步着手研究城市灾害的生态机制及开放空间的调节机能,将景观生态学、绿地系统建设与自然灾害、环境灾害形成机制相结合,探索相应的城市规划措施。英国在城市规划层面,多采取连接城市绿带、水体、公园、林荫道、公共绿地等开放空间的方式,致力于生态保护、环境保育、水土保持、资源利用及环境灾害防治,结合环境规划、土地使用与发展管制建立环境安全措施。德国从区域、城市、分区、居住区、公寓各个层面进行土地的有效利用、私人及公共开放空间的保护、抚育、恢复、重建和品质提升,发挥其生态、环境、美学、休闲娱乐的综合效益,缓解环境灾害的压力③。

国内多针对具体的环境灾害和城市绿地系统展开。王绍增、李敏论述了城市开敞空间规划的生态机理及其对于城市空气污染的调节作用④。黄大田认为应从能源规划及能源政策、城市开发建设模式、交通规划与交通政策、绿化系统的规划设计等方面采取针对性措施,应对全球变暖和热岛效应对城市环境带来的危害⑤。王紫雯、程伟平以杭州市为主要研究对象,阐述了城市水涝灾害的形成机制和城市化对其影响,强调建立生态化水循环系统的重要性⑥。冯娴慧、魏清泉以热岛效应和空气污染为对象,对相应的城市空间形态分布及模式进行研究⑦。而在城市绿地规划方面,将景观生态学理论和方法应用于城市绿地系统规划,建立城市绿道、城市森林及绿色基础设施成为近期研究的热点,国内研究多集中于绿地生态功能及其对应城市各类灾害的防灾减灾功能的论述⑧,而对绿地结构形态与城市灾害及其防灾减灾作用的关系研究较少。

0.2.4 现代城市设计的发展走向及其对城市公共安全的相关研究

1）现代城市设计的发展走向

时至今日,对于城市设计的概念界定,虽然不同学者立足于不同视角提出多种观点（表 0 - 1）,但就其本质仍可达成一定程度的共识,即城市设计关注城市公共空间环境质

① 段进,李志明,卢波.论防范城市灾害的城市形态优化——由 SARS 引发的对当前城市建设中问题的思考[J].城市规划,2003,27(7):61 - 63.
② 刘海燕.基于城市综合防灾的城市形态优化研究[D].[硕士学位论文].西安:西安建筑科技大学,2005.
③ 王洪涛.德国城市开放空间规划的规划思想和规程程序[J].城市规划,2003,27(1):64 - 71.
④ 王绍增,李敏.城市开敞空间规划的生态机理研究(上)[J].中国园林,2001(4):5 - 9.
⑤ 黄大田.全球变暖、热岛效应与城市规划及城市设计[J].城市规划,2002,26(9):77 - 79.
⑥ 王紫雯,程伟平.城市水涝灾害的生态机理分析和思考——以杭州市为主要研究对象[J].浙江大学学报,2002,36(5):582 - 587.
⑦ 冯娴慧,魏清泉.基于绿地生态机理的城市空间形态研究[J].热带地理,2006,26(4):344 - 348.
⑧ 冯采芹.绿化环境效应研究[M].北京:中国环境出版社,1992;杨士弘.城市绿化树木的降温增湿效应研究[J].地理研究,1994(4):74 - 80;张浩,王祥荣.城市绿地降低空气中含菌量的生态效应研究[J].环境污染与防治,2002(4):101 - 103;包志毅,陈波.城市绿地系统建设与城市减灾防灾[J].自然灾害学报,2004,13(2):155 - 160;章美玲.城市绿地防灾减灾功能探讨——以上海市浦东新区为例[D].[硕士学位论文].长沙:中南林学院,2005.

量及三维空间的组织，以满足城市社会、经济、环境协调发展和居民生活需求为基本目标。从历史发展看，1920 年代以前的第一代城市设计追求视觉有序和艺术美学，将"物质形态决定论"贯彻于空间三维形体控制之中。第二代城市设计虽仍遵循"物质形态决定论"的原则，但其注重功能效率和技术美学，并逐步关注城市社会、经济问题。到 1950 年代末期，城市设计借助心理学、行为科学、法学、系统论等旁系学科的理论和方法，强调通过综合性的城市环境塑造来满足人的适居性要求。自 1970 年代以来，现代城市设计逐渐转向自然环境保护和生态学理念，力图在城市设计中结合自然生态的特点和规律，创造人工环境与自然环境和谐共存、面向可持续发展的城镇建筑环境[①]。近 20 年来，现代城市设计学科将城市发展面临的主要问题纳入研究视野，在研究对象、理论目标、方法手段等方面不断创新和拓展，呈现出新的特点，也预示着城市设计未来的发展方向，主要包括城市设计理论与方法的完善深化、基于全球环境变迁的绿色城市设计及生态城市设计研究、城镇公共空间环境设计及优化、数字信息技术的应用和城市设计技术操作过程科学性的强化、基于新型人—环境—资源关系的"理想城市"模式的追求和探索等方面[②]。而以人的心理和行为特点为依据，针对城市社会生活环境及需求的变化，创造满足人的心理及行为要求的空间场所，以及全球化背景下地方及城市特色的塑造也是未来城市设计的研究重点。

表 0-1　城市设计概念的主要论点

类　型	内　　　容	主　要　代　表
三维空间论	城市设计偏重三维、立体的空间设计	沙里宁（E. Saarinen，1943） 古迪（B. Goody，1987）
视觉艺术论	注重城市空间的视觉质量、审美经验和艺术价值	西特（C. Sitte，1889） 培根（J. Bacon，1974）
社会使用论	关注人们对空间的认识、理解和使用及空间的影响	林奇（K. Lynch，1981） 拉波波特（A. Rapoport，1977）
公共领域及场所论	将城市设计看作是对公共领域的设计与管理，其本质在于创造满足视觉审美和使用活动要求的公共场所	布坎南（P. Buchanan，1988） 英国建筑及建成环境委员会（CABE，2000）
功能论	强调按功能和美学原则组织建筑、道路、交通、公共工程等空间要素及劳动、居住等城市功能	美国建筑师协会（AIA，1965） 英国皇家建筑师协会（RIBA，1970）
连接论	城市设计将城市规划、建筑及其他各专业相互联系，以保持城市空间环境质量的连续性与一致性	英国城市设计集团（UDG，1978） 城市设计联盟（UADL，1997）

---

① 王建国.生态原则与绿色城市设计[J].建筑学报，1997(7)：8-12；王建国.城市设计[M].2 版.南京：东南大学出版社，2004：254-255.

② 王建国.21 世纪初中国建筑和城市设计发展战略研究[J].建筑学报，2005(6)：5-10.

类　型	内　　容	主　要　代　表
过程论	将城市设计看作是一种创造性过程和公共政策的连续决策过程,注重与实践的具体衔接和操作方式	巴奈特(J. Barnett, 1974) 雪瓦尼(H. Shirvani, 1981)
综合论	对上述观点的综合,强调城市设计对城市空间、人、环境、社会等要素的综合考虑	斯藤博格（E. Sternberg, 2000）、邹德慈(2003)、王建国(2004)、《中国大百科全书》、《不列颠百科全书》

2）现代城市设计对公共安全的相关研究

总体上,现代城市设计对城市安全的研究较少,国内外学者在城市设计的论著中虽多有提及安全问题,但均将其作为城市设计的具体目标。在此方面相对深入的研究当属对于机动车引发的交通事故的思考和实践。多年以来,在城市设计领域,以步行安全为前提的人车分离措施得到了广泛运用,比如将机动车阻隔于外围而在内部形成步行街区,以及通过人行天桥和过街地道等立体交通方式建立步行联系等。而对于人车共存状态的行人安全,许多学者也尝试通过对街道形态及环境的设计与控制来提高步行空间的安全性。在1970年代,荷兰首先提出贯彻人车共享原则的"居家庭院"（Woonerf）理念。在确保步行优先的前提下,对街道曲直宽窄等物质形态要素、树木花池等自然障碍物、路面铺装的色彩质感等重新设计,促使驾车人集中注意力,降低车速,避免交通事故发生。以"居家庭院"理念为基础,经过各国学者的不断推动,逐渐形成"交通稳静化"（Traffic Calming）设计思想和措施,并先后在德国、英国、日本等国的城市规划设计中实施,取得显著效果①（图0-4）。

美国也曾从城市设计层面对海啸灾害进行过相应研究。比如,夏威夷的希罗（Hilo）市区在1974年及1985年的市区项目再开发规划中,针对海啸及可能引发的洪水灾害,除了在规划中根据历史上的受灾范围划定安全区之外,在城市设计和建筑设计层面也采取了一系列策略。比如建筑及基础设施选址于海拔较高处,保证充分的建筑退让距离,以避开洪水区域;鼓励建筑底层架空;注重植栽、沟渠、斜坡、滨水台地的布局和形态设计,以减慢水流速度;尽可能扩大建筑间距,设置成角度的墙体,以影响和调整水流方向;利用墙

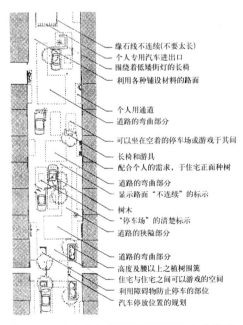

图0-4　人车共存状态增强道路安全的措施

① 卡门·哈斯克劳,英奇·诺尔德,格特·比科尔,等. 文明的街道——交通稳静化指南[M]. 郭志锋,陈秀娟,译. 北京:中国建筑工业出版社,2008:1-4.

体、加固的露台、滨水台地阻挡波浪,封堵水流的力量。此外,还在中心区建造停车楼,既提供停车场,又作为防止海浪进入内陆建成区的屏障①(图 0-5)。

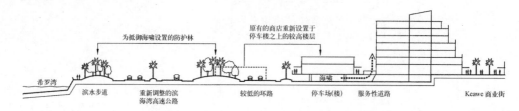

图 0-5　夏威夷希罗市区重建城市设计剖面

　　随着与城市生态建设相关的绿色城市设计及生态城市设计理论研究的发展,国内外学者将城市空间形态与城市生态环境演进过程、自然及生物气候条件、人工空间要素、物理环境、交通格局、能源利用等方面加以联系,探求相应的理论框架及设计对策②。在此基础上,一些学者和机构从通过城市设计降低城市建设对生态环境的负面影响、改善城市自然生态及物理环境等方面,探讨对特定灾害形成过程的调控和缓解对策。申绍杰根据热岛现象的产生原因,提出缓解热岛效应的城市设计策略③。澳大利亚提出的水敏性城市设计(Water Sensitive Urban Design)理念结合城市水文管理措施的生态化途径,试图通过城市设计对城市水文循环及洪涝灾害的形成过程进行干预④。除此之外,从城市设计角度对公共安全的系统研究几乎处于空白状态。在城市设计实践中对应公共安全的相关内容也仅限于被动遵守相关设计规范和防灾规划的具体要求。

　　近年来,城市规划设计学界亦初步意识到城市设计对城市安全研究的缺失及城市设计对城市安全建设的作用。在新西兰颁布的城市设计草案(Ministry for the Environment,2005)和美国 2006 年颁布的城市规划及设计标准中,均明确表示应鼓励包括自然灾害减灾措施的创新性城市设计原则。我国国家自然科学基金委员会《建筑、环境与土木工程学科发展战略》中《21 世纪初中国建筑和城市设计发展战略研究》专题报告也将城市防灾减灾及安全规划设计列为未来建筑和城市设计学科的关键科学问题与重点建议研究方向⑤。城市设计领域急需展开对于城市安全问题的研究和探讨。

　　①　National Tsunami Hazard Mitigation Program(NTHMP). Designing for Tsunamis:Seven Principles for Planning and Designing for Tsunami Hazards[EB/OL]. (2001-05)[2012-06-15]http://nthmp-history. pmel. noaa. gov/Designing_for_Tsunamis. pdf.

　　②　澳大利亚 Images 公司编. T. R.哈姆扎和杨经文建筑师事务所[M].宋晔皓,译.北京:中国建筑工业出版社,2001;Michile Hough. City Form and Natural Process[M]. New York:Routledge,1995;Baruch Givoni. Climate Consideration in Building and Urban Design[M]. New York:A Division of Internation Thomson Publishing Inc.,1998;王建国.城市设计生态理念初探[J].规划师,2002(4):15-18;徐小东.基于生物气候条件的城市设计策略研究[D].[博士学位论文].南京:东南大学,2005;林姚宇,王耀武,张昊哲.论生态城市设计及其环境影响评价工具[J].华中建筑,2007,25(7):78-81.

　　③　申绍杰.城市热岛问题与城市设计[J].中外建筑,2003(5):20-22.

　　④　T H F Wong. An Overview of Water Sensitive Urban Design Practices in Australia[EB/OL]. (2006)[2012-06-15] http://citeseerx. ist. psu. edu/viewdoc/download? doi=10.1.1.116.1518&rep=rep1&type=pdf.

　　⑤　王建国.21 世纪初中国建筑和城市设计发展战略研究[J].建筑学报,2005(8):5-10.

0.2.5 相关研究综述

通过对相关研究的梳理,可以形成如下认识:

从城市犯罪预防角度,综合性通过环境设计预防犯罪理论和策略业已获得国际犯罪预防、规划设计领域的广泛认可,并在实践中加以运用。为充分发挥其作用,综合性 CPTED 与城市规划设计的融合成为其主要的发展方向,而针对公共空间犯罪问题的研究急需完善。此外,通过物质空间规划设计应对恐怖袭击已取得初步成果,但其具体的设计对策仍需进一步深化。

从防灾减灾角度,在城市防灾规划、城市安全规划走向综合化的同时,物质空间尤其是公共开放空间在防灾减灾中的作用及规划设计成为新的课题,成为各国研究重点及未来主要发展方向。但目前避难场所规划的研究主要在于理论建构、不同防灾功能匹配及相应土地利用分配等方面,缺乏城市形态、空间要素组织等城市设计相关内容的探讨。而绿地为代表的开放空间生态效益的研究处于景观生态学与城市规划相互结合的阶段,并未真正建立与城市灾害的直接联系,对于与公共开放空间相关的建筑等空间要素的组合关系及其对城市安全影响的研究也未展开。

从城市设计自身发展及未来走向看,城市设计旨在满足城市生活的物质精神需求,推动人与城市、人工环境与自然环境的和谐发展。通过对城市形态和公共空间环境的组织,确保城市空间环境及居民的安全是城市设计的基本目标。

综上所述,不论是城市设计自身完善,还是从空间规划设计层面应对城市犯罪、恐怖袭击、各类灾害等公共安全威胁要素,均需从城市设计角度针对城市公共安全问题,对城市公共空间、城市空间形态、城市空间要素相互关系以及相应的设计策略进行深入研究。

0.3 研究方法和基本思路

0.3.1 研究方法与目标

基于上述认识,本书从城市设计的视角,以公共开放空间为对象,展开基于城市公共安全的城市设计理论及设计策略的研究。在此,笔者将基于城市公共安全的城市设计称之为"安全城市设计",并体现于本书以下内容之中。

本书研究过程中主要采用的方法包括:

(1)多学科理论与方法的综合运用。本书研究内容具有多学科交叉的特点,通过安全科学、环境行为学、通过环境设计预防犯罪理论、灾害学、防灾空间理论、安全城市理念与城市设计理论方法的结合运用,系统研究安全城市设计的理论和设计策略。

(2)理论推演与实践应用相结合。通过对国内外相关研究成果的梳理,一方面厘清安全城市设计的基本问题,建构其理论框架,另一方面系统借鉴和探讨相关学科原理与物质空间要素之间的联系,组织论据,层层推演,总结设计策略,并结合相关工程实践,论证理论、原理、策略的可行性和科学性。

(3)案例研究为基础的实证研究方法。比如运用实地观察、问卷调查等调查方法,全面获取城市公共开放空间、人的行为活动过程及安全状况、避难救援行为特征等相关资料,并对不同资料信息进行相互核对和补充,为分析公共空间安全品质及其与空间要素的关系提供实证性依据。

（4）定性及定量分析方法的结合。定性研究旨在分析和归纳公共空间安全属性和空间要素对其影响的基本性质。定量分析主要通过对调查资料进行统计分析和相关数据的对比分析,为公共开放空间安全属性分析和设计策略的研究提供量化的佐证和依据。

通过运用上述研究方法,本书力求实现以下目标:

（1）探讨从城市设计学科角度研究城市公共安全问题及其融入城市防灾安全规划及建设体系的合理性和可行性,初步建构从城市设计的视角研究城市公共安全课题的理论架构,补充城市设计对于城市公共安全相关问题的研究内容,完善城市公共安全规划理论体系。

（2）从城市公共安全角度,重新审视和系统论证城市公共开放空间的安全职能及安全意义,揭示城市公共开放空间、相关空间要素、城市空间形态与城市公共安全的相互关系及作用机制。

（3）经由在观念和实践层面的物质性实证研究,形成具有操作可行性的基于公共安全的公共开放空间设计方法及设计策略,为具体的城市设计项目及空间环境安全设计的实践提供指导和依据。

0.3.2　研究思路和研究框架

本书主要因循“问题提出—概念阐释—属性分析—理论建构—空间影响分析—空间设计策略”的基本思路。

（1）在理论层面,通过对国内外相关文献和案例的深度解读把握城市安全规划、现代城市设计对城市公共安全研究的现状及趋势,剖析和归纳相关理论研究和实践成果的经验,凝练该学科领域前沿的主要问题,提出基于安全城市设计的概念,并介绍历史上城市设计领域对公共安全问题的研究,分析安全城市设计与城市公共安全规划、建筑安全设计的关系,厘清安全城市设计的发展渊源及概念内涵。

（2）运用相关理论及方法,对应行为事故、犯罪、恐怖袭击和灾害等主要公共安全威胁要素,从典型城市安全威胁要素的形成、发生、发展及防救措施与公共开放空间的关系出发,从自身安全和对于城市公共安全的安全职能两方面,分析公共开放空间的安全属性及其对于城市公共安全的重要意义。

（3）以此为基础,从基本要素、内容构成、层次范围、评价目标等方面,初步建构以公共开放空间为对象的安全城市设计的基本理论框架。

（4）分别从行为安全设计、防卫安全设计、灾害安全设计三方面,通过分析公共开放空间自身要素（物质构成、层次分布、形态布局等）及建筑、环境设施、土地利用等城市空间要素对公共开放空间安全属性的影响,探究公共开放空间安全属性、空间形态、城市空间要素的互动关联机制,并以此为基础推导和阐述以公共开放空间为对象的安全城市设计的基本策略。

本书的研究框架如下图所示(图0-6)。

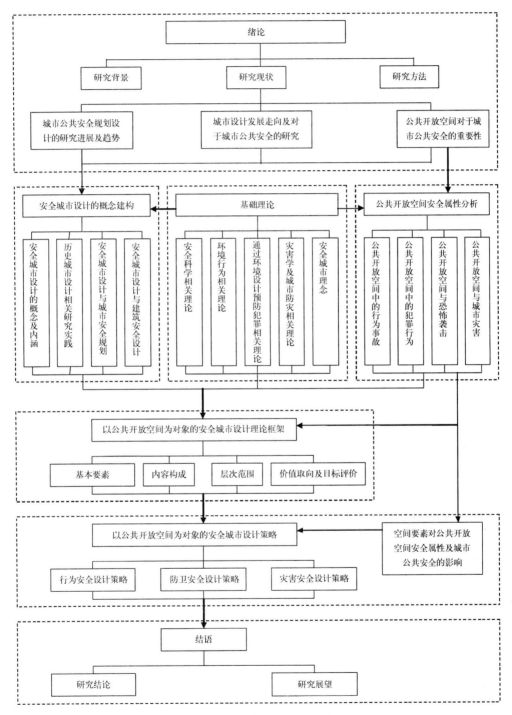

图 0-6　本书研究框架图解

1 基础理论

1.1　安全科学相关理论

安全科学是研究人的身心免受外界因素危害的安全状态、保障条件的本质及其变化规律的科学①。我国将安全科学的学科名称定为"安全科学技术"。现代安全科学已从最初的"劳动保护"和"安全生产"等内容,逐步拓展到工业、交通、建筑、农业、能源、灾害等各个领域,并与经济学、教育学、管理学、工程学等广泛结合,成为自然学科与社会学科相互交叉的综合性学科,其目标在于通过人、物、信息要素的互动与协调,使人类社会达到相对安全或趋近绝对安全。安全科学中的事故致因理论、安全行为理论和安全风险理论为从城市设计角度研究城市公共安全提供了理论依据和分析方法。

1.1.1　事故致因理论

事故致因理论是安全科学的基础理论之一,是对事故发生规律、事故原因及事故预防措施的研究,主要包括事故因果连锁理论、能量意外转移理论、基于人体信息处理的人失误事故模型和轨迹交叉理论等。

事故因果连锁理论认为伤害事故的发生是一个连续的过程,是一系列因素按照因果关系依次发生的结果,这些因素包括遗传环境、社会环境、人的缺点、人的不安全行为或物的不安全状态、事故、伤害。人的不安全行为或物的不安全状态是导致事故发生的直接因素。根据事故因果连锁理论,消除事故因果链中的中间环节,即可阻断事故发生的过程,避免事故的发生(图 1-1)。

能量意外转移理论将事故的发生归因为非正常情况下由于某种原因造成能量转移失控,发生能量意外和异常释放。事故对人员等造成的伤害程度不仅与能量本身大小、集中程度有关,还取决于人体与异常释放的能量接触的时间、频率等因素。能量意外转移理论将能量作为伤害事故的直接原因,因此预防和减少事故的手段在于减小能量源的威胁性、防止能量异常集聚和释放、限制和降低能量释放速度、通过屏障等将人与能量进行时空隔离、对人发出警告等。

基于人体信息处理的人失误事故模型的基本观点认为,人对外加刺激信息的反应失误促使事故的发生,人对危险信息的知觉、认识、信息处理和行为响应过程对于人避免反应失误具有直接影响。因而,危险信息的警示使人能够及时辨识危险信息,并采取适当、有效的应对行动,是避免事故的关键。

① 金龙哲,宋存义.安全科学原理[M].北京:化学工业出版社,2004:2.

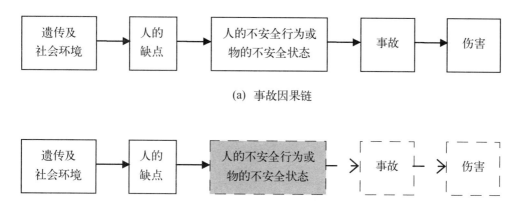

(a) 事故因果链

(b) 移除中间环节以阻断事故因果链

图 1-1 事故因果连锁理论模型

轨迹交叉论为上述三种理论观点一定程度的综合,认为伤害事故是由人和物(包括环境)在其发展过程中一系列相互关联的事件顺序发展的结果。在各自的发展过程中,当人的不安全行为和物的不安全状态在一定时间、空间发生接触和轨迹交叉,物的能量转移于人体,从而发生伤害事故(图 1-2)。这一过程中,人和物的运动并不具有简单的独立轨迹,而具有复杂的因果关系,二者相互关联且在某些条件下相互转换。按照这一观点,事故预防可以通过避免人与物两种因素运动轨迹的交叉而实现[①]。

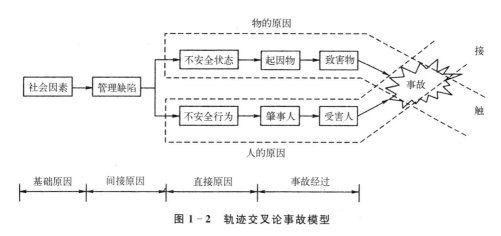

图 1-2 轨迹交叉论事故模型

1.1.2 安全行为理论

安全行为理论将行为科学相关理论运用于对安全的研究之中,分析、认识人的安全行为的影响因素及模式、人的安全行为与不安全行为的规律,从而采取针对性措施,以激励安全行为,防止和抑制不安全行为。安全行为学认为影响人的安全行为的因素主要有个人心理因素和现象(个人的情绪、气质、性格、知觉特征)、社会心理因素(社会知觉、价值观、角色等)、社会因素(社会舆论和风俗等),以及环境、物的状况。其中环境、物的状况对人的安全

---

① 金龙哲,宋存义.安全科学原理[M].北京:化学工业出版社,2004:20-33.

行为具有很大影响。环境中的不良刺激和物的设置不当会对人的心理、情绪、识别和反应造成影响,导致混乱和差错,扰乱人的正常行动,易于引发不安全行动(图1-3)。创造良好的环境,确保物的正常、合理状态,能够增加行为的安全性,减少不安全行为的发生,抑制伤害事故。

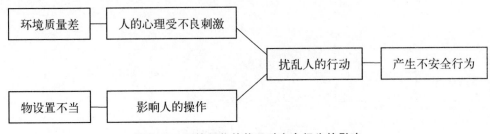

图1-3　环境及物的状况对安全行为的影响

1.1.3　安全风险理论

安全风险是安全科学的重要研究内容。在安全风险理论中,风险是指一定时空范围内特定危害性事件的可能性与其危害后果的结合。风险(R)是一定时期风险事故发生概率(P)和风险事故导致的损失程度(L)的函数,即$R = f(P, L)$。风险的组成包括风险因素、风险事故、损失等要素。风险因素是指导致危害性事故发生的潜在的内在和外在原因,只有通过风险事故的发生才能导致损失。风险是对未来随机性危害的描述,不仅意味着危险存在,还表明其转化为风险事故和实际损失的可能性。安全风险理论认为,安全风险具有不确定性,风险因素形成、风险事件发生的可能性及其危害、损失程度均受到风险因素自身性质、外在环境条件、受害物体性质、风险控制措施等多种因素的影响,并随着这些要素的变化及其相互作用而动态变化。安全风险研究就是通过风险识别、风险分析、风险评估,对安全风险进行系统、准确的认识、描述和评价,继而采取合理对策,进行风险控制、风险管理和风险决策,有效调控,避免和分散风险,将安全风险降至可以接受的水平,以减少损失[①]。

安全科学的相关理论有助于全面认识和分析城市空间环境及公共开放空间中的各类安全事故、危害事件的构成要素和作用过程,并为相应的干预和调控措施提供理论依据和实践目标。

1.2　环境行为相关理论

环境心理学致力于人类心理、行为与物质环境之间的相互关系和相互作用的研究,广泛应用于城市设计及空间环境设计之中。环境心理学的环境认知、行为场景及环境应激理论对于分析公共开放空间环境特征、人的心理行为特征与各类安全威胁要素的关系具有借鉴价值。

1.2.1　环境认知理论

环境认知理论是环境心理学的重要内容。环境认知是指人对环境信息的感知、储存、加工、组合,进而识别和理解环境的过程。人通过感觉器官的协同作用感知相应环境刺激,

①　金龙哲,宋存义.安全科学原理[M].北京:化学工业出版社,2004:184-202.

向大脑传送信息,并经过大脑的思维作用,借助经验或知识,形成环境认知和行为反应。通过眼、耳、鼻、舌、皮肤等感觉器官形成视觉、听觉、嗅觉、味觉和触觉等感觉,是环境认知的基础。其中,最发达的感觉是视觉,也是人们感知环境的主要方式。视觉信息主要来自于视觉环境中物质实体的形状、大小、位置、颜色、数量等性状,以及实体之间的相互关系。光线是视觉感知的主要影响因素。在环境认知理论中具有重要地位的格式塔心理学强调知觉现象是有组织的整体,是物理力、生理力和心理力的两两对应和相互作用的结果,因此知觉经验的重点在于个体与整体之间的关系。格式塔心理学认为,人在知觉范围内具有对感知对象进行组织和秩序化的能力和趋势,从而增强对环境的理解和适应。格式塔心理学所确立的图形与背景的区别和互换、多个刺激被感知为整体的控制规律和群化原则、完形与简化原则被广泛应用于环境设计之中。借助环境认知理论和格式塔心理学方法,对场所和环境意象进行认识与评价是城市设计的核心内容之一。

1.2.2 行为场景理论

行为场景理论将行为、环境及人的因素相结合,认为特定的空间和其中按一定规则分布的要素共同构成物质环境,并对人的特定行为活动具有支持作用,而场所与其中的人的行为共同构成了行为场景。空间场所的环境特征不仅应与行为模式相适应,而且其环境特征还会诱发某些行为的发生,甚至导致实际危害的发生。德国心理学家莱温(K. Lewin)认为人的心理、行为决定于内在需要和周围环境的相互作用。在同一环境中,不同的人产生不同的行为,而同一个人在不同环境中的行为亦会不同,行为会随着人和环境的变化而变化,环境对人的行为具有提示和干预作用。行为(B)可以被理解为人(P)和环境(E)的函数(f),即 $B=f(P, E)$。以此为基础,摩尔(G. T. Moore)把行为看做是集体内的需要与外在社会—物质环境相互作用的函数,即 $B=f(P \cap E)$。公式中引入交集($\cap$)符号,代表个人(群体)与环境的相互作用[①]。行为场景理论反映了人的内在需要、社会—物质环境、行为之间的关系。

1.2.3 环境应激理论

环境应激是指对环境中不良刺激的紧张反应。应激反应包括环境刺激引起的警戒、抗拒和衰竭等机体及生理反应,以及情绪、行为方面的心理反应。引起应激反应的环境刺激即为应激物,主要包括各类灾变事件、个人生活中的不良事件,以及环境中的噪声、拥挤、空气污染物等环境刺激。应激反应取决于主体对环境刺激是否构成威胁或干扰的认知评价,受到个人心理因素及具体情境的影响,比如对刺激的控制感、预见性和对刺激发生时间的判断。对环境刺激控制感及控制能力越强,则刺激被评价为威胁的可能性就越小。一旦将环境刺激评价为具有威胁性,就会顺序发生生理及心理上的应激反应,这包括生理上的神经兴奋等警觉状态,以及为应对应激物所选择的排除、制止及逃避等行动(图1-4)。

环境应激理论认为,个人空间、私密性、领域性与环境应激发生过程密切相关,并且相互影响。个人空间是个人心理所需要的最小的空间范围,具有心理及行为自我保护的作用。个人空间的大小因年龄、人格、情绪、性别、环境因素、人际距离等因素而不同。私密性表明个人信息的暴露程度,是对接近自己或自身所处群体的选择性控制。私密性过低会促使人产生警戒、转移、逃避等应激反应。领域性是个人或群体拥有的一定空间范围,暗示其

---

① 林玉莲,胡正凡.环境心理学[M].2版.北京:中国建筑工业出版社,2007:265.

领地区域。一旦外来环境刺激侵入这一领域,并被评价为威胁,应激反应随即发生。当环境中的应激物过多或过于接近主体,个人空间、领域性及私密性减弱而不能满足心理要求,人就会采取相应的抵制、回避等措施,降低环境应激物的威胁程度①。

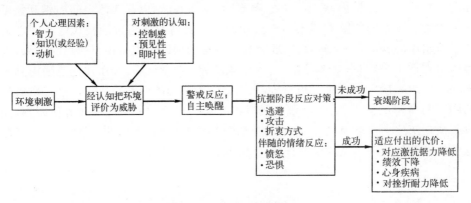

图1-4 环境应激模型

环境应激理论揭示了人对环境刺激及其威胁的评价、应对过程和影响要素。行为场景理论表明空间环境、人与行为的相互关系。以视觉为主,各类感知方式协同作用的环境认知是人理解、评价环境并"从环境中获得指导行为的方法②"的基础,对于探讨城市空间环境中行为活动过程中发生的事故、城市犯罪、灾变事件中的避难等应急行为与空间环境的关系,具有重要意义。

1.3 通过环境设计预防犯罪相关理论

通过环境设计预防犯罪理论是将环境心理学、犯罪学、城市规划设计理论相结合的产物,并广泛涉及社会学、地理学、管理学等学科领域。

1.3.1 简·雅各布斯的"街道眼"及自然监控

简·雅各布斯(Jane Jacobs)最早注意到城市空间对犯罪行为模式的影响,在其1961年发表的《美国大城市的死与生》(The Death and Life of Great American Cities)中指出,传统的街道形式和人行道对于抑制犯罪等不当行为、确保空间安全具有重要作用。随着人口增长及工商业的发展,美国大城市中空间的垂直化、郊区化发展格局破坏了传统的空间形态及其所承载的社会生活,造成人际关系淡漠,减弱了对犯罪具有抑制作用的社会非正式自然监控力量(Natural Surveillance),城市空间中的治安死角增加,以致城市犯罪率上升。而从犯罪预防角度,安全的街道必须具备三个条件③:公共空间与私人空间具有明确区分;街道的天然居住者必须能够观察街道,临街建筑必须面向街道;人行道上必须总有行人,这样可以增加街道上的监控力量,也可以吸引临街建筑内的居民的注意力。因而,她强调街道等城市空间的设计必须明确划分公共及私人空间领域,保证"街道眼"等自然监控力量,

---

① 林玉莲,胡正凡.环境心理学[M].2版.北京:中国建筑工业出版社,2007:85-89,127-152.

② 相马一朗,佐古顺彦.环境心理学[M].周畅,李曼曼,译.北京:中国建筑工业出版社,1986:42.

③ 简·雅各布斯.美国大城市的死与生[M].金衡山,译.南京:译林出版社,2005:35-40.

提高人际关系的紧密度及社会责任感,以保护居民生活的安全。

1.3.2 奥斯卡·纽曼的可防卫空间理论

建筑师奥斯卡·纽曼(Oscar Newman)进一步拓展了雅各布斯的观点,通过对居住区及住宅中的犯罪研究,在1972年出版的《可防卫空间:通过城市设计阻止犯罪》(Defensible Space:Crime Prevention Through Urban Design)一书中提出可防卫空间理论,认为对犯罪具有抑制作用的可防卫空间应具有4项基本要素:

· 领域感:领域性关系到空间合法使用者对空间行使管理、监控的权利、愿望和能力。空间应具有明确的领域性,以利于土地及建筑的所有者发现和区分空间环境的合法使用者、陌生人及潜在的罪犯,并将邻近的半私有或半公共区域也纳入其监控范围(图1-5)。

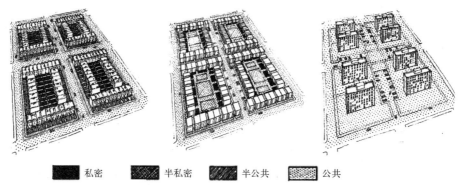

█ 私密　█ 半私密　█ 半公共　█ 公共

图1-5　纽曼对居住区建筑布局对空间领域性影响的分析

· 自然监视:应通过建筑及环境设计为使用者提供良好的监控视野,便于其观察空间环境的日常活动及正在活动的人,以发现可疑行为并采取相应对策。

· 意象:建立文明、整洁的环境正面意象,既不吸引犯罪分子,也应避免与周围建筑及居住区隔绝,并促使居住者参与空间的安全维护。

· 周围环境:居住区及住宅建筑设计要尽量选择犯罪率低、监视程度高的区域。

可防卫空间理论强调通过设计改善居民间的关系,加强其责任感,通过居民间的参与、自助、合作,形成互助互利的联合,来减少罪犯的出现和犯罪发生①。

1.3.3 杰弗瑞的通过环境设计预防犯罪理论

1971年,美国当代著名犯罪学家和社会学家杰弗瑞(C. R. Jeffery)从社会学、心理学、法学、犯罪学、环境论及行为科学等跨学科角度,分析犯罪现象出现的原因及犯罪控制的基本模式,认为城市化使人际关系趋于疏离和隔阂,在个人隐匿性加强的同时,人们之间的社会互动、互助意愿降低,共同的社会规范受到损害,成为引发行为偏差及犯罪行为的主要诱因。以此为基础,他首次提出通过环境设计预防犯罪(CPTED,Crime Prevention Through Environmental Design)的概念,从物质环境设计、潜在被害人及罪犯行为改变、监控系统管理、经济、法律五个层面展开。其中物质环境设计强调以日常性的街道、居住区、商业区等

---

① Newman O. Creating Defensible Space[M]. Washington:U. S. Department of Housing and Urban Development Office of Policy Development and Research,1996:9-30.

为对象,通过改善空间环境,鼓励正当的行为活动,促进社会人际关系及社会互助,强化社会规范的作用,从而达到预防犯罪的目标①。

1.3.4 克拉克的情境犯罪预防策略

"情境犯罪预防"(Situational Crime Prevention)策略由克拉克(R. Clarke)于 1992 年提出,其理论基础包括理性选择理论(Rational Choice Theory)、日常活动理论(Routine Activity Theory)和环境犯罪学理论(Environmental Criminology)。理性选择理论认为犯罪者对犯罪行为的过程、犯罪目标、犯罪实施手段等要素的判断和决策具有相当程度的理性特征,其中犯罪获得的回报和被发现的风险是重要的评估因素,犯罪通常是潜在的犯罪分子对犯罪行为的得失进行理性思考后实施的行为。环境犯罪学理论包括可防卫空间及通过环境设计预防犯罪等理论。日常活动理论认为犯罪行为是日常生活中特定时间与空间条件下某些因素契合的结果,这些因素主要包括有动机的犯罪者、合适的犯罪目标、抑制犯罪者(包括家人、路人、守卫、管理者等)的不在场或失效。综合上述理论成果的情境犯罪预防策略关注犯罪发生的场合,强调对犯罪机遇的干预,主要手段和具体措施包括②③:

· 加强犯罪企图识别和增加犯罪难度:目标强化、通道控制、转移潜在的罪犯、控制犯罪工具和武器等。

· 提高犯罪被发现风险:出入口控制、正式(机械)监控、自然监控、内部监控等。

· 降低犯罪回报:犯罪目标移除、财产标识、破坏不法市场、排除利于犯罪的因素等。

· 移除犯罪借口:制定规则、设置警示标识、强化道德谴责等。

1.3.5 综合性通过环境设计预防犯罪理论及策略

综合性 CPTED 理论以上述理论的相互融合为基础,主要针对具有理性特征的犯罪类型而展开,其基本方式包括物质空间设计、技术设备和组织管理。物质空间设计通过物质空间组织,支持空间的预期用途和正当的使用活动,同时使空间环境特征利于对潜在罪犯的威慑,阻止犯罪发生。技术设备主要运用门禁控制系统、闭路电视等安保监控设备及硬件系统,增加犯罪的实施难度,降低犯罪回报,以利于及早发现和察觉潜在的罪犯和犯罪行为。组织管理依赖普通居民、空间使用者和特定人群(门卫、保安、管理员、警察等)对相应空间和潜在罪犯进行监督,监视、控制和威慑罪犯,并及时制止犯罪发生。在实践中,这三种方式相互结合使用④(图 1-6)。

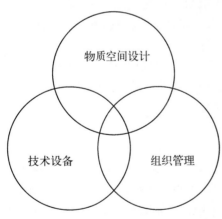

图 1-6 综合性 CPTED 基本策略示意图

---

① Jeffery C R. Crime prevention through Environment Design[M]. Beverly Hills, CA: Sage, 1971.

② Clarke R V. Situational Crime Prevention: Successful Case Studies[M]. 2nd Ed. New York: Harrow and Heston, 1992: 4-40.

③ 庄劲, 廖万里. 情境犯罪预防的原理与实践[J]. 山西警官高等专科学校学报, 2005, 13(1): 17-22.

④ American Planning Assoiation. Planning and Urban Design Standards[M]. New Jersey: John Wiley & Sons, Inc., 2006: 472.

综合性 CPTED 理论在物质空间设计层面的基本策略主要包括相互关联的三个方面：

· 自然入口控制（Natural Access Control）——运用象征的和真实的障碍物，拒绝和减少潜在罪犯接近犯罪目标实施犯罪的机会。

· 自然监视（Natural Surveillance）——使入侵者和潜在罪犯易于被观察和发现。

· 领域强化（Territorial Reinforcement）——创造、培养、加强使用者的所有权、归属感和领域控制能力。

通过环境设计预防犯罪理论及策略有助于分析、认识空间环境与犯罪决意、机会选择、犯罪实施过程的关系及影响，为城市公共空间中的犯罪及破坏行为的相关研究提供了理论依据及实践参考。

1.4 灾害学及城市防灾相关理论

灾害学是揭示灾害形成、发生与发展规律，建立灾害评价体系，探求减轻灾害途径的综合性学科。城市防灾减灾将灾害学原理应用于对城市灾害的研究。其中，灾害系统论、环境灾害学及防灾空间理念与对公共开放空间、城市空间环境、城市灾害、防灾减灾的关系的研究密切相关。

1.4.1 灾害系统论

灾害系统论认为灾害（D）、孕灾环境（E）、致灾因素（H）、承灾体（S）四个要素共同构成完整的灾害过程及灾害系统。其中，孕灾环境是指孕育灾害产生的自然环境和人为环境。根据各类致灾因素产生的不同环境系统，自然孕灾环境包括大气圈、水圈、岩石圈、生物圈等环境系统的不同圈层，人为孕灾环境可划分为人类圈与技术圈。致灾因子主要分为自然致灾因素、人为致灾因素及环境致灾因素。自然致灾因素包括地震、洪水、海啸、火山喷发、滑坡、泥石流、台风、暴雨、龙卷风、沙尘暴等。人为致灾因素主要由战争、动乱、空难、海难、危险品爆炸、核泄漏等形成。环境致灾因素由自然、人为因素相互作用下的环境系统及要素变化所造成，并反作用于自然及人为环境。承灾体是各种致灾因素作用的对象，包括人类本身、财产与自然资源，是人类社会与各种物质、资源的集合。灾害是指致灾因素对承灾体的作用结果，包括人的伤亡及心理影响、建筑物破坏等财产损失、生态环境及资源破坏、直接或间接经济损失等。

根据灾害系统论，任何特定地区的灾害都是孕灾环境、致灾因素、承灾体综合作用的结果，完整的灾害形成机制可用公式表述为 $D = E \cap H \cap S$。其中致灾因素是灾害的源头和灾害产生的必备条件，致灾因素的强度越大，发生频率越高，持续时间越长，承灾体发生损失的可能也就越大。承灾体是放大或缩小灾害的必要条件，承灾体适灾、承灾能力直接关系到灾害是否发生及灾害的严重程度。孕灾环境对致灾因素和承灾体都具有影响（图 1-7）。全球变暖、雨量增加等气候变化，土地退化、森

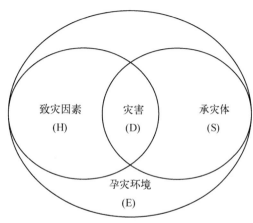

图 1-7　灾害系统示意图

林枯竭、生物多样性破坏、水土流失等地表覆盖性状的变化,均会影响洪水、海啸、火山喷发、滑坡、泥石流、台风、暴雨等致灾因素的形成过程,而承灾体承受灾害的能力取决于物质文化环境的性质及特征,因此孕灾环境的变化会改变灾害发生的频率、强度、空间分布规律及灾害严重程度。总体上,灾害程度取决于孕灾环境的稳定性、致灾因素的风险性、承灾体的脆弱性等要素之间的相互作用和相互影响①。

1.4.2 环境灾害理论

环境灾害学亦被某些学者称为灾害生态学②,近年来逐渐受到关注。环境灾害学是环境科学与灾害学的交叉学科,主要内容在于阐明环境灾害的性质,揭示环境灾害发生、发展、演变规律,分析各类环境灾害的成因、形成机制、致灾过程及其时空分布规律,并探讨相应的环境灾害评价、预测、对策。环境灾害学认为,环境灾害实质上是人类与自然环境的相互作用致使自然环境系统在演变过程中发生变异而危及人类的现象,表现为人为因素致使自然环境受到破坏,而受到破坏的自然环境又反作用于人类,导致人类生命财产和生存环境的破坏,是人—自然—人的连续过程。狭义的环境灾害是指人为活动诱发环境变化引起的灾害,广义的环境灾害还包括自然变化引起的灾害。在这一意义上,全球范围内的海平面上升、臭氧层破坏、酸雨、资源枯竭、水土流失、土地沙漠化、生物多样性减少、物种灭绝,以及区域范围内的大气污染、土壤污染、城市垃圾污染、地面沉降、海水入侵、土壤退化、泥石流、滑坡等均属于环境灾害的范畴。其中,大气污染、水污染、土壤污染、资源开发、生态系统退化、气候变化等与人类活动直接相关的灾害是其主要的研究对象③。

按照环境灾害学的观点,人、社会环境、自然环境构成环境灾害系统。通常情况下,这一系统处于相对稳定、功能正常的状态。在特定条件下,系统中的某个要素发生变化将导致整个系统产生异常,一旦达到或超过一定限度,系统功能失调,则易于引发环境灾害。其中,人对环境产生的负面影响是发生环境灾害的主要诱因(图1-8)。大气、水等环境系统具有一定的自我调节和维持平衡的能力,在外部因素作用下,在一定限度内具有保持自身状态并在外力作用停止后逐渐恢复原来状态的特性,能够保持污染物等致灾因子的正常集散过程,因而具有一定的环境稳定性。人类活动对环境长期有规律的扰动会导致环境异常,致使环境系统内能量与物质的累积超过环境自我净化及维持能力,环境系统稳定性丧失,系统结构功能受到破坏,最终引发环境灾害,这是从量变到质变的逐渐发展演化的过程。因此,将人类活动对环境的影响降至可接受的限度之内,保护和促进环境正常的运动过程和自我调节作用,能够避免环境灾害的发生。

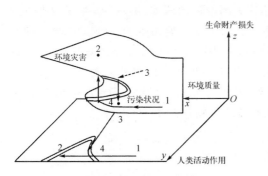

图1-8 环境污染状态向环境灾害演变示意图

---

① 史培军.三论灾害研究的理论与实践[J].自然灾害学报,2002,11(3):1-9.

② 章家恩.灾害生态学——生态学的一个重要发展方向[J].地球科学进展,2002,17(3):452-456.

③ 张丽萍,张妙仙.环境灾害学[M].北京:科学出版社,2008:13-18.

1.4.3 城市防灾空间理念

严格地说,城市防灾空间理论目前仍处于探讨阶段。狭义的防灾空间主要是指对灾害应急避难、救援及临时生活具有支持作用的空间。广义的防灾空间涉及与城市防灾、救灾、灾后恢复重建活动相关的一切空间,包括疏散避难、救援、临时生活所需的空间场所,以及出于防灾目标设置的基础设施及建设用地等,是各种防灾活动的物质性载体。按照不同的功能,防灾空间可以分为灾害防御空间及灾害应急空间①。灾害防御空间是指具有直接或间接的灾害防护作用的空间,比如城市中的防护林带、卫生隔离带、高压走廊绿地、生态保护区、城市郊野公园、水体及湿地等。灾害应急空间主要是指在灾害发生时用于疏散、避难、救援的空间,包括避难场所、道路、消防、医疗、物资与警察六大系统。其中,避难场所是指灾害发生时受害居民紧急疏散、避险及临时生活的建筑、开放空间及地下空间。道路系统为防灾救灾活动中的避难、救援等提供交通运输空间。消防系统包括消防站和消防栓、消防水池等必要的消防设施,用于灭火及救援。医疗系统主要包括临时医疗救护点和较长期使用的医院、医学中心、救护站等,以救护伤员和进行公共卫生防疫工作。物资供应系统由物资储备仓库、物资运输渠道、物资发放场所等构成,用于存储、运送、分派灾害救援及生活所需物资。警察系统主要是指各级派出所和公安局,其作用在于维护灾害时的公共秩序和社会治安,以及协助灾害救援、交通管理、灾情信息收集与发布、防救灾指挥及措施的落实。总之,防灾空间的内涵不仅指具有防灾功能的城市外部空间、地下空间及相关设施占用空间等物质空间,还包括与防灾救灾相适应的空间结构及空间形态,是城市防灾救灾活动在空间地域上的综合体现②。

灾害系统论阐明了灾害的形成过程和孕灾环境、致灾因子、承灾体等灾害系统构成要素的相互影响。环境灾害学揭示了各类环境灾害形成、发展的环境生态机制。防灾空间理念论述了城市物质空间对于城市防灾减灾的价值和作用,对于从城市设计角度针对城市灾害的研究的意义不仅在于理论层面的支持,也为从公共开放空间等物质空间层面展开灾害形成过程、灾害构成要素、要素作用机制的研究提供了基本途径。

1.5 安全城市理念

安全城市理念由韦克利(Gerda R. Wekerle)和怀茨曼(Carolyn Whitzman)1995年于其著作《安全城市:规划、设计和管理指南》(Safe Cities:Guidelines for Planning, Design and Managements)中提出。自1990年代以来,欧美各国城市公共空间场所犯罪日益严重,对城市公共活动构成威胁,并影响城市居民日常生活及商业、经济发展,致使原先城市安全建设中以自然灾害为主导的内容范围逐步延伸至犯罪、社会冲突等人为安全威胁要素。韦克利和怀茨曼拓展了通过环境设计预防犯罪理论,并与防灾规划相结合,逐步形成完整的安全城市理念,旨在通过城市规划及环境设计,保障城市公共空间免受自然因素及人为因素危害,并以此为基本手段建构城市空间环境整体安全。安全城市理念具体包括为居民提供安全和舒适的日常生活环境、保障居民生活及物质财产不受侵犯、使居民避免各类灾害

---

① 吕元,胡斌. 城市防灾空间理念解析[J]. 低温建筑技术,2004(5):36 - 37.

② 金磊. 城市安全之道——城市防灾减灾知识十六讲[M]. 北京:机械工业出版社,2007:209.

的危害、消除居民的恐惧感、促进城市整体的协调发展等内容。针对犯罪等人为安全威胁因素，安全城市理念强调依据行人运动模式，重点进行城市大量人群交通、流动路径的安全规划设计；保持和提升自然监控的机会和能力；促进空间环境的适宜规划、设计及其长期良性维护；寻求各类安全问题的主要解决方式；综合考虑城市公众人身安全与财产安全①。

韦克利和怀茨曼还认为，安全城市理念以危害城市环境的自然及人为威胁为对象，其具体措施的实施和贯彻必须依赖于城市规划体系，并体现于城市规划建设之中。在具体实践中，安全城市的规划以城市安全为相应规划的基点和目标，强调规划对象与周边区域、短期建设与长期发展的时空协调，并应考虑未来发展及居民生活的安全。而且，安全城市的相关规划较为复杂，必须认清对城市安全具有关键作用的战略性节点及需要改善的空间及场所，并把握对其具有影响的重要因素和可以利用的财力、物力、人力资源，寻求具有实效的改善方向及具体方式。为实现这一目标，应完整掌握相关信息，充分论证及探讨规划的多种可能，并进行安全、经济、社会效益的综合评估，从而选择和决定最优化的规划框架。

安全城市理念成为城市安全综合规划、设计研究及城市安全建设的重要理论基础及基本目标。

---

① Gerda R Wekerle，Carolyn Whitzman. Safe Cities：Guidelines for Planning，Design and Managements[M]. New York：Van Nostrand Reinhold，1995：2 – 19.

2 安全城市设计的概念建构

2.1 现代城市设计中城市公共安全问题的引入

城市设计是与城市生活息息相关的艺术和科学,提升城市居民生活质量是其重要目标。现代城市设计已经远远超出了美学范畴,旨在寻求包含人、社会和自然在内的空间环境质量的整体优化和协调发展,是综合性的城市环境设计。作为 21 世纪城市规划建设的核心工作之一,城市设计应"创造性地分析研究特殊的环境条件,追求符合自身实际情况的结果[①]"。尽管可以从不同的角度对人居环境与自然环境之间的相互关系进行不同的阐释,但安全都应是其共同的前提和基础。城市空间环境的整体安全是城市设计追求的基本目标和基本价值,也是决定城市设计成败的重要因素。

城市设计领域必须对城市公共安全问题有所回应,应从自身学科特点出发,切实展开对于城市公共安全问题的系统研究,阐明城市物质空间环境与行为事故、城市犯罪、城市恐怖袭击、城市灾害等各类城市公共安全威胁要素的相互关系及相互影响,为今天日益急迫的城市公共安全局面下的城市空间环境塑造提供理论依据及实践原则。

将城市公共安全的观念及相关问题引入城市设计领域,其实质是将城市公共安全的相关理论、方法和要求引入城市设计对于城市空间形体环境的研究,也将产生城市设计领域中一个相对独立的分支和专项研究——基于公共安全的城市设计,即安全城市设计。

2.2 安全城市设计的概念及内涵

总体上,安全城市设计是以建立安全的城市空间环境为目标,对包括人、社会、自然等因素在内的城市形体空间进行的设计研究,其基本内涵是人们为实现城市公共安全的目标而进行的对城市外部空间和形体环境的设计和组织,其外延则涉及与城市公共安全和空间环境相关的规划、设计、决策、管理、实施等各个环节。

安全城市设计是城市设计在公共安全方面的细化和深入,是城市设计理论及实践的重要组成部分,以城市设计和城市公共安全相关学科理论的融合为基础。在实践中,安全城市设计根据城市社会经济条件、生活环境和人的安全需求,探求人、社会、自然环境、人工环境之间的安全属性的内在关联和外显形式,从而进行空间组织和优化,提升城市空间环境的整体安全品质,并为具体的空间安全设计提供研究框架和实践方法。

---

① 吴良镛."迈向 21 世纪的城市"国际会议上的讲话.北京,1997.

2.3　历史城市设计中城市公共安全相关研究及实践

　　从城市设计的发展变迁过程看,在工业革命之前,城市设计与城市规划是一个统一的整体,都以物质空间形态作为主要的研究对象,并具有相同的设计原则和价值取向。城市的首要功能就是确保安全,因此城市规划和城市设计产生之初就对城市安全予以高度关注。历史上,基于军事要求的城市设计从城市选址、城市形态、道路组织、城墙及城门的设计等方面提高军事防卫能力;从象征权力的宫城到城市市井的街坊也都强调对破坏及攻击行为的安全防范;关注于居住环境改善的城市设计通过城市基础设施建设和街区生活环境改造来改善空间环境的卫生质量,抑制和减轻曾对城市公共安全造成巨大打击的流行病害;此外,城市建设用地选址时对洪涝、地震等灾害的回避,利用街区内的街道、防火墙、水系等形成火灾隔离带,设置防火设施,以及从安全避难的角度改善城市街道和广场的形态布局,均反映了城市设计领域对于城市公共安全的思考。

2.3.1　史前人类聚居地及早期城市的设计

　　史前人类聚居地就已对野兽、外族入侵和洪水等自然灾害的防范有所考虑。不论是依山而居还是择洞而栖,都是获取自然保护的基本方式。在村庄周围用于防护的围栏、堑壕等土木工事是人工化的防御设施。古埃及城镇根据河道和海岸的走向、山坡地势、风向等自然环境条件进行选址和修建,城市四周的堑壕和坚固厚实的城防增强了城市战争防卫能力,并以建城于高地的方式来防御水灾。与古埃及文明几乎同时期在西亚两河流域形成的美索不达米亚文明的城市中,由于战乱频发,军事防卫同样是城市建设的首要因素,其防卫的重点是城中的国王宫殿。新巴比伦城厚重的城墙形成内外防护壁垒,并具有内外护城河(图2-1)。古亚述时期的科萨巴德城(Khorsabad)中的宫殿建于高18 m、边长300 m的方形土台之上,还筑有高大的宫墙和宫门,既利于抵御外敌,又能有效防范城内起义[1](图2-2)。我国的史前人类聚居地及早期城市主要通过居高避水、山栖巢居、居于墩台之上、居干阑避水、壕沟排水等方式防洪避水。西安半坡发现的公元前5000—3000年的仰韶文化遗址具有3条壕沟,其中一条现存长度300多米,上口宽6—8 m,底宽1—3 m,深4—6 m,断面为漏斗形。年代大约为公元前2600—公元前2000年的湖北天门石家河古城址

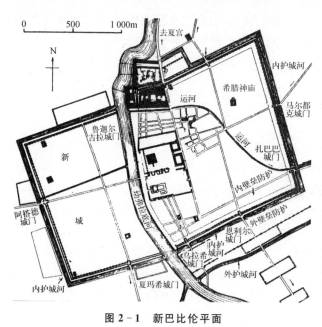

图2-1　新巴比伦平面

---

　　① 沈玉麟.外国城市建设史[M].北京:中国建筑工业出版社,1989:14.

具有高大的城墙,环城壕池更宽达 80—100 m,不仅能够防御敌人和野兽入侵,还具有防洪排涝功能①(图 2-3)。

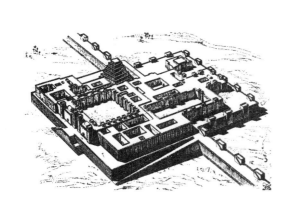

图 2-2 科萨巴德城宫殿示意图

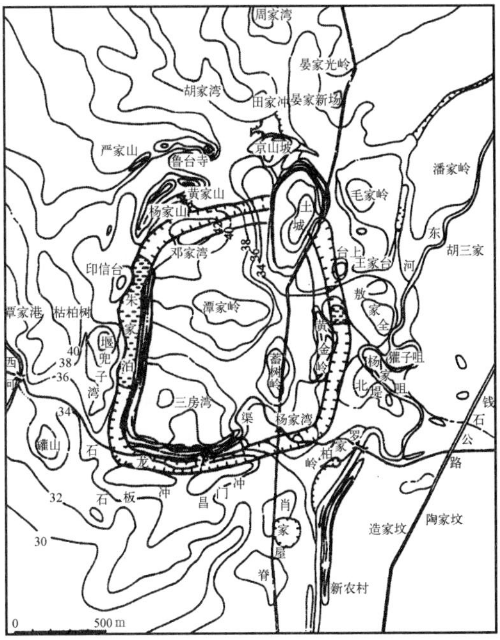

图 2-3 石家河古城址及其遗址群

2.3.2 古希腊时期的城市设计

古希腊城市具有多山和临海的地理条件,结合山体地形防御外敌进攻和避免海水侵害是其重要特点。古希腊城市最初一般都修建于高地及小丘上,后来逐渐拓展,形成建有神庙并具有防卫功能的卫城和分布商业、行政机构、居民点的下城两部分。雅典就以卫城为核心。雅典卫城位于城内高出地面约 70—80 m 的山顶之上,四周砌设挡土墙而形成平台,山势陡峭,只有一个上下孔道,利于防卫。与希腊其他城市一样,在希波战争之前雅典未建造城墙。希波战争后,先后在从雅典至临海的庇拉伊斯城(Piraeus)的公路两边和南部的南法勒伦(Phaleron)修建城墙,构筑雅典至滨海地区的较为完整的防御体系(图 2-4,图 2-5,图 2-6)。而在雅典城市内部,街道多结合地形,曲折狭窄,利于通过巷战来抵御外敌。但是,雅典居住区较小,贫富住户混居,环境阴暗、脏乱,卫生条件差,不利于疫病防治,这也是当时希腊城市的典型写照。在后来的希腊化时期,许多城市利用附近山顶蓄水来供水,有的城市还建有下水道、绿化和花园,城市环境卫生条件得到一定改善②。

① 吴庆洲.建筑安全[M].北京:中国建筑工业出版社,2007:23.
② 沈玉麟.外国城市建设史[M].北京:中国建筑工业出版社,1989:14-34.

居住区 ▨▨▨ 公共建筑和纪念性建筑 ■■■

图 2-4 公元前 5 世纪下半叶的雅典平面

图 2-5 雅典城市鸟瞰

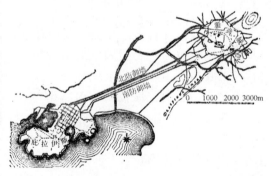

图 2-6 雅典至临海庇拉伊斯城的防御体系示意图

2.3.3 古罗马的城市设计

古罗马主要通过军事侵略进行领土扩张,掠夺所需要的财富和资源,因而其城市建设体现出明显的军事强权特征。为了防止自身受到侵略,城市中多建有技术发达的城墙、道路、桥梁等设施,便于军队的运动、调遣和军需品、朝贡品的运输。由于大量奴隶的使用和勘测工程技术的发展,古罗马城市已经能够对地形进行大规模改造,而较少采取过去择高筑城的方式。罗马帝国曾在欧洲和北非建设了佛罗伦萨、米兰、巴黎、维也纳等 120—130 个要塞城镇。这些要塞城镇平面多为方形,四周城墙环绕,城内两条主要道路十字交叉,将城市分为四个区域,道路路口正对四面的城门,城门和道路路口尽可能避开敌人可能来犯的方向。道路交汇处分布广场和公共建筑,可作为战时转运军队和被敌人包围时供应和发放粮食的地点,这种布局方式同样运用于公元前4世纪的罗马城中。这些要塞城镇的布局方式既反映了古罗马人的宇宙观和城市建设理念,也适应了战争防卫要求,其典型代表有位于地中海沿岸的派拉斯和北非城市提姆加德(Timgad)(图2-7)。

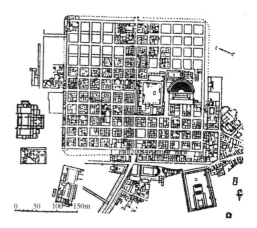

图2-7 提姆加德城平面

除战争防卫外,古罗马城市建设中也对其他的威胁要素有所考虑。维特鲁威在《建筑十书》中总结罗马城市建设经验时就指出,城市选址应选择高爽地段,避免占用沼泽地和病疫滋生地,避开浓雾、强风和酷热等不利气候条件。城市还应具有良好的水源供应、充足的农产资源、交通便捷的道路和河道。街道布局应适应于主导风向。他提出的理想城市模型总体平面为八角形,城墙塔楼间距不大于弓箭射程,便于从各个方面阻击攻城的敌人。路网为放射环形系统,市中心广场设有神庙,放射形道路可不直接面对城门,以避开强风(图2-8)。这些设计原则对文艺复兴时期的城市建设具有重要影响。此外,罗马共和国时期的古罗马城利用城内帕拉丢姆山顶的自然蓄水池供应全城用水,蓄水池四周还设有具有保护作用的围墙。在罗

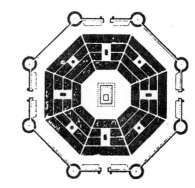

图2-8 维特鲁威理想城市平面

马帝国时期的晚期,为防止建筑因高度过高及质量较差而发生倒塌事故,在奥古斯都皇帝执政时就规定罗马城中的住宅高度均不得超过18 m。罗马帝国时期的城市中街道多比较宽阔,路边以光滑平坦的大石板进行铺装,街道两侧常设有人行道。在提姆加德等城市中,交通主干车行道与人行道之间设有列柱,人行道顶部具有遮挡阳光暴晒的屋顶,形成柱廊。为防止积水和改善卫生条件,古罗马城市还修建了规模较大的渗水池和排水道①。

2.3.4 中世纪的城市设计

中世纪的西欧城市主要由要塞、城堡和商业交通枢纽逐渐发展形成。当时众多封建主和城市共和国之间频繁爆发战争,因此城市一般都建于地形高险、粮食和水源充足、易守难攻的地点,城市四周设置坚固、高大的城墙形成城堡。在城市内部空间的处理上,由于当时宗教及神权十分强大,教堂及附属的广场成为城市中心。道路布局多以教堂为核心,形成放射+环状道路系统。道路多曲折蜿蜒,这既与城市向外部逐层扩展的要求相适应,也便于设置路障和形成死胡同,迷惑和消灭入侵者。例如,卡尔卡松(Carcassonne)城平面接近

① 沈玉麟.外国城市建设史[M].北京:中国建筑工业出版社,1989:36-46.

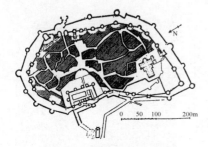

图 2-9　卡尔卡松城平面

图 2-10　圣·米歇尔山城全景

图 2-11　君士坦丁堡鸟瞰

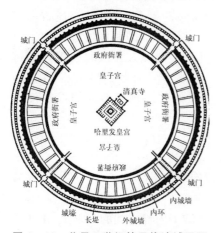

图 2-12　公元 8 世纪的巴格达城平面

椭圆形,周边具有双层城墙,共有城楼 60 座,入口设置塔楼、垛墙、吊桥等防御设施,其内部道路系统呈蛛网状的放射形态①(图 2-9)。圣·米歇尔山城(Mont S. Michel)不仅具有类似的空间处理,还结合地形建于山上,具有极强的防御性(图 2-10)。此外,中世纪西欧城市中弯曲的街道形态既能在冬季遮挡寒风,又可在夏季防止阳光暴晒。但由于战争防卫等因素的影响,城市只能在城墙范围内建设和发展,用地紧张,街道狭窄,建筑及人口密集,城市居住卫生条件较差,疫病等公共卫生问题较为严重。在 14 世纪中叶,西欧城市曾发生一系列的瘟疫流行,导致人口的大量减少②。

东罗马建立的拜占庭帝国在巴尔干半岛和小亚细亚、叙利亚等地区建立了大量的城市,以首都君士坦丁堡为典型代表。君士坦丁堡东面濒临马尔马拉海,三面临水,城市周边的港口沿博斯普鲁斯海峡分布(图 2-11)。城市防卫对可能来自于水、陆两方面的侵犯均有所考虑。通过对博斯普鲁斯海峡的封锁,可以确保城市滨水的三面的安全,而整个城市建于海拔 100 m 的丘陵之上,居高临下,还在城市四周建有高耸的城墙和众多坚固的碉堡。

中世纪的伊斯兰城市多由军营和定居点逐渐发展形成,不仅受到伊斯兰教教义和宇宙观的强烈影响,对防卫安全也具有一定的考虑。城市内部将统治者的宫殿、官邸与普通居民和信徒的住所分区布置,以保护统治者的安全,并在城市外部设置城墙等防御设施。比如建于公元 8 世纪的巴格达,圆形平面象征太阳,共有四座城门。在城市周边形成内外双层城墙,结合城壕形成防御体系(图 2-12)。此外,为了避免沙漠地区干热气候的不利影响,伊斯兰城市中的建筑多为院落式布局,外观也较为封闭③。

---

①　沈玉麟.外国城市建设史[M].北京:中国建筑工业出版社,1989:53-54.

②　谭纵波.城市规划[M].北京:清华大学出版社,2005:17.

③　王建国.城市设计[M].2 版.南京:东南大学出版社,2004:13.

2.3.5　文艺复兴和巴洛克时期的城市设计

　　文艺复兴运动大大推动了文学艺术领域和科学技术的发展和进步。由于受到地理学、数学、工程学等学科的影响，这一时期欧洲的城市设计思想愈发强调科学理性的作用，这也极大影响了城市设计领域对城市安全的研究。在《论建筑》一书中，阿尔伯蒂在维特鲁威城市建筑思想理论的基础上，从城镇建筑、地形地貌、水源、气候、土壤等方面，对城市选址、构成类型、城市建筑布局、街道形态等方面进行了更为深入的研究，以满足城市避灾、减灾和军事防卫的需要。在他提出的典型城市模式中，街道从城市中心向外辐射，形成利于防御的多边形星形平面①。其后，在阿尔伯蒂的影响下，弗拉瑞特、斯卡莫齐等人对理想城市进行了大量探索，力图将城市布局与安全防卫相结合。这一时期，威力大增的火器使许多城市的城墙被轻易摧毁，为了适应新型武器的特点，他们对城市设计进行了相应调整，在多边形、星形城市的城墙设置凸出的棱堡，在城市中心广场上设置塔楼等构筑物，各个棱堡都在其视线范围之内，利于从中心向各个方向射击沿道路向中心推进的入侵者。初建于公元1593 年的帕马诺瓦城集中体现了这些设想，包括斯卡莫齐在内的几位军事工程师和规划师共同参与了城市选址和设计，不仅考虑了外来入侵，也对内乱有所防备。作为军事前哨，帕马诺瓦城外轮廓呈九边形，在转角处设置九个棱堡，城市中心为六边形广场，广场上设置防御性构筑物。由中心广场向外放射分布九条道路，放射道路以三条环形道路联结，有三个棱堡通过道路与中心广场直接相连。在紧靠城墙的环状道路上设有外国雇佣兵的军营、阅兵场和兵器库，市民区分布于城墙和中心广场之间。中心广场及附近区域为指挥官和更为忠实可靠的当地士兵的住所。帕马诺瓦城共有三个城门，分别设置于三段城墙的中部，与城门相连的道路直通中心广场。不论是发生内乱还是外敌突破城墙，只要控制由中心广场向外

（a）帕马诺瓦城平面

（b）帕马诺瓦城鸟瞰

图 2 - 13　帕马诺瓦城平面及鸟瞰

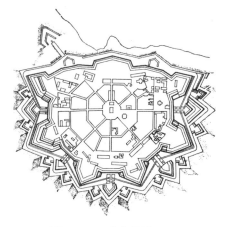

图 2 - 14　哈米纳城平面

放射的六条道路，就能够对中心广场进行有效保护和隔离（图 2 - 13）。帕马诺瓦城的形态模式在建于 1723 年的芬兰哈米纳（Hamina）城中也有所体现（图 2 - 14）。在帕马诺瓦建成

---

①　沈玉麟.外国城市建设史[M].北京:中国建筑工业出版社,1989:74.

后几十年，军事技术的发展促使城市防御系统改变，在城墙之外的钳堡、半月堡等外部堡垒将防御圈层向外拓展，棱堡的作用相应降低，城市内部的道路也不再需要为棱堡输送供给，逐渐采用了较为简单的方格网道路形态①。

在城市防灾方面，这一时期的城市规划设计也有新的发展。在1666年伦敦大火发生之后，伦敦为城市改建而设置的专门委员会规定，重建时为防止街道一侧的火灾蔓延至街道对面，应增加街道的宽度，并根据街道宽度限定建筑的高度，建筑材料应选用砖、石等耐火材料（图2-15）。而从地震等灾害的疏散避难、防止次生灾害扩散等角度，城市建设也逐渐关注完善城市广场、街道等开放空间与建筑的形态布局。1693年发生的地震将西西里岛东南部海港城市卡塔尼亚夷为平地。为了避免和减少以后地震造成的损失，在灾后重建中对城市街道和广场进行了改造。由于原有的城市街道狭窄、曲折，易于造成震后倒塌建筑的废墟堵塞道路，影响疏散避难的效率，灾后重建改用宽阔、笔直的街道形态，并设置一些规模较大的广场，作为灾后疏散、避难生活的空间。放射状分布的道路将大型广场相联系，不仅为人们的快速逃生、安全避难和震后生活提供了空间保障，还体现了当时文艺复兴巴洛克风格的美学原则（图2-16）。1755年的地震以及地震引发的海啸、大火造成了葡萄

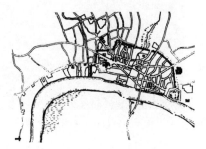
（a）1666年大火前的伦敦平面

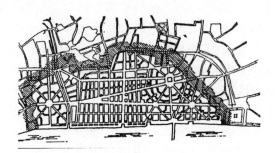
（b）1666年大火后的伦敦规划平面

图2-15　1666年大火前后的伦敦城市平面

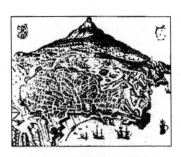
（a）1693年地震前的卡塔尼亚

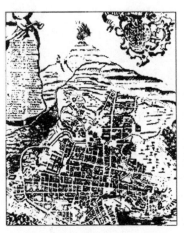
（b）震后重建的（18世纪）卡塔尼亚

图2-16　1693年地震前及震后重建的卡塔尼亚

---

① 斯皮罗·科斯托夫.城市的形成——历史进程中的城市模式和城市意义[M].单皓，译.北京:中国建筑工业出版社,2005:160-161,189-192.

牙里斯本的巨大破坏。灾后重建从城市设计层面确定了一系列原则，包括用笔直的街道连接城市公共广场，保持街区形态方整（图2-17）；限制建筑不能超过两层，高度不能超过街道的宽度，保证震后的疏散通道和减少建筑坍塌造成的危害；建筑内部加设木结构框架，增强石构建筑的抗震性能；建筑屋顶增设防火墙，防止火势蔓延[①]。

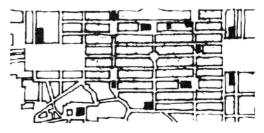

图2-17　震后重建的里斯本城市局部平面

文艺复兴时期城市设计对于城市安全的研究和实践表明，这一时期人们以更加科学理性的态度，针对灾害、战争、内乱等安全威胁要素，从工程、技术、形态、避难等方面进行综合考虑，其研究视野和方法手段得到了进一步的拓展，具有更大的主观能动性。

2.3.6　中国古代的城市设计

构建安全的城市物质环境，避免战争和自然灾害等威胁要素的侵害，从来都是中国古代城市建设和城市规划设计关注的重要课题。

在防卫安全方面，据现代考古发现和古代文献记载，中国古代的原始聚落和早期城市建设就力图增强对于野兽和外族入侵的防御能力。“筑城以卫君，造廓以守民”的城市建设思想集中体现了城市对防卫安全的基本需求。在西周时期，各诸侯国的都城既是政治统治中心，也是军事防御据点。其后随着战乱频发和朝代更替，中国古代城市逐渐摸索和形成了一整套的城市防卫建设的思想和措施，主要体现在城市选址、防御设施及道路布局等方面。城市选址主要依托山水形胜形成天然的防护屏障。防御设施主要包括城墙及城门的设置。古代城市多在周边结合宽大的护城河建设完整、连续、高大的城墙及坚固的城门，早期为夯土城墙，后期为砖砌城墙。而且，城墙多设有垛口、马道，城上设置城楼、角楼、硬楼、团楼或敌楼（图2-18）。一些古代城市还在重点防御地点形成瓮城，或结合城外设置的鹿角、地包形成完整的防御体系（图2-19）。

图2-18　北京安定门城楼及城墙

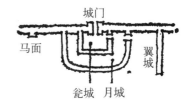

图2-19　瓮城、翼城与月城平面示意图

中国古代城市中的道路布局也多从军事防卫角度着眼。中国历代都城及平原上的重要城市大都遵循王城制度，城门相对，道路直通，但出于防御目的有时也有所改变。像甘肃平凉、兰州古城、通洲城等城市的城门和道路就不对位，从城门进入一段距离就遇到丁字路口（图2-20）。这种布局可以迷惑敌人行进的方向，阻碍兵力及车马行进速度，使敌人即使破城也难以很快占领全城，便于对敌人进行逐层截击。城内还设有望楼，以便瞭望城外，报告敌情。西汉时期的

---

①　张敏.国外城市防灾减灾及我们的思考[J].国外城市规划，2000，16(2)：101-104.

长安城就具有坚固的夯土城墙,最厚部分达 16 m,共有 12 座城门,分别设置于东、西、南、北四面城墙。据记载每个城门上都设有重楼。城内 12 座城门之间的道路都不直通,从城门进入一段距离之后就出现丁字路口。此外,出于维护内部社会安全及统治者安全的考虑,城市内还专门设置宫城,形成内城与外城相隔的空间格局(图 2-21)。宋代之前的城市中,道路之间分布普通居民居住的街坊,街坊设有坊墙和坊门,坊门早开晚闭,便于禁夜制度的实施。比如,唐长安城规模庞大,人口众多,实行里坊制度。全城平面呈方形,外围分布高大坚固的城墙,作为统治中心的宫殿由宫墙环绕,形成宫城。为了防止发生内乱,宫城位于城市北部,紧靠城墙,设有专门的出城道路,便于统治者撤退。城市内部划分为相对独立的方形街坊,每个街坊都设有坊墙和坊门,便于社会安全的管理(图 2-22)。

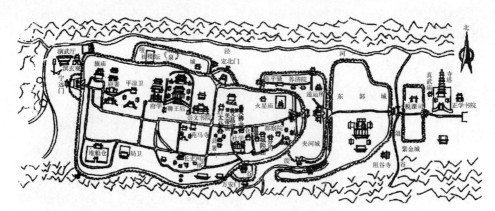

图 2-20 甘肃平凉古城平面示意图

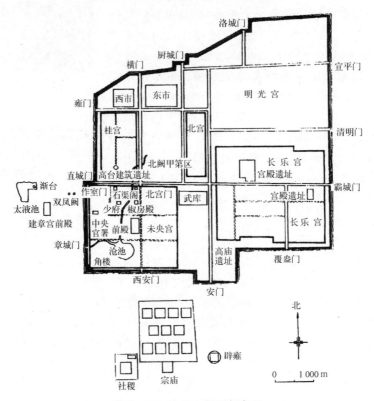

图 2-21 汉长安复原想象图

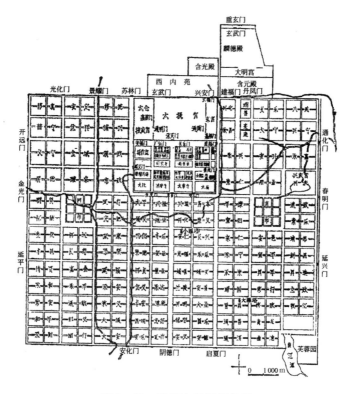

图 2-22 唐长安复原想象图

南宋时期的军事重镇静江府城（位于今桂林市北）集中体现了中国古代城市规划设计对安全防卫的思考。从选址看，静江府城依山傍水，位于山水之间的平地。全城东临东江（漓江）、南临南阳江，形成东西两面的天然护城河。北城建于山间或山顶。城内小山作为制高点可以远眺城外。城西山峰修建烽火台，供通报敌情之用。在规划布局上，静江府城整体平面呈矩形，南北分布，主要分为子城、内城、夹城、新城、外城以及南外城、北城等几部分，其中新城、外城、南外城是子城的外围防御。静江府城共有城门 12 座，西城墙分布 5 座，东城墙分布 5 座，南北各设 1 门。在重要的城门外另建一座建筑防守城门，在最重要的部位建设瓮城，运用火器防御。除东江、南阳江作为天然城壕，在西城和北城修建城壕，形成城市外围连续的护城河。内城设有三条城壕。城内主要干道南北分布，为全城中轴线。东西方向两条道路贯穿全城，将相应城门直接联系。其余东西及南北向道路均为穿过半城的丁字头路，共 8 条，均不直通，道路尽端正对建筑物，其余斜路及弯路则均不通向城外。城内还设有多座临时性的浮桥，可拆可架、可攻可守。子城分布主要的官衙，是全城的防卫重点。重要建筑均设置于子城内最不易受到攻击的东南方向，中部、北部、西部分布兵营。此外，城墙、城楼、门洞、团楼、硬楼、武台、瞭望楼台、驻兵营寨、官衙、坛庙等工程及建筑的具体位置及设计也均考虑了军事防卫的相关要求[1]（图 2-23，图 2-24）。

---

① 张驭寰. 中国城池史[M]. 天津：百花文艺出版社，2003：172-181.

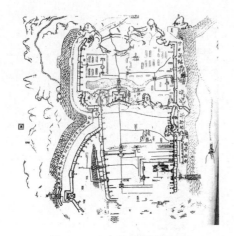

图 2-23　南宋静江府城图

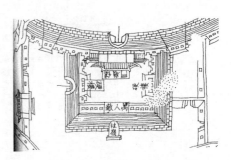

图 2-24　南宋静江府城城门图

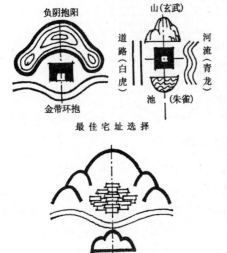

图 2-25　风水观念中聚落的理想格局

除军事防卫之外,中国古代十分重视城市建筑选址对于城市防灾的先决作用。两千多年前的《管子·度地篇》明确指出城市及建筑应避免"五害",包括水、旱、风雾雹霜、厉和虫,并应以水害治理为首要任务。《管子·乘马篇》进一步提出,"凡立国都,非于大山之下,必于广川之上。高勿近旱,而水用足,下勿近水,而沟防省"。对中国古代城市和建筑具有极大影响的"风水说"强调"负阴抱阳,背山面水"的城镇及住宅选址原则,认为城市必须与地质、水文、气候等自然环境条件相适应,才能最大限度地"避凶趋吉",满足人类聚居对安全的需求(图2-25)。因此,中国古代城市多选址于依山傍水的缓坡高地,"依山"能够以山体遮挡冬季北方的强大寒风,"傍水"便于城市生活及农业灌溉取水,缓坡利于农业生产,高地则可避免水淹、洪涝灾害,既得

近水之利,又无水患之扰。唐代常熟迁址后位于虞山东麓缓坡地,因循山体形态的不规则城墙将虞山一部分包括于城内,形成腾山而城的格局,在提高军事防卫能力的同时,高爽的地势使其不易受到洪涝侵袭,而临近河网交汇之处也便于取水(图2-26)。

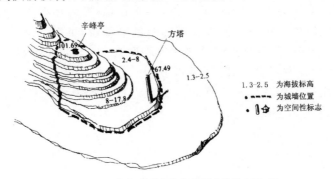

图 2-26　常熟古城"腾山而城"的格局分析

除合理选址之外，古代城市规划设计还从城市建筑、空间布局、自然水系利用和工程设施等方面加强城市防洪、防火、防风以及气候防护的综合能力。许多城市建有比较完善的壕池、河渠、水道排水，并与城外河流相通。水关、门闸、涵洞等防洪防涝设施设于内外河渠交汇之处，便于雨季排水及旱季蓄水。据史料记载，西汉长安城城址位于渭河南岸和龙首原北路之间的开阔平地，地势较高，不易受到洪水侵袭，且便于城市水源的取用（图2-27）。城内设有陶管和砖砌下水道等排水设施，结合城内自然水系，形成完善的供水、调蓄和防洪排涝系统，因而很少遭受洪涝灾害[1]（图2-28）。唐长安城在街道两侧挖设明沟。宋东京城内分布四条河道，除提供水源、漕运动能之外，还具有排水之用。在元代郭守敬为元大都进行的规划设计中，城市水系主要由高粱河、海子、通惠河组成的漕运系统和由金水河、太液池构成的宫苑水系构成，全城还预埋了下水系统。明代北京设有供排泄雨水的沟渠。明清北京城的紫禁城中具有相对独立的沟渠系统，地下埋设的暗沟排水网络与内金水河和紫禁城外周的筒子河相连，能够有效防止内涝的发生[2]（图2-29）。

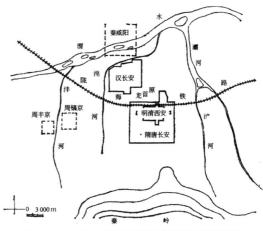

图2-27　长安（西安）附近都城位置变迁图

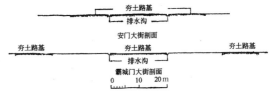

图2-28　汉长安街道构造及排水沟设置示意图

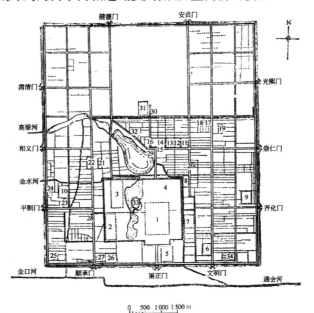

图2-29　元大都平面复原想象图

①　董鉴泓. 中国城市建设史[M]. 3版. 北京:中国建筑工业出版社,2004:26-32.
②　董鉴泓. 中国城市建设史[M]. 3版. 北京:中国建筑工业出版社,2004:113-115,135-141.

中国古代城市内大量的木构建筑易于导致火势延烧,形成街区大火。除防火墙等建筑防火处理之外,古代城市还采用利于救火和疏散的方格网道路布局,利用城内水道、池塘、街道形成防火隔离①,并将城市河湖水系与水井、水池、水缸的设置相结合,提供灭火水源。古代平江(今苏州)等江南水网城市中,建筑多沿河道排列,城内密集的水网能够提供有效的防火间距和充足、方便的消防用水(图2-30)。宋代东京城内房屋密集,火灾频发,在其城市改造中不仅通过道路拓宽、设置开放场地等措施增大防火间距,还在地势较高处建有砖砌望火楼等瞭望报警设施。元大都还在靠近城市中心的位置建造高大的钟、鼓楼,兼作报时和报警之用。

在风、热等不利气候条件的防护方面,古代城市也积累了大量的经验。"藏风聚气"和"凡宅不居当冲口处"表明不仅城镇建筑选址要避开可能加剧风灾的"风口"地带,还应利用山体等地形因素对强风进行有效遮挡。为了抵御海上台风,福建鼓浪屿等沿海岛屿上的居民区一般位于背海一侧的山脚之下②(图2-31)。北京城内四合院式典型建筑布局不仅能够遮挡冬季西北寒风,还利于夏季通风散热(图2-32)。平遥古城内的民居院落多呈南北向的狭长形态,住所多为地上窑洞,冬暖夏凉,利于对寒冷、干燥、风沙的防范。在我国古代一些南方城市中,还结合建筑外廊、骑楼等形式在沿街或沿河形成连续的有顶步道,既能防风遮雨、遮阳纳荫,还可避免车马对行人的碰撞,提供安全的步行环境。

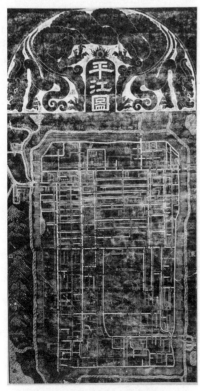

图2-30 古代平江城平面

注:图中白色表示水道

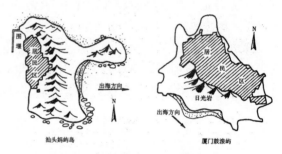

图2-31 福建沿海岛屿居民区选址

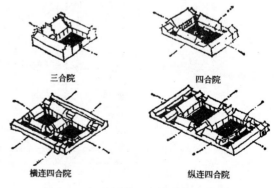

图2-32 各种不同的院落式住宅

① 肖大威. 中国古代城市防火减灾措施研究[J]. 灾害学,1995,10(4):63-68.
② 吴庆洲. 建筑安全[M]. 北京:中国建筑工业出版社,2007:102-103.

此外,中国古代城市建设还通过震后迁址和提高建筑抗震性能应对地震灾害,并通过路边植树等绿化方式改善城市环境质量。

2.3.7　近现代城市设计

在18—19世纪,随着当时新兴资产阶级相继夺取政权、科学技术的发展和欧洲资本主义国家工业革命的相继完成,欧洲城市的社会环境、经济环境、空间环境,以及城市面临的安全环境都发生了深刻变化。

由于火器的发展和新型武器的运用,城墙的军事防卫作用逐渐丧失,相继被拆除。对于外来入侵的战争防卫也从依托城防工事转向强调城市外围、国家边境的区域性防御。国家及城市内部因无产阶级与资产阶级的阶级矛盾和巨大生存压力而屡次爆发平民起义,对于城市内部起义的防范成为城市规划设计的关注重点,并直接影响了城市空间的物质形态。最具代表性的是在1853—1870年间欧斯曼主持的巴黎改建。巴黎改建不仅试图解决城市迅速发展、功能结构变化与现实之间的矛盾,满足城市美化等要求,也对统治者的安全防卫重点考虑。这一时期的巴黎素有"革命之都"之称,具有深厚的革命传统,相继发生了多次武装起义,当时执政的拿破仑三世就当政于1848年的血腥革命之后。市民暴动和无产阶级的起义严重威胁统治者的政权和安全。因而,巴黎改建的规划设计将无产阶级从市中心迁到城市东部,与贵族和上层阶级相隔离。由于原来巴黎的街道系统弯曲迂回、路面狭窄,与建筑结合紧密,为革命者依托建筑、街垒进行巷战提供了极大便利,而限制了统治者骑兵、步兵及武器的威力。欧斯曼认为"为了清理充斥着暴乱和街垒的旧巴黎,手段之一就是开辟一条宽阔的中央大街,切开这个顽固的症结,同时使它与侧面的街道一起形成交通网络"[①]。因此,巴黎改建对城市道路进行了大规模的改造,城市的主要道路得到拓宽,并以直线街道连接城市的主要区域,将原本繁杂的空间形态规整化,在所有重要的道路交叉口都设有永久性的军队和警察哨所(图2-33,图2-34)。这种宽直的街道形态使城市空间具有更强的开放性,消除了不规则形态中的死角和易于被起义者利用的建筑,使起义

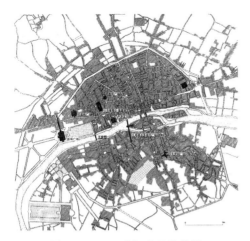

图2-33　18世纪末巴黎地图

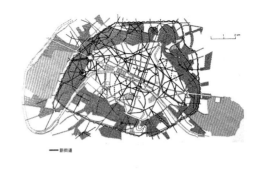

图2-34　欧斯曼巴黎改建规划平面

①　斯皮罗·科斯托夫.城市的形成——历史进程中的城市模式和城市意义[M].单皓,译.北京:中国建筑工业出版社,2005:230.

者无处躲藏,便于骑兵、炮队的移动和发挥火炮、骑兵的威力,从各个火车站到市中心之间的宽直街道还利于军队从外部进入城市。这些新建街道甚至被称为"反暴街"。

工业革命时期,随着新型能源和交通工具的发明,城市中工业日益集中,城市化进程加快,城市人口迅速增长,城市规模不断膨胀,极大改变了城市空间形态的尺度、构成及环境质量。城市向外盲目扩张导致河道等滨水空间和绿地植被大量挤占。城市内部工业区、交通运输区、仓库码头区、工人居住区混杂分布,人流、货流相互交织,造成车辆剧增和交通堵塞。广大居住区内建筑密度过高,人群拥挤,通风、日照条件较差,排水设施缺乏,加之工业废气、废水肆意排放造成空气及水源污染,城市居住环境条件恶化(图2-35),疫病、火灾等灾害和城市犯罪的发生率不断上升,这在大城市中尤为严重,"在1820—1900年间,大城市里的破坏和混乱情况简直与战场一样。①"据统计,随着生活环境恶化,婴儿死亡率逐年激增,纽约从1810年的12%—14.5%上升到1870年的24%。在1832年、1848年和1866年,英国先后爆发全国性的霍乱,造成城市居民的大量死亡。流行性疾病成为城市公共安全的严重威胁。为了应对这一紧迫局面,1840年英国制定了《公共卫生法》,并于1875年进行了修订,其内容不仅包括排水系统等公共设施的建设,还从保证基本的通风、日照角度对新建道路、建筑间距进行控制。随后各个地方性的建筑条例相继出台,力图改善环境卫生条件,减少疫病发生②(图2-36)。另外,在针对其他灾害的城市防灾建设中,除依赖科学技术的进步而大力发展城市排水、防洪等防灾工程设施之外,还从城市建筑、空间形态方面进行了积极探索。

图2-35 19世纪伦敦两座高架铁路桥之间的一座贫民窟

图2-36 根据公共卫生条例要求建造的英国城郊住宅区

此后,面对城市发展引发的"城市病"及其对城市安全的威胁,19世纪末,以霍华德的"田园城市"、赖特的"广亩城市"、戛涅的"工业城市"、马塔的"带形城市"、柯布西埃的"明日城市"为代表的城市规划设计思想主要从城乡融合、城市功能分区、城市规模控制、人口疏散、物理及卫生环境改善等方面,努力消除和解决城市人口拥挤、环境恶化等因素造成的犯罪、疫病、空气污染等社会及灾害安全问题,对于西方近代城市安全建设产生重要影响。

城市设计的历史发展表明,城市安全是影响城市空间形态特征及其演变的重要因素。

① 刘易斯·芒福德.城市发展史——起源、演变和前景[M].倪文彦,宋俊岭,译.北京:中国建筑工业出版社,2005:462.

② 谭纵波.城市规划[M].北京:清华大学出版社,2005:44.

从城市选址、空间布局、建筑营造、工程设施等方面综合应对城市所面临的外来入侵、内部动乱及自然灾害等威胁要素，营造安全的城市空间环境，从来都是城市规划设计和建设的首要任务之一。由于社会背景、自然环境、技术水平等因素的差异，古今中外针对城市安全的城市设计有所不同，在设计策略和应对措施等方面具有各自的特征，但其基本的思想理念、设计原则在今天仍具有借鉴和启示意义。

2.4 安全城市设计与城市安全规划的关系

2.4.1 近现代城市安全规划的发展与演变

作为城市设计和城市规划的组成部分，安全城市设计与城市安全规划之间的关系也必然体现出城市设计与城市规划相互关系的某些特征。城市安全规划在最初并未形成独立的研究课题，只是作为城市规划设计的一个方面被加以考虑，其内容包含于城市规划设计之中。从历史上看，工业革命之前的城市设计与城市规划基本上是一致的，对于城市安全问题都从物质空间角度满足相应的战争防卫、灾害防御等安全要求，表现出相同的设计原则、内容和取向。

工业革命之后，城市功能和运转方式发生巨大变化，而城市化进程、人口急剧增长、城市社会结构及人际关系的改变、工业及交通污染、生活环境品质的恶化改变了城市的安全局面。城市规划领域对于城市安全问题进行了新的思考和探索。霍华德提出的"田园城市"理论及模式不仅包括对城市扩张及人口规模的限制、城市绿地的布局、生产用地设置和就业保障，还涉及旨在减轻社会安全压力的流浪者住所、酗酒者收容所、精神病院及癫痫患者住所的隔离措施（图2-37）。佩里的"邻里单位"针对汽车交通对居民交通安全及居住环境的不利影响，将居住区规模限制在中心小学的服务范围内，并在住宅

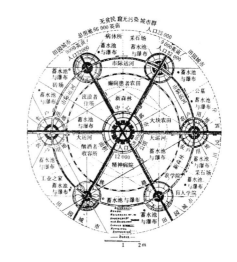

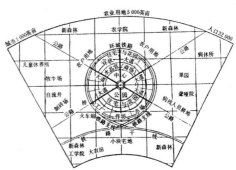

图 2-37　霍华德"田园城市"图解

图 2-38　佩里的"邻里单位"图解

周边设置相应的生活服务设施和绿化空间，区内道路宽度及布局仅满足区内交通要求，以防止过境交通穿越（图2-38）。"工业城市"规划中将工业区与居住区分区设置，并利

用绿化进行空间隔离,对工业污染造成的危害有所考虑。柯布西埃则通过城市分区建筑密度平均化来疏散城市中心人口,减轻中心区域的拥挤状况;以局部高密度建筑换取大面积的开放空间,提供绿地、阳光,改善城市环境;采用人车分流高架道路,建立安全高效的城市交通系统(图2-39)。艾伯克隆比1944年主持编制的大伦敦规划通过内圈、近郊区、绿带和外围圈层设置,控制工业布局,疏散人口,限制城市无序扩张,缓解城市人口密集及规模过大造成的安全问题及社会压力(图2-40)。从上述规划理论和实践可以看出,虽然物质空间仍是其研究的重点和主要出发点,但这一时期城市规划领域对于公共安全的研究已经开始引入经济学、社会学、地理学、政治学、人口学等学科的视角。

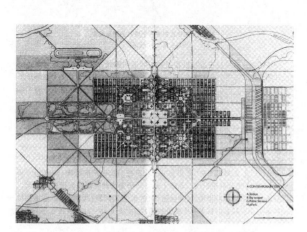

图2-39　柯布西埃明日城市规划方案

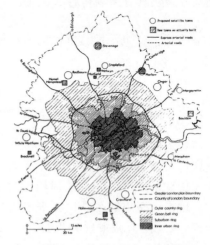

图2-40　1944年大伦敦规划方案

其后,随着城市规划的综合化和系统化、社会管理体制的建立和完善、防灾工程技术的发展,城市规划领域对公共安全的研究取得了新的进展。一方面,在城市规划体系内部,与城市安全密切相关的防灾工程系统逐渐独立,成为城市规划中的一个专项规划。另一方面,城市规划逐渐趋向研究与公共安全相关的人口、交通、环境污染、社会发展、经济发展等复合性社会问题,其重点逐渐从物质环境建设转向了社会公共政策的制定,除了从公共安全角度的城市空间及防灾设施规划,还包括相应的灾害防救机构设置、联动协调、保障措施、应急机制等灾害安全管理的内容,以建立包括空间建设及组织管理在内的综合体系。在这一基础上,近年来城市安全规划正在形成城市规划中相对独立的规划课题,世界各国也积极展开相关领域的研究。

美国的城市安全防灾规划主要包括综合减灾和灾害应急管理两部分,强调工程的及非工程的多种减灾手段的综合运用,其理论及实践结构较为完整。从内容上看,主要包括对安全威胁的综合评价、减轻威胁的总体战略及相关政策,比如灾害等威胁要素的减缓及预防、灾害应急、救援和灾后恢复重建等。从对象上看,不仅包括传统意义上的多种自然灾害,还包括工业及环境灾害,以及恐怖袭击、城市动乱、传染性疾病等公共安全的威胁要素,其范围较为广泛。而且,美国建立了包括联邦紧急事务管理局(FEMA)在内的国土安全部(DHS)等统一机构,具有"联邦减灾法案"等一系列法律法规保障,还针对灾害应急反应及灾后恢复重建的部门设置、资源调配、人员培训和组织、指挥协调等制定了相应的对策。

日本的城市安全防灾规划主要由日本各地方政府(都、道、府、县,以及市、街、村)根据防灾基本计划,结合本地区的灾害特征和具体情况制定相应的地区防灾规划。日本城市防灾规划以地震为主要对象,同时综合考虑火山灾害、风灾、水灾等多种灾害类型。阪神大地震后,各地方政府对原有防灾规划进行了相应的评定、修改和完善,探讨灾害预防、灾害紧急应对和灾后重建的综合性措施。日本的城市安全防灾规划注重日常运作与灾害危机管理的结合,并具有法律程序审批和法律强制性,而在物质空间层面,特别强调城市防灾空间和防灾公园的规划建设。

我国台湾地区的城市安全防灾规划早先主要借鉴日本的经验,近年来逐步引入美国的防灾减灾理念和模式。在1999年"9·21"集集地震后,城市防灾规划和危机管理体系的研究逐步得到加强。其地区灾害防救规划由直辖市、县市地区灾害防救规划和乡、镇地区灾害防救规划组成,内容涵盖灾害预防、应急救灾及灾后复原三方面,包括都市防灾基本计划、都市计划与设计、都市基盘建设与建筑设计、都市灾害管理等内容。总体上,我国台湾地区防灾规划强调通过防灾生活圈的规划建立防灾都市①②。

我国大陆城市安全防灾规划以往主要针对火灾、地震、洪涝灾害和战争防空等安全威胁展开,以防灾系统工程规划和灾害应急处置预案为主导。其中,城市防灾系统工程规划的主要内容包括确定城市防灾设防标准、布局各类防灾设施、组织城市防灾生命线工程系统,以及制定防灾设施建设、利用、管理等方面的对策与措施。城市防灾工程规划主要分为总体规划、分区规划和详细规划三个层次,其规划内容和形式基本一致,其中详细规划是总体规划和分区规划相关内容的细化。针对不同的灾害类型,城市安全防灾规划还分为各类专项规划,主要包括城市消防系统规划、城市防洪系统规划、城市抗震系统规划、城市防空系统与地下空间规划、城市防灾救护与生命线系统规划,其内容分别体现在总体规划、分区规划和详细规划等层次(表2-1)。在具体的规划实践中,由各部门制定的防灾专项规划多缺乏综合研究和评价,多数情况下只是按照各个专项规划的内容要点逐项进行,或结合相应的规划标准和规范,作为空间布局和防灾设施建设的基本原则,体现于城市土地规划、道路交通、绿地、基础设施等城市空间各子系统的规划之中。

表2-1　城市主要防灾专项规划类型及内容

防灾专项规划 主要类型	防灾专项规划主要内容
城市消防系统 工程规划	(1) 城市防火布局:包括城市火灾危险源及重点防火设施布局、城市防火通道布局、城市旧区消防改造、消防设施布局、建构筑物防火设计布局等。 (2) 城市消防标准:包括道路消防布局及形式、建筑物消防间距、消防用水等。 (3) 消防设施规划:包括消防站规划布局、消防栓、消防供水管线设置等
城市防洪系统 工程规划	(1) 城市防洪、防涝标准确定(根据城市重要程度和经济发展水平等因素)。 (2) 防洪对策和措施:包括水土保持、蓄洪(滞洪)分洪、修筑堤防、整治河道等。 (3) 防洪、防涝工程设施规划:包括综合设置防洪堤墙、排洪沟与截洪沟、防洪闸和各类排涝设施等。 (4) 城市用地局部低洼地区的地面高程处理等

① 张翰卿,戴慎志.城市安全规划研究综述[J].城市规划学刊,2005(2):38-44.
② 城市安全与防灾规划学术委员会(筹).当代城市综合防灾规划的探讨和展望[C]//中国城市规划学会.2004年城市规划年会论文集:专业学术委员会专题报告,2004:986-990.

防灾专项规划 主要类型	防灾专项规划主要内容
城市抗震系统 工程规划	(1) 确定不同种类建筑的抗震标准。 (2) 划定建筑抗震的有利、不利和危险地段,合理选择建设用地。 (3) 抗震疏散通道和避震疏散场地等抗震设施的规划及避难路线划定
城市防空系统与 地下空间规划	(1) 城市防空工程建设标准与转换:包括城市防空工程总面积确定、城市地下空间与 防空工程的转换等。 (2) 防空工程设施规划:包括指挥通讯设施、医疗救护设施、专业设施及地下空间、后 勤保障设施、人员掩蔽设施、人防疏散干道的布局与设计等
城市防灾救护与 生命线系统规划	(1) 城市综合防灾救护:包括区域减灾与相互协作机制,合理选择与调整建设用地, 优化城市生命线系统的防灾性能,强化城市防灾设施的建设与运营管理,建立城 市综合防灾指挥组织体系,健全、完善城市综合防救体系等。 (2) 城市生命线系统的防灾:包括设施的高标准设防、设施的地下化、设施节点的防 灾处理、设施的备用率等

　　近年来我国大陆将原有城市规划中与公共安全的相关内容逐步系统化,形成相对独立的安全综合规划,目前正在研究、讨论、编制的城市公共安全规划将对象逐步拓展,囊括了自然灾害、恐怖袭击、交通和公共场所活动安全事故、传染性疫病公共卫生事件等威胁要素,其主要的专项规划包括城市工业危险源公共安全专项规划、城市公共场所安全专项规划、城市公共基础设施安全专项规划、城市自然灾害安全专项规划、城市道路交通安全专项规划、城市恐怖袭击与破坏安全专项规划、城市突发公共卫生事件安全专项规划,其规划要点包括安全风险分析、规划目标确定、风险减缓、应急救援系统、信息管理系统、规划实施等方面[①],从空间规划、设施规划、灾害管理、法制保障等方面建立综合的公共安全体系。

　　总体上,作为现代城市规划的一个相对独立的领域,城市安全规划的基本学科框架和完整的学科体系尚未形成,正处于不断充实和完善的阶段。

2.4.2　安全城市设计与城市安全规划的区别与联系

　　安全城市设计与城市安全规划在对象类型、领域范围和内容构成上既有所重叠,又各有侧重。

　　从二者针对的公共安全威胁要素上看,安全城市设计和城市安全规划大致相同,基本囊括城市公共安全的所有威胁要素。从目标上看,安全城市设计及城市安全规划的最终目标都是创造安全的城市生活环境,使城市中的人和建筑等财产免受威胁要素的侵害,确保城市及社会公众的安全利益。从内容上看,与城市规划类似,城市安全规划也正在从单纯的物质规划转向包括空间建设、组织管理、公共政策在内的综合性规划,其内容主要由基于公共安全的社会规划、政策制定和物质规划等构成,比安全城市设计更为宽广。在物质空间层面,城市空间环境的安全性是安全城市设计与城市安全规划的共同课题,建立与公共安全要求相适应的物质空间是二者的共同目标,二者都必须综合协调城市用地、建筑、开放

---

　　① 刘茂,赵国敏,王伟娜. 城市公共安全规划编制要点和规划目标的研究[J]. 中国公共安全·学术版:城市公共安全,2006(1):10-18.

空间、道路交通、各类工程设施等空间要素和相应的功能要素,并考虑与之相关的社会、历史及文化等因素。

安全城市设计与城市安全规划的侧重点也有所不同。综合性的城市安全规划更加偏重与公共安全相关的综合性公共政策。城市安全规划中的物质空间规划主要侧重城市建筑设施建设的设防标准、城市建设用地的安全选址、防灾工程及防灾生命线系统的布局及安全保障、疏散避难空间的规模与容量等内容,强调满足防灾、减灾及其他公共安全要求的城市空间总体结构控制和相应空间、设施的容量控制。当然,城市安全规划在确定空间及工程设施的选址、布局、容量等内容的时候,必然在一定程度上涉及城市空间形态及空间环境的安全品质,但着重研究与公共安全相关的土地使用及二维的用地形态,意图通过对城市土地利用的安排,合理配置安全资源,协调城市社会、经济、技术等要素,满足防卫及防灾等安全要求。比较而言,安全城市设计主要从公共安全的角度对三维的城市空间形态、形体环境展开研究,关注物质空间要素的形态布局对灾害、事故等安全要素的形成、减缓和防救的影响,以及城市形体环境与行为活动事故、疏散避难、犯罪等安全问题的关系,与公共安全相关的心理、行为因素联系紧密,更贴近人的尺度,内容也更具体。

因此,安全城市设计与城市安全规划具有紧密联系。首先,建立安全的空间环境是安全城市设计与城市安全规划的基本目标,需要容量、结构、形态、功能等要素的综合协调,建立满足公共安全的城市空间形态及形体环境只是其中的一部分内容。从这一意义上,安全城市设计包含于城市安全规划之中,是城市安全规划在物质空间建设方面的有机组成部分。其次,城市安全规划从公共安全角度奠定了城市空间的基本结构框架和二维基底,也为安全城市设计塑造三维空间形体环境、综合提升空间环境的安全品质提供了基础。安全城市设计必须以城市安全规划作为其设计的前提和依据。再者,安全城市设计更为直接、具体地处理城市空间形态、形体环境与人、事故、灾害等因素的相互关系,使城市安全规划得到补充和深化,使其具体措施得到落实。最后,安全城市设计通过对三维空间环境的研究,可以对城市安全规划所确定的二维空间结构、用地布局、道路交通等提出反馈和调整,进一步完善城市安全规划。将安全城市设计的思想、意图和内容融合并体现于城市安全规划的各个阶段,有助于确保城市安全规划和安全城市设计的完整性、合理性和有效性。

2.5 安全城市设计与建筑安全设计的关系

2.5.1 建筑安全设计概述

建筑安全设计以保证建筑及其内部居民和财产的安全为目标,主要从场地规划和工程技术角度,通过对建筑物选址、形体处理、空间组合、结构、构造、材料、相关设备、技术设施的组织,增强建筑抵御自然和人为威胁的能力。依据建筑安全的不同威胁要素,建筑安全设计主要包括建筑防洪、防风、防火、抗震、防爆、防地质灾害、防海洋灾害,以及防卫设计、无障碍设计、安全防护设计等内容。

2.5.2 安全城市设计与建筑安全设计的区别与联系

虽然安全城市设计和建筑安全设计针对的安全威胁要素并无较大差别,但在研究对象、内容及尺度层次等方面却具有各自的特征。

从研究对象看,建筑安全设计关注建筑自身的安全问题,较少考虑场地外的公共开放空间、相邻建筑及相应空间范围整体的安全要求,以及自身对公共开放空间、相邻建筑及相应空间区域整体安全的影响。安全城市设计关注建筑之间、建筑与外部公共空间之间的关系对建筑、外部空间和城市空间环境整体安全性的影响,建筑外部的公共开放空间是其主要的研究对象。对于空间形态,建筑安全设计根据自身的安全要求对建筑形体和建筑场地内的空间要素进行组织。安全城市设计以整体、综合的观点来考察建筑,通过对包括建筑在内的城市空间要素的组织和安排,完善城市空间形态,提升空间环境的安全品质。从空间范围看,建筑安全设计主要考虑建筑自身及其场地的局部范围,而安全城市设计则将研究范围拓展至包括建筑及其场地在内的地段、分区乃至城市总体的更大范围。从服务对象上看,建筑安全设计主要满足建筑开发业主在防卫、防灾方面的安全需求,内在矛盾较少。而安全城市设计为整个城市社会的公共安全需求服务,应当反映公众的安全利益,不同人群、业主及利益团体安全诉求的多样化不可避免地带来较多矛盾,必须进行综合协调。此外,建筑安全设计主要依赖于工程技术措施。而与建筑安全设计不同,安全城市设计中尽管会涉及防灾工程、基础设施等工程技术因素,但主要从工程技术因素与其他空间要素、整体空间形态相关的内容进行研究和整合(表2-2)。

表2-2 建筑安全设计的主要类型及内容

主要类型	主要内容
建筑防洪设计	建筑物选址、地面高程处理、排水设施设置等
建筑防风设计	建筑形式及组合、建筑材料和技术措施、高层建筑防风体型及结构抗风设计等
建筑防水设计	屋面防水及排水设计、外墙防水设计、地下防水、室内防水等
建筑防火设计	建筑耐火等级、自动报警及灭火设备系统、防火分隔及防火分区(水平防火分区、平面布置、防火分隔、建筑剖面防火、建筑防火间距、消防通道设置)、安全疏散空间及排烟措施、建筑材料及构件的耐火设计等
建筑抗震设计	抗震设防标准、场地选址、建筑布局场地规划、结构体系抗震性、建筑形体处理、结构整体性、非结构构件的抗震设计、隔震及减震设计、结构材料选择等
建筑防爆设计	场地规划及总平面布置、防爆单元布置、防爆泄压措施等
建筑防地质灾害设计	建筑物选址、建筑构造及结构处理、防护工程措施等
建筑防盗及防卫设计	机械安全措施(防盗门、锁、防护窗、外墙防攀爬、露天场地防护等)、电子安全措施(防护报警系统、电视监控系统等)等
建筑室内环境污染防治设计	空气污染防治(装修材料污染控制、其他室内空气污染物控制、室内通风等)、防噪(噪声源控制、建筑布局及场地规划、隔吸声措施等)、防潮、隔热保温等
建筑无障碍设计及安全防护	建筑出入口、门、台阶、楼梯、坡道、电梯及升降平台、走道、地面、厕所等

安全城市设计与建筑安全设计也具有紧密联系和相互作用。

首先,安全城市设计与建筑安全设计具有连续性。作为城市空间环境的基本构成要素,建筑是公共开放空间的围合界面,建筑形体及布局对于公共开放空间的特性和安全品质具有重要影响。在建筑规模不断扩大、功能不断复合的趋势下,建筑对城市空间整体安全性的影响越来越大。比如,大量的高层建筑会改变热、风等自然要素的运动和分布,也会造成疏散避难等方面的困难,继而对防灾、减灾带来一系列的影响。建筑与外部公共开放空间的相互关系及形态特征是否满足安全要求,是安全城市设计与建筑安全设计都必须研究的课题,也是二者一定程度上相互重合的内容。安全城市设计不仅应从整体视角研究建筑安全,将建筑对城市空间总体安全性的负效应降至最低,提出安全城市设计对建筑设计(包括建筑安全设计)的基本要求,更为重要的是,协调建筑与公共开放空间及城市总体环境的关系,使建筑对城市空间整体安全品质产生积极的正面影响。这也要求建筑安全设计必须从城市层面认识自身的安全意义和作用,建立整体性的安全观。其次,安全城市设计从整体关系入手,为建筑提供有利的空间形态架构和外部环境条件,减少建筑安全设计可能面临的阻碍和限制,为建筑安全设计提供外部环境保障。此外,安全城市设计从城市安全规划与公共安全相关要求出发,建立适应防灾减灾等安全要求的空间形态的设计原则、形态框架与生成途径,形成一种由外向内的约束条件。安全城市设计并非取代建筑安全设计,而是强调对建筑安全设计进行控制和引导。而建筑安全设计则在满足自身安全要求的同时,将安全城市设计所建立的形态框架具体化和深入化。

由上述分析可以得出,虽然城市安全规划、安全城市设计和建筑安全设计都对物质空间展开研究,但侧重点有所不同。城市安全规划侧重于从公共安全角度的城市性质、规模、用地功能布局,以及城市防灾、生命线设施的总体安排和资源配置。建筑安全设计侧重建筑单体及场地内的处理。而安全城市设计以城市安全规划确定的二维基底、土地利用性质和强度等指标为基础,对城市三维空间形态进行综合组织,侧重从公共安全的角度调节公共开放空间与建筑之间的布局关系及相关要素的组合,从整体性的视角为建筑安全提供适宜的外部条件。安全城市设计受到城市安全规划的制约和指导,也从物质形态角度对城市安全规划进行落实和调整。安全城市设计是城市安全规划的具体化和形象化,是城市安全规划的结构性纲要在具体的城市物质空间中"赋形"的过程,其成果渗透于城市规划及城市安全规划的各个层级和阶段,并成为建筑安全设计的重要依据和引导,建筑安全设计从局部对安全城市设计进行深化和修正。三者之间的关系具有叠合、连续和互动的关联特征。安全城市设计是将城市安全规划和建筑安全设计相互联系的重要线索和联结环节(图2-41,表2-3)。

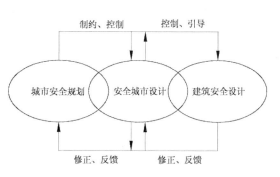

图 2-41 安全城市设计与城市安全规划及建筑安全设计的关系

表 2-3 城市安全规划、安全城市设计、建筑安全设计的比较分析

	城市安全规划	安全城市设计	建筑安全设计
目标	城市政治、经济、管理及物质建设的综合调控,使城市中的人、建筑、财产等免受威胁要素的侵害,确保公众的安全利益	提升城市物质空间环境的安全品质,使城市中的人、建筑、财产等免受威胁要素的侵害,确保公众的安全利益	满足建筑项目委托人的安全要求和利益,使建筑自身、内部空间及人员免受威胁要素的侵害

	城市安全规划	安全城市设计	建筑安全设计
公共安全威胁要素	洪涝、地震、地质、风灾等自然灾害；火灾、爆炸等人为及技术灾害；空气污染、水污染、噪声污染等环境灾害；犯罪、恐怖袭击、战争空袭；交通和公共场所活动事故；传染性疫病及公共卫生事件等	洪涝、地震、地质、风灾等自然灾害；火灾、爆炸等人为及技术灾害；空气污染、水污染、噪声污染等环境灾害；犯罪、恐怖袭击、战争空袭；交通事故等公共开放空间活动事故；传染性疫病及公共卫生事件等	洪涝、地震、地质、风灾等自然灾害；火灾、爆炸等人为及技术灾害；空气污染、噪声污染等环境灾害；犯罪、恐怖袭击、战争空袭；建筑空间活动事故；传染性疫病及卫生事件；虫害等
研究对象	城市土地及工程设施与安全威胁要素的关系及相应建设、开发、利用的控制及管理措施	城市物质空间形体环境与人的心理行为、安全威胁要素的关系及调控、应对措施	建筑物及其外部环境与安全威胁要素的关系及应对措施
研究重点	针对安全威胁要素的土地、防灾工程等空间资源的容量控制和综合配置，以及总体战略布局和城市空间结构	针对安全威胁要素的城市空间三维形态、公共开放空间及建筑等空间要素的整体组织	针对安全威胁的建筑物选址、形体空间、结构、构造、材料、设备、建筑场地规划的组织
应用学科	经济学、政治学、地理学、社会学、法学、灾害学、生态学、犯罪学、安全科学、景观学、工程学等	建筑学、灾害学、生态学、犯罪学、安全科学、社会学、心理学、行为学、景观学等	建筑学、工程学为主，兼及心理学、行为学、犯罪学等
研究人员	以规划师为主，与工程师、警察、安全顾问等多学科专家合作	由规划师、建筑师为主，与工程师、警察、安全顾问等多学科专家合作	以建筑师、工程师、安全顾问为主
委托人	政府机构	以政府机构为主，也存在民间组织或企业等多种委托人	开发商及建筑业主
实施时间	时间跨度长，分阶段的连续过程	时间跨度较长，强调连续过程	时间跨度较短、集中确定
成果表达	政策、法令、条例、规划方案，主要依赖文字表达	安全城市设计导则、设计方案及实施政策，图纸与文字并重	设计方案，以设计图纸为主，文字说明辅助

3

公共开放空间的安全属性

城市公共开放空间的安全属性表明公共开放空间的基本特性与城市公共安全威胁要素之间的相互关系和相互影响。城市公共开放空间的安全属性具有两方面的含义：一是公共开放空间自身安全性；二是公共开放空间对于城市空间环境整体安全的相应作用和职能。公共开放空间自身安全性主要体现在公共开放空间自身抵御各类安全威胁要素的能力，以及公共开放空间中所发生的行为事故和城市犯罪等方面。公共开放空间的安全职能主要在于公共开放空间对于建筑、设施等主要受害体的保护，具体体现在公共开放空间对于城市灾害、恐怖袭击等公共安全威胁要素所造成的危害的影响和调控作用。

3.1 公共开放空间中的行为事故

公共开放空间中的行为事故主要是指日常生活中人们在公共开放空间中进行各种行为活动过程中，由于受到外界因素直接侵害和间接干扰，导致受伤甚至致死的事故。

3.1.1 公共开放空间行为事故的主要类型

在城市公共开放空间中，绝大部分活动以步行方式展开，因而步行及其相关的行为活动中发生的安全事故是公共开放空间行为事故的主体构成。日本学者浅见泰司认为城市公共开放空间中与日常行为活动相关的安全问题可以分为生活安全和交通安全两大类[①]。根据不同的表现形式，人在广场、街道、绿地等公共开放空间中进行行为活动过程中发生的事故主要具有以下类型：

· 跌倒事故：日常步行及活动时在街道、广场、坡道、楼梯上发生跌倒而导致的伤害事故。

· 跌落和溺水事故：在滨水空间的水边或山地公共开放空间中活动时的跌落和溺水事故。

· 高空坠物事故：受到高空坠落物体和飞来物的冲撞而导致的伤害事故。

· 步行交通事故：主要是指人们以交通出行为目的的步行活动中由机动车造成的行人伤害事故。步行交通事故主要发生在道路空间之中。

3.1.2 公共开放空间主要行为事故分析

1）跌倒事故分析

通常情况下，跌倒事故的主要致害物是公共空间中与活动人群直接接触、形成步行障

---

① 浅见泰司.居住环境评价方法与理论[M].高晓路，张文忠，李旭，等译.北京：清华大学出版社，2006：173 – 260.

碍的他人和物体,包括行人、光滑地面、地面的凸起和凹陷物,以及树木植物、桩柱、矮墙、灯具、电线杆等实体性障碍等。人是跌倒事故的受害对象,因跌倒于地面或其他物体上直接或间接导致身体伤残、失能,甚至死亡。儿童青少年和老年人是跌倒事故伤害发生的高危人群。2007年我国卫生部公布的《中国伤害预防报告》指出,跌倒是老年人受到伤害的首要原因。我国65岁以上的老年人中,有21%—23%的男性和43%—44%的女性曾经跌倒,60岁以上老年人每年因跌倒发生的伤害人次数达2 500万[①]。另据世界卫生组织报告,仅2002年全球死于跌倒的人数达39.1万,其中超过半数为60岁以上的老年人[②]。跌倒事故主要发生于与步行活动密切相关的空间区域中,比如人行道、步行街区、室外楼梯、台阶等步行空间。引发跌倒事故的主要原因是人在步行活动中因对致害物有所忽视或判断失误,导致行为与环境不适应,引发身体状态失衡。跌倒事故的发生不仅受到人的生理机能、心理状态和行为能力等因素的影响,还与步行空间环境品质和构成要素密切相关。

2)跌落、溺水事故分析

公共开放空间中地面高差的较大变化和水深较深的池、塘、河、湖等人工及自然水体是跌落及溺水事故的主要致害物。此类事故中,人从高处跌落于低处的地面或水面造成人身伤害,甚至死亡。通常情况下,成年人因安全防范意识及行动适应能力较强,发生跌落、溺水事故的几率较低。儿童的安全意识和老人的行动适应能力较弱,易于发生跌落、溺水,是主要的受害对象。溺水是中国1—14岁儿童伤害死亡的首要原因,据我国卫生部估算,全国每年有5.7万人死于溺水,其中儿童约占56%[③]。跌落和溺水事故主要发生于地形复杂和水体景观丰富的街道、步行道、广场及山地、滨水公共空间之中。在这些公共空间中,室外楼梯、台阶、坡道、架空步道、平台、屋顶花园、栈桥、亭榭、回廊等临近高差变化和水面的边界地带,是跌落和溺水事故的高发地点。人在活动过程中安全意识淡漠,忽视和过于接近潜在的致害物,加之空间环境存在安全隐患等因素,易于导致跌落和溺水事故发生。

3)高空坠物事故分析

作为一种日常生活中常见的安全事故,高空坠物事故的致害物主要来自活动空间上空坠下的物体,主要包括建筑上部楼层居民摆放和设置于阳台、窗台等处的花盆、晾衣架等生活用品,居民从室内向外抛扔或失手落下的各类物品,建筑雨篷、挑檐、花架、空调外挂机支撑物、遮阳篷等建筑外部构配件,建筑外墙采用的面砖等饰面材料和玻璃,户外活动空间上空的广告牌、灯具等环境设施(图3-1),以及建筑施工过程中的掉落物等。

图3-1 潜在的高空坠物——广告标识

造成高空坠物的因素众多,除建筑使用者自身素质、日常施工管理因素外,建筑及环境设施的设计、施工存在缺陷,维护不善,雨雪侵蚀、阳光暴晒、温差变化等造成热胀冷缩、材料老化,或是风力过大,均会导致生活用品、建筑外部

---

① 周婷玉,宋云霄.跌倒是老年人受伤害的首位原因[EB/OL].(2007-10-02)[2008-04-12]http://news.xinhuanet.com/newscenter/2007-10/02/content_6822262.htm.

② 周德定,李延红,卢伟.社区老年人跌倒危险因素研究进展[J].环境与职业医学,2007,24(1):87-91.

③ 郭铭.降低溺水对儿童的伤害[N].中国教育报,2005-12-01.

构件、附属设施及装饰物破损、断裂、脱落,导致高空坠物。

高空坠物不仅会砸伤和砸坏地面上的人员、车辆或环境设施,严重时还会造成人员死亡。人是高空坠物事故的主要受害对象。近年来我国城市高空坠物事故屡有发生,由此引发的法律案件数量激增,北京、杭州、天津等城市的人大代表多次提出专项提案,受到城市居民的广泛关注。通常情况下,高空坠物事故主要发生于建筑外表面与外部空间的交界区域,临近建筑(尤其是高层建筑)界面的商业步行街、步行通行空间、休憩活动区及停车场等人流密集区域是高空坠物事故风险较高的危险区域(图 3 - 2)。

图 3 - 2 临近建筑的步行空间是发生高空坠物事故的主要区域

4)步行交通事故分析

道路交通事故是主要的公共安全威胁要素之一。在 2000—2004 年间,我国有超过 50 万人在道路交通事故中死亡,约 260 万人受伤,相当于每 1 分钟就有 1 人因道路交通事故受伤,每 5 分钟就有 1 人因道路交通事故死亡,事故率及事故死伤率均居全球首位[1]。步行是城市重要的交通方式,也是城市道路空间中的主要行为类型。城市中短距离的交通主要依赖步行。在步行交通事故中,机动车是主要的致害物,行人是主要的受害对象。行人在交通事故中的严重伤害和死亡率均很高,根据我国卫生部 2007 年《中国伤害预防报告》,我国机动车交通事故中超过 60% 的死亡人员为行人、乘客和骑自行车者,其中行人死亡人数约占事故总死亡人数的 25%[2]。由机动车造成的步行交通事故对城市环境中的行人安全构成极大威胁(表 3 - 1)。

表 3 - 1 英国 1990—1996 年间交通事故车辆及行人伤亡人数统计

年代	车辆事故伤亡人数	行人伤亡人数	行人死亡人数
1990	190 558	60 230	1 694
1991	179 357	53 992	1 496
1992	185 645	51 587	1 347
1993	187 457	48 098	1 241
1994	195 109	48 653	1 124
1995	193 992	47 029	1 038
1996	205 277	46 381	997

注:英国因采取包括交通稳静化设计在内的措施而使行人伤亡人数呈下降趋势

---

① United Nations Human Settlements Programme (UN-Habitat). GLOBAL REPORT ON HUMAN SETTLEMENTS 2007:ENHANCING URBAN SAFETY AND SECURITY[M]. London:Earthscan,2007.

② 周婷玉,宋云霄.51 年内中国机动车交通事故死亡人数上升 120 余倍[EB/OL].(2007 - 10 - 03)[2008 - 04 - 12]http://news. xinhuanet. com/newscenter/2007 - 10/03/content_6824350. htm.

从空间分布上看,步行活动中的交通事故主要发生于人车共存的城市街道之中、机动车和行人运动轨迹发生交叉的地点,比如人车混行路段、道路交叉口及人行横道等过街空间,以及行人随意横穿道路的非正当过街空间(图3-3)。研究表明,约2/3交通死亡事故发生在人车混行路段,超过90%的行人死亡事故发生于行人横穿机动车道之时。在各级城市道路中,交通事故率和严重程度也有所不同。统计数据显示,城市主干道和次干道中的死伤人数约占城市道路交通事故死伤总人数的90%左右,其中主干道约占60%,次干道约占30%①。

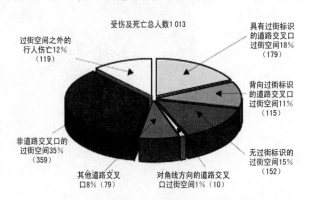

图3-3 美国波特兰市1990—1995年间行人
交通事故伤亡人数空间分布统计图

步行交通事故率和严重程度与交通管理,机动车驾驶员与行人自身生理、心理及行为习惯等因素均有不同程度的关系,其中与空间环境相关的主要包括行人与机动车的接触频率、车速、人对危险的感知和应对能力等因素。

机动车与人之间的接触是步行交通事故发生的根本原因。人车之间的接触机会越多,接触频率越高,发生交通事故的几率越大。根据国家统计局统计数据,从2000年到2003年初,我国私人汽车保有量从500万辆增加到1 000万辆,近年来也持续高速增长,其中绝大部分出现在城市。而且,我国城市人口密集,行人交通量大,人、车混行情况较多,增加了人车接触机会,使行人的交通安全风险进一步提高。

机动车的行驶速度过快是导致交通事故发生和造成严重伤亡的主要原因。过快的车速不仅使车辆具有较大的动能,还会导致驾驶人员和行人视觉判断、反应时间相应减少,使其难以及时反应、行动和防止事故的发生。研究表明,随着车速的提高,交通事故的死亡率和严重伤害率相应增加。车速在32 km/h以下,交通事故死亡率和严重伤害率均较低。车速超过32 km/h,驾驶员之间、驾驶员和行人之间的视线联系及判断、反应能力迅速下降,死亡率和严重伤害率随车速提高而急剧上升,在32 km/h约为5%,在48 km/h时为45%,在64 km/h时更是高达85%②。

实际上,机动车驾驶员和行人都对可能发生的事故具有预判、反应从而避免事故发生的能力,其感知和应对过程包括相互发现、对相互距离和各自速度进行判断、做出反应等阶段。行人及时发现机动车,机动车及时发现行人,并对危险正确判断,是避免交通事故发生的前提。

① 蔡果,刘江鸿,杨降勇,等.城市道路交通中行人安全问题研究[J].华北科技学院学报,2005(12):60-65.

② Ben Hamilton-Bailli,Phil Jones. Improving traffic behaviour and safety through urban design[EB/OL].(2005-05)[2007-04-07]http://www.rospa.com/roadsafety/conferences/congress2006/proceedings/day3/ballie.pdf.

3.2 公共开放空间与城市犯罪及恐怖袭击

3.2.1 公共开放空间与城市犯罪

1）公共开放空间成为城市主要犯罪场所

城市公共开放空间是公众社会性活动的主要场所，公共性、开放性、活动多样性和功能复杂性是其基本属性。相对而言，城市建筑物相对封闭，与外界接触的地点主要是进出口大门及外窗，且通常设有安保人员及监控设施，防范措施较为完善，潜在罪犯接近受害目标及犯罪后逃离均具有一定难度，易于被发现。随着城市社会的快速发展和生活方式的多元化，不同人群对公共开放空间的使用目的、方式和功能要求日趋复杂，客观上为实施犯罪提供了便利。对于潜在的罪犯，公共开放空间具有潜在攻击目标多、被发现可能小和便于逃逸等优势。城市公共开放空间是公共性场所，街道等空间是交通出行等必要性活动的主要空间领域，使用人群众多，对于犯罪者而言，存在大量潜在攻击目标。城市公共开放空间进出方便，利于罪犯接近目标和犯罪后逃逸。步行商业街、中心商业区、公交站点等公共空间人群拥挤，人员构成复杂，匿名性高，便于罪犯隐蔽和实施犯罪行为。使用强度不高的绿地、公园、广场等空间内人群稀少，受害者难以求救。而且，人在公共开放空间进行休闲、娱乐、购物、交谈等活动中，心理较为放松，加之公共开放空间中的环境信息及刺激较多，往往会造成注意力分散，难以及时防范和察觉犯罪行为。此外，城市社会关系的变化及城市管理的缺失也促使居民及建筑使用者在普遍关注自身安全的同时，对公共空间领域的安全有所忽视，而公共开放空间往往缺乏保安、警卫等能够直接干预犯罪的监管力量，安全措施相对较弱，成为安全管理的盲区，这些都促使公共开放空间逐渐成为潜在罪犯的优先选择。因而，城市公共开放空间成为日常生活中城市犯罪发生的主要场所。根据我国国家统计局2003—2005年《全国群众安全感调查主要数据公报》，刑事犯罪、公共治安秩序混乱、交通事故为城市主要安全威胁，而认为公共场所治安秩序状况"好"的调查人数所占比例2003—2005年分别为18.85％、18.65％、21.1％，我国公共空间场所的总体治安状况不容乐观[1]。

2）公共开放空间的犯罪类型及时空分布特征

日常生活中，公共开放空间中的主要犯罪类型包括杀人、伤害、偷窃、抢夺、抢劫等。其中，以偷窃、抢夺等财产型犯罪最为普遍。城市公共开放空间犯罪的主要对象是街道、广场、绿地中进行活动的人和环境设施等物质财产。犯罪地理学及犯罪空间学的研究表明，不同类型的犯罪因土地利用性质的差异而具有特定的空间分布特征。比如，斗殴、伤害等暴力犯罪经常发生在舞厅、酒吧、俱乐部等较为聚集的建筑及公共空间之中。在商业步行街等商业街区，主要的犯罪类型为以财产为目标的偷窃行为。使用强度不大、人流稀少的

---

① 国家统计局.2003年全国群众安全感调查主要数据公报[EB/OL].（2004 - 03 - 15）[2008 - 06 - 16]http://www.stats.gov.cn/tjgb/qttjgb/qgqttjgb/t20040315_402136312.htm;国家统计局.2004年全国群众安全感调查主要数据公报[EB/OL].（2005 - 02 - 03）[2008 - 06 - 16]http://www.stats.gov.cn/tjgb/qttjgb/qgqttjgb/t20050203_402228157.htm;国家统计局.2005年全国群众安全感调查主要数据公报[EB/OL].（2006 - 01 - 10）[2008 - 06 - 16]http://www.stats.gov.cn/tjgb/qttjgb/qgqttjgb/t20050203_402300332.htm.

空地、休闲场所、公园等空间是性侵害及暴力伤害犯罪的高发地带。而人流构成过于复杂、外来流动性人口较多的火车站、汽车站、大型公交站点等地点是暴力、偷窃、抢夺、抢劫等犯罪较为集中的区域。总体上,使用人群较少的广场、公园、街道、建筑之间的通道、停车场、公共交通场所、待建空地、酒吧、商业购物街、茂密树林等空间是犯罪的高发地点。而从时间分布角度,夜间为犯罪多发时段。

　　3) 公共开放空间犯罪的危害

　　近年来,各国城市公共开放空间犯罪率逐渐上升,已经成为影响城市居民生活安全的重要因素。城市公共开放空间中的犯罪不仅直接危害受害者,还对城市社会的安全心理造成不利影响,公众对于犯罪及人身安全的恐惧将"迫使人们离开街道,尤其是在夜间,也离开了公园、广场和公共交通,犯罪对人们参与城市公共生活已经构成了严重的阻碍①",导致公共开放空间使用方式的巨大变化,人们不得不减少、排斥甚至放弃城市公共生活,对于妇女、老人和儿童等弱势群体的影响尤为突出,而这进一步造成社会关系的隔阂、对他人的恐惧和公共空间的衰退。以公共开放空间为中心向外蔓延的城市犯罪,严重危及整个城市社会的公共安全。

3.2.2　公共开放空间与城市恐怖袭击

　　1) 城市恐怖袭击的形式、目标及危害

　　城市恐怖袭击主要有四种形式:利用枪支、手榴弹、火箭弹等武器的武器攻击;通过人体、汽车、邮件等携带爆炸装置进行的爆炸攻击;利用毒气、病毒等化学、生物、辐射污染物,通过空气及水的传播扩散进行的生化污染攻击;利用燃烧装置进行的纵火攻击。2001年的"9·11事件"中,恐怖分子通过劫持4架民航客机,先后撞击纽约世贸中心及华盛顿五角大楼,共造成近3 000人死亡,其非同寻常的攻击手段给全世界的反恐斗争以巨大警示。

　　城市恐怖袭击是严重威胁城市公共安全的人为因素之一,不仅会导致建筑及设施的损毁、倒塌及相应城市支持功能丧失,人员大量伤亡,还会引发火灾、交通及生命线瘫痪,极易造成社会秩序紊乱和社会心理恐慌,甚至会造成经济发展滞缓、社会动荡。正如美国人在"9·11事件"之后的慨叹,"我们所了解的生活自从9·11之后就再也不一样了②"。

　　恐怖袭击的目的主要在于通过袭击造成人员伤亡、建筑财产损失,扰乱社会公共秩序,从而扩大恐怖分子及恐怖组织自身的影响力。除名人政要外,城市环境中的攻击目标主要是具有重要社会、政治、经济、文化价值的建筑,公共设施及人群密集的公共空间场所。统计数据表明,1997—2002年间,全世界遭受恐怖袭击的建筑设施中近半数左右为商业设施,其余为外交、政府、军事和其他类型的建筑设施③。近年来,旅馆、商店等商业设施,地铁、火车站等公共交通设施以及大型集会活动场所亦越来越多地成为恐怖分子的攻击对象,先后发生印度巴厘岛系列爆炸案、伦敦地铁爆炸案、韩国大邱地铁纵火案等多起恐怖袭

---

　　① GerdaR Wekerle,Carolyn Whitzman. Safe Cities:Guidelines for Planning,Design and Managements[M]. New York:Van Nostrand Reinhold,1995:3.

　　② 伦纳德·J.霍珀,马莎·J.德罗格. 安全与场地设计[M].胡斌,吕元,熊瑛,译. 北京:中国建筑工业出版社,2006:2.

　　③ FEMA. Reference Manual to Mitigate Potential Terrorist Attacks Against Buildings[EB/OL]. (2003 - 12)[2008 - 06 - 07] http://www. fema. gov/library/file;jsessionid = 4F7282E83EEC3AD3889C6956A5A5D90F. Worker2Library? type=publishedFile&file=fema426. pdf&fileid=e52f3010 - 1e55 - 11db - b486 - 000bdba87d5b.

击事件。当前,比较欧美、中东等恐怖袭击多发地区,我国城市恐怖袭击事件发生数量及破坏规模均十分有限,且以个体或团体的无组织及偶发性袭击为多数,但国内敌对势力,甚至国际恐怖组织利用民族、宗教等问题而出于政治目的的恐怖袭击威胁也客观存在。此外,我国恐怖袭击具有范围分散、发生偶然、形式多样等特点,都客观上增加了城市恐怖袭击的防范难度,虽然通过国家安全部门的全面监控,能够有效消除和预防部分恐怖袭击,但更为重要的是建立全面的危机防范机制和应对措施。

图3-4 1995年4月遭遇汽车炸弹恐怖袭击后的美国俄克拉荷马联邦办公大楼

2)汽车炸弹恐怖袭击——城市恐怖袭击的主要类型

在城市中发生的各类恐怖袭击中,汽车炸弹是最主要的攻击方式。汽车炸弹具有制造容易、运送便利、隐蔽性高、破坏力大、影响范围广等特点。相对于生化、辐射污染攻击,制作爆炸装置的原料来源较多,易于获得,制造炸弹的技术门槛较低,制造难度不大,而且爆炸装置稳定性较好,运输便利,操作简便。相对于人体、邮包炸弹攻击,汽车运弹量多,破坏力大,还可以利用城市环境中的汽车进行掩护,易于避开安检,不易发现;而且汽车机动性强,即使被发现亦可直接冲闯警卫哨卡,接近攻击目标。汽车炸弹爆炸产生的巨大冲击波迅速扩散,有时甚至蔓延至方圆千米之外的区域,影响范围十分广泛(图3-4,图3-5)。类似"9·11事件"的恐怖袭击是极为复杂的特殊个案,需要恐怖组织具有极强的资金支持和组织能力。

■ 遇袭的联邦大楼
■ 倒塌建筑
■ 结构被破坏的建筑
□ 门窗破损的建筑

图3-5 1995年4月美国俄克拉荷马联邦办公大楼爆炸案波及建筑的分布范围

大多数恐怖袭击总是选择易于获得武器、操作简便、易于击中目标、破坏力巨大的袭击方式,因而汽车炸弹成为恐怖组织和恐怖分子广泛运用的攻击方式。

根据美国国家反恐中心(NCTC)的统计显示,在历年来的恐怖袭击事件中,大约80%选择利用汽车炸弹进行攻击[1],在美国、英国、法国、中东、南亚等国家和地区多次发生。比如,1983年4月黎巴嫩贝鲁特美国大使馆爆炸案、1992年4月伦敦金融区爆炸案、1993年2月纽约世贸中心爆炸案、1995年4月美国俄克拉荷马联邦办公大楼爆炸案、1996年6月

① 伦纳德·J.霍珀,马莎·J.德罗格.安全与场地设计[M].胡斌,吕元,熊瑛,译.北京:中国建筑工业出版社,2006:24.

伦敦曼彻斯特城市中心区爆炸案、1998 年 8 月美国驻肯尼亚大使馆爆炸案、2002 年 6 月美国驻巴基斯坦卡拉奇领事馆爆炸案，都是通过汽车炸弹实施的恐怖袭击。2003 年 8 月 25 日印度孟买两起汽车炸弹爆炸事件造成 52 人死亡，200 人受伤。2005 年 5 月 25 日西班牙首都马德里的汽车炸弹爆炸事件造成 40 人死亡，数十人受伤。汽车炸弹恐怖袭击对国家和城市安全、经济、社会造成严重危害，是城市恐怖袭击的主要类型。

汽车炸弹袭击以汽车为运送工具，根据车辆的运动状态，主要具有两种攻击方式：一是静止状态攻击，主要以路边及停车场的车辆停靠接近攻击目标而引爆炸弹；二是运动状态攻击，主要以在道路中行驶或直接穿越车道及建筑周边空间、冲闯门卫等方式强行接近目标，实施攻击。

炸弹爆炸因化学反应而瞬间释放大量热量和能量，发射出高速运动的弹片，并产生巨大的冲击波。除破坏建筑结构构件外，建筑物表面的玻璃及雨篷等非结构构件也会脱落和破碎，其碎片以极高速度向四周扩散运动，对人员造成机械伤害。此外，爆炸释放的热量不仅直接危及人员肌体，还会引起火灾等次生危害。

总体上，除爆炸物的当量、建筑物结构及构件的坚固性、人体的承受能力之外，爆炸对建筑及人员的危害程度主要取决于两个因素：一是建筑物的体积。在爆炸发生后，建筑物将承受巨大的冲击波，而建筑物越为高大，冲击波对其的破坏也就越大。二是爆炸物与建筑和人之间的距离。研究表明，在爆炸物数量及成分相同时，爆炸产生的能量及冲击随着距离增大而迅速减弱，爆炸能量的递减与距离的立方成反比关系。当距离加倍时，爆炸冲击会减至 1/8[①]。距离爆炸物越近，受到的破坏越大。而一定的距离可以有效降低爆炸的攻击力。因此，爆炸物与目标之间的距离是爆炸的破坏力及破坏范围的决定性因素。

3）公共开放空间对于汽车炸弹恐怖袭击的防控职能

从空间关系看，公共开放空间是建筑及其内部空间的外围地带。从恐怖袭击角度，建筑是主要的攻击目标，其攻击行动的过程一般包括逐步接近或进入攻击目标、实施攻击行为等步骤，有时还包括攻击后的撤退和逃逸过程。除接近、侵入攻击目标和撤退、逃逸必须通过公共空间领域之外，攻击行为的直接实施多在公共开放空间与攻击目标的交界处进行，公共开放空间是恐怖袭击的主要空间媒介。

对于汽车炸弹恐怖袭击，分布于城市总体、分区、建筑场地等各个空间层次的道路、广场、绿地等公共开放空间是建筑等攻击目标周边的外部空间（当恐怖袭击攻击开放空间时，主要指开放空间周边的空间领域），攻击者必须通过公共开放空间才能接近目标，继而实施爆炸攻击。因而，公共开放空间，尤其是重要建筑周边的街道、广场及停车场等空间是恐怖袭击的空间媒介和源头。而从防控角度，公共开放空间是建筑等攻击目标的外围防护圈层，其主要作用体现在：

· 预防：使攻击者在实施攻击之前被发现，从而采取相应措施制止恐怖袭击的发生。

· 隔离：将攻击者与攻击目标进行空间隔离，阻止攻击者接近目标，还能够防止恐怖袭击引发的火灾蔓延和相邻建筑物倒塌等次生危害。

· 缓冲：具有足够宽度的公共开放空间有助于扩大爆炸物与袭击目标之间的间距，对

---

① FEMA. Site and Urban Design for Security：Guidance Against Potential Terrorist Attacks［EB/OL］.（2007 - 12）［2008 - 06 - 07］http://www. fema. gov/library/viewRecord. do? id=3135.

爆炸冲击具有重要的缓冲作用,减轻爆炸的破坏力。

· 疏散:公共开放空间是恐怖袭击发生后逃生、避险的主要空间(图3-6)。

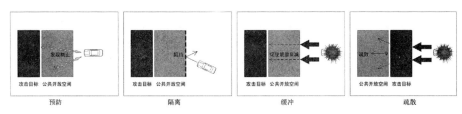

图3-6　公共开放空间对于汽车炸弹恐怖袭击的防控职能示意图

3.3　公共开放空间与城市灾害

公共开放空间与城市灾害的关系及其所表现出的属性应当从两个方面来加以理解:一是城市公共开放空间具有免受各类致灾因素侵袭的能力;二是城市公共开放空间对于城市防灾减灾的作用。从防灾减灾角度,城市建筑及设施是主要的防护对象,城市防灾减灾的首要任务是保护建筑、设施及其中的人员和财产安全。因此,城市公共开放空间与城市灾害的关系及相应属性主要体现在城市公共开放空间对于城市防灾减灾的作用及职能。

3.3.1　城市主要灾害类型

1) 城市洪涝灾害

城市洪灾及涝灾是最严重的城市灾害之一。城市洪灾是指河流、湖泊因大量降水或融雪而引起的短时间内水流剧增,发生洪水泛滥、淹没城市区域的现象。涝灾则是水长时间集聚于局部城市空间区域的现象。洪水直接淹没土地、房屋,冲毁道路、桥梁及基础设施,危及人员及建筑物安全,而且还会引发山崩、泥石流等次生地质灾害。涝灾则使城市建筑及基础设施长时间受到水的浸泡,破坏地基及结构物,并对人员出行造成严重威胁。长时间的洪涝灾害还会造成水质污染,催生传染性疫病爆发。城市洪涝灾害一般持续时间较长,涉及范围较广,破坏力巨大。城市洪涝灾害因地理环境而具有不同的表现形式,在滨海城市主要以海潮、海啸、风暴潮及海平面上升等海洋灾害导致海水入侵为主,在内陆城市,尤其是濒临江河干流的城市,主要包括暴雨或长期降水、融雪、冰凌、溃坝、山洪等引发的洪水、内涝及泥石流等次生灾害。其中,暴雨及长期降水是导致城市洪涝灾害的主要诱因。1991年我国华东等地区因暴雨形成的特大洪涝灾害造成近900万间房屋倒毁,2.2亿人受灾,经济损失达685亿元。其中苏州市受淹面积达11.17 km²;无锡因内涝交通中断7日;常州市区受淹面积达15.2 km²,近2万户房屋受淹,约2.7万户被困。近年来,随着城市化进程的加快和城市水文环境的变化,降水量不大的降雨也往往造成严重的城市洪涝灾害,城市建设等人为活动日益成为城市洪涝灾害频发的重要因素(图3-7)。

图3-7　2007年7月暴雨后南京街道内涝严重

2) 城市地震灾害

地震是地面运动的现象,具有突发性强、破坏性大、难以预测的特点,是危及城市安全的主要自然灾害之一。强烈地震不仅造成城市建筑物大面积倒塌、道路破坏、城市生命线系统中断,易于引发大规模火灾、危险物爆炸、有毒气体扩散等次生灾害,还会引发社会恐慌、秩序混乱、停工停产和疾病流行,具有极大的危害性。历史上世界许多国家城市都曾发生强烈地震。1994年美国加州北岭地震、1995年日本阪神地震、1976年我国唐山大地震和2008年我国汶川5·12大地震均造成巨大的人员伤亡和财产损失(图3-8)。我国近80%的城市处于地震基本烈度6度及6度以上地区,一半以上的大中城市位于地震基本烈度7度及7度以上地区,而北京、天津、西安、太原等百万人口以上的大城市更是位于基本烈度8度的高危区域[①],抗震设防是我国城市建筑防灾减灾的重要内容。

图3-8 2008年汶川5·12大地震四川北川县城被地震摧毁的建筑物

3) 城市地质灾害

城市地质灾害主要包括地面沉降、塌陷、泥水流、滑坡、沙土液化、地裂等类型,不仅直接危及人员及建筑安全,还会引发洪涝等次生灾害。城市地质灾害是自然地质环境与城市人为建设活动综合作用的结果。滑坡、泥石流灾害多发生于山区城镇中,我国的四川、云南、甘肃等省是滑坡、泥石流等地质灾害的多发区。据不完全统计,我国易于受泥石流威胁或成灾的县市多达100多座,而受各种地质灾害侵扰的城市近60座,县级以下城镇近500个。城市建筑、铁路、公路等设施的大规模建设和矿业开采等活动对坡体、植被的破坏是诱发滑坡、泥石流灾害的重要因素。城市中大量密集的建筑及超量开采地下水是城市地面沉降的主要原因。随着城市化进程的加快,世界各国许多城市地面都出现不同程度的沉降,造成建筑地基结构破坏、防洪标高降低,甚至引发水质污染。我国的上海、天津、北京、西安、沈阳、太原、包头、苏州、无锡、宁波、南通等城市的地面沉降较为严重。上海每年平均地面下降10 mm,据专家预测,再下沉2 m,上海就会陷入汪洋之中。天津塘沽地区已出现因地面沉降而造成的海水倒灌现象。近40年来,地面沉降给整个长三角地区造成的直接经济损失高达3 500亿元[②]。

4) 城市风灾

城市风灾通常是指强风所造成的直接灾害,风力强度过大的风会造成城市环境内的建构筑物及供水、供电、供气管线损毁,树木倒伏,以及车辆颠覆及行人摔倒受伤等事故。热带风暴、龙卷风、海陆风、山谷风等强风引发的原生及次生灾害是我国城市风灾的主要类型。我国东南沿海城市经常遭受热带风暴台风及随之而来的狂风、暴雨袭击。1988年8月8日杭州受到台风袭击,全城约2万棵街道树木倒伏折断,80%的输电线路遭到严重破坏,经济损失达1.85亿元。而在1998年8月7日因台风造成的损失更为惨重,仅西湖周边就有80%的树木被吹倒,全市停水、停电、停产5天,死亡100多人,直接经济损失达10亿元以上[③]。

① 吕元.城市防灾空间系统规划策略研究[D].[博士学位论文].北京:北京工业大学,2005:5.
② 金磊.城市安全之道——城市防灾减灾知识十六讲[M].北京:机械工业出版社,2007:38-39.
③ 李原,黄资慧.20世纪灾祸志[M].2版.福州:福建教育出版社,1999.

5）城市火灾及爆炸

火灾在城市中时有发生，并往往与爆炸相伴发生，是城市日常生活中的常见灾害之一。城市火灾多为人为失火或爆炸等技术事故造成，也有城市中的森林火灾等形式，还包括地震引起的次生火灾。根据其影响范围，城市火灾表现为局部火灾、地区火灾和城市大火等形式。城市建筑、工厂、基础设施中的易燃易爆物品众多，火源及爆炸源分布十分广泛，而且城市中建筑、人员、财产密集，局部火势易于蔓延而形成大规模火灾。历史上，伦敦、旧金山、东京等城市都曾发生城市大火，损失惨重。现代城市中，建筑密集的旧城区和木构建筑为主的历史街区是大规模火灾的高危区域。在我国各类火灾中，城市火灾的发生次数和损失均占据较大比例，特别是重大火灾多发生于城市之中。近十余年间，我国城市平均每年发生火灾4万多起，死亡6 000余人，仅直接经济损失就达数亿元之多，且呈逐年增加趋势。此外，地震引发的次生火灾往往造成城市大面积建筑过火及大量人员伤亡。1995年1月17日日本阪神发生大地震的当天，仅神户市内就起火147起，并在震后时有发生，共烧毁100万平方米建筑，火灾导致的死亡人数占总数的10％，造成生命财产重大损失①。

6）城市热岛效应(Urban Heat Island Effects, UHI)和高温气象灾害

城市热环境异常导致的灾害主要是城市热岛效应及高温气象灾害，是区域气候及城市微观气候综合作用的结果。近年来全球气候变暖的趋势愈发明显，城市微观气候的温度呈现总体上升的态势，而城市热岛效应更是加剧了这一变化，其危害也日益显著。

城市热岛效应是城市微观气候的主要特征之一，其影响主要表现在以下方面：

·空间上，城市环境中的气温高于郊区乡村及周边地区正常温度。美国能源部研究报告表明，美国大城市市区比郊区日常气温高3.3—4.4 ℃②。据测定，1997年加拿大温哥华和德国柏林的最大热岛强度分别为11 ℃和13.3 ℃，同一时期我国北京和上海的最大热岛强度为9 ℃和6.8 ℃③。城市范围内最大热岛强度多发生于城市人口较多、建筑密集的商业中心区及居住区等区域。

·时间上，从一天内气温变化看，热岛效应通常从白天最热时间开始作用并持续到夜间，导致城市环境内日均高温时间延长。从长期气温变化看，热岛效应导致城市环境内高温天气天数增多，城市局部地区处于长时间高热状态(图3-9)。

在炎热气候条件下，热岛效应进一步造成城市热环境的恶化，使城市局部地区出现气温峰值异常升高和持续时间异常增加，一旦超出人体承受能力，将对城市居民，尤其是老人、儿童、病患等弱势人群的身体健康构成极大威胁，引发痉挛、中暑等不良反应，严重者亦会危及生命(表3-2)。城市热岛效应和炎热天气条件的综合作用会形成具有极大危害的热浪，近年来在美国芝加哥、印度南部城市、法国巴黎都曾先后出现。1995年芝加哥约有700人死于热浪，其中一半以上的死亡者居住于建筑顶层④。2002年印度南部城市的热浪使气温高达50 ℃⑤，除太阳辐射热及建筑热环境影响之外，热岛效应亦是不可忽视的重要

---

① 王国权，马宗晋，苏桂武，等.国外几次震后火灾的对比研究[J].自然灾害学报，1999,8(3):72-79.

② 黄大田.全球变暖、热岛效应与城市规划及城市设计[J].城市规划，2002,26(9):77-79.

③ 申绍杰.城市热岛问题与城市设计[J].中外建筑，2003(5):20-22.

④ 威廉·M.马什.景观规划的环境学途径[M].4版.朱强，黄丽玲，俞孔坚，等译.北京：中国建筑工业出版社，2006:324.

⑤ United Nations Human Settlements Programme (UN-Habitat). GLOBAL REPORT ON HUMAN SETTLEMENTS 2007:ENHANCING URBAN SAFETY AND SECURITY[M]. London:Earthscan,2007.

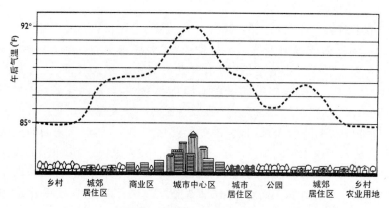

图 3 - 9　城市热岛效应示意图

因素。而且，气温过高将增加空调设备的使用，空调设备的废热最终排放到空气之中，亦会进一步加重热岛效应，形成恶性循环。

表 3 - 2　通用热威胁指标

危险等级	表观温度(°F)	热 综 合 征 表 现
极度危险	高于 130	· 立即表现为中暑或日射病
危　　险	105—130	· 日射病、热痉挛或轻度中暑 · 长时间暴露阳光下或大量运动则可能导致重度中暑
高度警惕	90—105	· 长时间暴露阳光下或大量运动则可能导致日射病、热痉挛或轻度中暑
警　　惕	80—90	· 长时间暴露阳光下或大量运动易疲惫

注：热综合征症状随年龄、身体健康状况的变化会有所不同。

7）城市空气污染

城市大气环境中的污染物成分较为复杂，主要有气溶胶状态的污染物和气态污染物两种类型[①]。气溶胶状态的污染物包括尘、液滴、化学粒子等固态、液态粒子，其中降尘和飘尘是主要的城市大气污染物。气态污染物主要包括硫氧化物、氮氧化物、碳氧化物及光化学烟雾等。这些污染物主要来自于城市工业生产和日常生活中的煤炭、石油等矿物燃料燃烧、固体废弃物燃烧、工业及交通车辆排放，混合存在于城市大气之中，并在扩散运输过程中经过相互反应和化学转化产生二次污染物，形成城市烟雾、酸雨，在特定的地理、气候等条件下积累集聚，不仅危害人体及动植物生理机能，危及建构筑物结构安全，还易于诱发交通事故（表 3 - 3）。空气污染致灾具有扩散速度快、波及范围广、难以察觉等特征，一旦发生则灾害后果大多比较严重。工业革命之后，随着城市化进程和工业、交通的快速发展，能源消耗不断加剧，空气污染几乎成为许多城市的常态现象。国内外许多城市都曾先后出现空气污染导致的环境灾害。1952 年伦敦空气中毒事件就是在二氧化硫、烟尘及逆温气象因素的综合作用下，造成 5 天内近 4 000 人死亡，成为 20 世纪著名八大公害事件之一。类似

---

① 张丽萍，张妙仙. 环境灾害学［M］. 北京：科学出版社，2008：86.

事件还在 1956 年、1957 年及 1962 年先后发生,分别造成伦敦市共 1000、400 和 750 人死亡。近年来随着工业生产和机动车等污染源的增加,城市空气污染日益严重,成为危及城市居民健康和安全的重要因素。据美国自然资源保护委员会报告,美国每年有 6.4 万人死于空气污染造成的心脏病和肺病,而洛杉矶、纽约和芝加哥受害最重。我国的兰州、沈阳、西安等许多城市也存在相当程度的空气污染①。

表 3 - 3　城市大气污染物主要类型及其危害

类　型	主　要　来　源	危　　　害
· 粉尘微粒 · 降尘(直径大于 10 μm) · 飘尘(直径小于 10 μm)	工业生产和日常生活中煤炭和石油等物质燃烧后的固体残余物	· 飘尘沉降缓慢,长期弥散于空气之中,散射和吸收阳光,使能见度降低,导致城市烟雾事件; · 减少地面接受的阳光辐射,吸附空气中的水分子,导致局部微观气候变化; · 有些飘尘微粒表面带有致癌化合物,危害人体健康
碳氧化物:一氧化碳和二氧化碳	一氧化碳:交通和生产生活中含碳燃料的不完全燃烧	一氧化碳与人体红血球里的血红蛋白争夺氧,使血液含氧量降低,导致人恶心、头痛,长时间吸入将导致心肌、中枢神经等永久性损伤,甚至死亡
	二氧化碳:交通和生产生活中煤、石油等燃料的燃烧	刺激鼻腔和咽喉、胸部紧缩、呼吸急迫、窒息、昏迷,甚至死亡
硫氧化物:主要为二氧化硫	交通和生产中煤和化石的燃烧	· 在空气中形成硫酸烟雾,具有强腐蚀作用,损害建筑及设施材料等; · 导致植物落叶甚至死亡; · 造成人呼吸障碍
氮氧化物:二氧化氮及少量一氧化氮	工业生产和交通	· 造成支气管及肺等呼吸系统损伤; · 在阳光下与碳氢化合物反应形成光化学烟雾污染
有毒金属化学粒子:铅、镉、铬、锌、钛、钒、砷、汞等	工业生产和交通	· 引起人慢性中毒; · 损伤内脏,造血功能减退,导致癌症、心血管病等疾病
光化学烟雾:比如醛类、O_3、PAN、HNO_3 等的混合物	氮氧化物和烃类污染物在阳光紫外线照射下发生化学反应,生成强氧化物	· 危害人体,导致头痛、呼吸障碍、心肺功能异常等; · 导致植物枯死

8)城市噪声污染

噪声主要是指强度过大或振幅和频率杂乱的声音。噪声的大小以 dB(分贝)数表示。噪声污染会造成人的听力受损、烦躁、心理不安、失眠、神经官能症、心血管病等不良反应,影响人体生理、心理健康和行为,继而造成危害,是我国城市四大公害之一。通常情况下,噪声的强度越大,持续时间越长,造成的危害越大。我国相关规划及建筑设计规范中将城

---

① 沈清基.城市生态与城市环境[M].上海:同济大学出版社,1998:115.

市居住、商业、工业混杂区的噪声标准设定为昼间 60 dB,夜间 50 dB。研究表明,超过65 dB 的噪声会使人心理及行为异常,90 dB 以上的噪声将造成听力明显受损,而超过115 dB 以上的噪声会使人耳痛,严重时还会导致失聪。城市区域中的噪声主要来自于交通噪声、工业噪声、建筑施工噪声、社会生活噪声。其中,机动车、火车、轮船、飞机导致的交通噪声是主要的污染源。据统计,我国城市交通噪声的等效声级超过 70dB 的路段占 70%[①],而且城市工业噪声和建筑施工噪声污染也呈上升趋势。这些噪声长期广泛分布于城市区域,其危害具有隐形、滞后等特征。我国先后颁布的《环境保护法》《环境噪声污染防治条例》和《环境噪声污染防治法》中要求在城市、村镇建设规划中应通过合理布局功能区、建构筑物、道路等措施,防止环境噪声污染的危害。

3.3.2 公共开放空间的防灾减灾职能

1) 公共开放空间的灾害调节职能

城市生态环境是一个复杂系统,城市生态环境的破坏和物质能量流动过程的失衡导致城市环境中的热、水、风等要素的时空分布异常,引发热岛效应、空气污染、洪涝灾害、风灾等灾害。城市公共开放空间是维护城市生态环境的重要物质载体,不仅有利于缓解密实的城市形态所造成的空间环境压力,还具有生态调节功能,能够抑制和减少城市环境中的热、水、风等致灾要素的形成。

现代城市中的绿地系统是城市生态系统进行自我调节的主要物质空间,能够有效调节和改善城市孕灾环境,具体体现在:

· 城市氧源:绿地中的植物可以通过光合作用吸收 CO_2,释放 O_2,调节大气中二者的比例。一般情况下,城市人均拥有 10 m² 树木和 25 m² 草坪,即能自动维持空气中 CO_2 和 O_2 的总体平衡。

· 吸收有害气体:许多植物在一定条件下,对二氧化硫、氯气、氟化氢、氨等有害气体具有吸收和净化作用。而且,在污染物浓度不超过植物耐受能力的范围内,污染物浓度越大,植物吸收作用越明显。

· 降尘:植物的枝叶和树干对空气中的烟尘、粉尘等污染物具有阻滞、吸附和分散作用,能够降低城市大气中烟尘和粉尘的浓度。研究表明,绿地的降尘作用受到植物类型、层次分布及其与污染源的距离等因素的影响。通常情况下,树木繁茂的森林比草坪的降尘作用明显,而且,距污染源越近,植物高度越高,层次搭配越合理,降尘效果越好[②③]。

· 减少病菌及净化水质:绿地中的树木、水生植物和沼泽植物由于根系和土壤的作用,能够吸收水中溶解的有害物质,减少水中细菌的数量。

· 降温:绿地的降温作用表现在对于气温和地面温度两方面。绿地中的树木形成树荫,可以遮挡地表接收的阳光辐射热量,而植物的蒸腾作用可以吸收太阳辐射热,起到降低气温及地表温度的作用(图 3 - 10)。绿地的降温效果受到其绿地覆盖率、绿地结构类型及布局的影响。绿地覆盖率越大其降温效果越明显,而郁蔽度较高的树木要优于草坪[④]。

---

① 沈清基.城市生态与城市环境[M].上海:同济大学出版社,1998:302 - 304.
② 王绍增、李敏.城市开敞空间规划的生态机理研究(上)[J].中国园林,2001(4):5 - 9.
③ 冯娴慧、魏清泉.基于绿地生态机理的城市空间形态研究[J].热带地理,2006,26(4):344 - 348.
④ 冯采芹.绿化环境效应研究[M].北京:中国环境出版社,1992:119 - 127.

· 增湿:绿化植物能大量蒸腾水分,即使在植物蒸发量较少的冬季,由于绿地中的风速较小,气流交换较弱,土壤和树木蒸发水分不易扩散,绿地的相对湿度也比非绿化地区高,可以提高空气湿度。

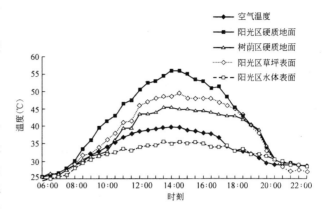

图 3-10 南京鼓楼广场不同地表逐时温度变化曲线

· 改善风环境:通常情况下,与城市建筑密集区相比,城市绿地因其降温作用而具有较低的地表温度和局部气温,继而影响空气的流动,形成局部区域之间的环流,增加城市区域的通风量,利于城市区域热量及污染物的扩散和稀释。而具有一定宽度、高度和郁蔽度的林带还能够有效降低风速,具有防风作用。

· 其他调节功能:城市绿地、林带还具有涵养水分、防止水土流失、保护生物多样性等多种生态功能。

城市中的自然及人工河道、溪流、湖泊、池塘、湿地等开放空间是城市水系的重要组成部分。水体开放空间对于城市洪涝灾害、地质灾害、气象致灾具有直接和间接的调节作用。

· 蓄水调节功能:城市河道、溪流、湖泊、池塘及湿地构成了地表水系,是城市水文循环的重要组成部分,因其天然的蓄水功能能够减少地表径流流量、迟滞排泄时间,从而减少洪峰水量和洪峰频率,对城市洪灾具有重要的调蓄作用,有利于促进城市水文循环的正常运行。城市河、溪、湖、塘及湿地减少和退化,其蓄水排洪能力下降,是导致城市洪涝灾害频发的重要原因之一。河湖水系中的水流通过土壤渗透形成地下径流,能够补充地下水源,缓解地面沉降,降低地质灾害的风险。

· 环境调节作用:城市河湖水系及湿地的储水能够通过蒸发等物理过程吸收热量,降低地表温度及气温,并增加空气湿度,调节局部微气候(图 3-11);同时水生生物还能够降解水中的化学物质,过滤污染及沉积物,减少环境污染;河湖水系和湿地还是重要的生物栖息地,有利于保护生物多样性;城市河湖及湿地还具有制造氧气、促进营养物循环等作用。

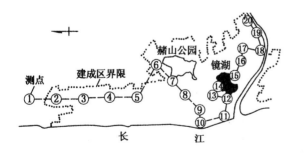

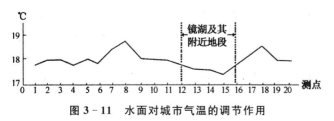

图 3-11 水面对城市气温的调节作用

此外,城市道路、绿地、水体等构成的公共开放空间系统是城市环境中的主要通风廊道、自然排水廊道,与热、风、污染物、水等要素的集聚和扩散过程密切相关,具有合理的形态布局的城市公共开放空间系统能够缓解热岛效应、空气污染、洪涝灾害、风灾等灾害。

2）公共开放空间的灾害缓冲隔离职能

火灾、洪涝、地质、噪声污染等灾害的影响范围具有一定的领域性,表现为致灾因素从灾害源头向外扩散,因能量衰减和物质减少而对一定空间领域具有危害。比如城市洪水漫溢河道,淹没两侧的河道漫滩及建成区域;泥石流沿山坡冲泻而下,冲击临近的低洼地带,这两种灾害的致灾因素受重力作用影响而运动,受到其洪水水量、泥石流流量以及地形地貌等因素影响,形成一定的受害地区。此外,城市中化工厂、仓库和城市燃气、燃油、电力等基础设施引发的爆炸、火灾等灾害也具有这一特点。在河湖水道、山体陡坡、高压输电线路、加油站等灾害危险源周边,具有一定宽度及规模的开放空间可以保证灾害源头与保护对象之间的安全距离,使建筑及人员远离、回避受害地区,免受灾害侵袭。我国城市规划及建筑设计相关法规及技术性规范之中,对加油站、高压输电线等基础设施和陡坡、河道周边的建筑退让间距进行了详细的规定,并在实践中作为技术性原则加以运用,其实质就是充分发挥公共开放空间的灾害缓冲作用。

城市空间环境是多种要素相互紧密联系的复杂系统。城市空间要素之间的紧密连接和密实的空间形态易于造成火灾等灾害的扩大与延续,而在城市空间环境的各个层面,公共开放空间的存在可以将受灾地区与非受灾地区有效隔离,使相邻区域免受灾害侵袭,从而将灾害限制于一定空间范围。城市中宽阔的道路、广场、水体和以耐燃性植物构成的绿地均能够有效延缓和阻断火势的蔓延,防止大规模火灾的发生。1871 年 10 月 9 日,美国芝加哥发生城市大火,中心区受灾面积达 730 公顷,10 万人无家可归。在灾后重建中,设计者提出以绿地等开放空间分隔建筑密集的市区、提高城市防灾能力的设想。在随后进行的南部公园区的杰克逊公园和华盛顿公园设计中,奥姆斯特德与沃克斯又将两个公园以公园道路相连接,在局部地区形成了连续的开放空间体系,这种以系统性的开放空间布局来防止火灾蔓延、提高城市防灾能力的设计思想和实践成为日后英国、日本等国进行防灾型开放空间系统规划设计的先导[1]。1923 年,日本关东大地震中死亡人员的 90% 以上死于地震引发的次生火灾,而众多躲避于公园中的受害者幸免于难,城市的广场、绿地、公园等开放空间对阻断火势蔓延、保护人身安全发挥了重要作用。日本及我国台湾地区的城市防灾规划中也充分利用开放空间的灾害隔离作用,划设防灾生活圈及防灾空间单元。而且,城市绿地因具有灭菌、加强通风等作用,可以防止传染性疾病的传播和扩散,在霍华德的"田园城市"和欧斯曼的巴黎改建计划中,都试图通过增加绿地来应对霍乱等传染性疾病的扩散。在现代城市中,结合城市绿地、绿带等开放空间形成防疫分区,能够对 SARS 等疫病进行有效隔离,而结合成片林带的绿地还能够有效降低噪声(图 3-12)。因此,在局部环境中,通过缓冲、隔离公共开放空间的合理布局,可以对建筑等承灾体提供有效的外围防

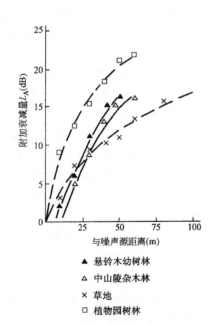

图 3-12 成片树林的降噪作用

▲ 悬铃木幼树林
△ 中山陵杂木林
× 草地
□ 植物园树林

---

① 李景奇,夏季. 城市防灾公园规划研究[J]. 中国园林,2007,23(7):16-21.

护,避免灾害侵袭;而在城市分区及总体层面,缓冲、隔离开放空间的层次化设置能够将灾害限制于一定区域,形成综合防灾分区的基本空间框架。

3)公共开放空间的灾害避难救援职能

城市灾害避难救援空间主要包括建筑空间、公共开放空间及地下空间。一般情况下,地震、火灾、洪水等常见城市灾害发生时,作为城市灾害的主要承灾体,建筑中的人向外部公共开放空间疏散、逃生是最主要的避难方式。灾害救援人员、车辆也必须通过道路等开放空间,才能接近建筑物及其中的受灾人员而展开施救。而且,灾后避难生活及灾后重建也主要依托公共开放空间展开。因此,城市公共开放空间是灾害避难、救援、生活及灾后重建活动的主要物质载体(图3-13,图3-14,图3-15)。

图3-13 5·12汶川地震后北川民众在公共开放空间中紧急疏散等待救援

图3-14 5·12汶川地震中救援人员在公共开放空间中架设临时指挥所

图3-15 5·12汶川地震中在公共开放空间中搭建救灾帐篷

历次灾害经验表明,城市道路、广场、绿地、公园等公共开放空间对于灾害避难、救援、重建都具有重要作用。1976年7月唐山地震时,受到地震波及的北京约有20余万人疏散于15处共计400多公顷的公园绿地中。1995年阪神大地震后对神户等城市的调查表明,公共开放空间成为避难、临时生活、救援组织、物资发放的主要空间。而2008年5·12汶川地震后,成都、绵阳等地震波及城市中的公共开放空间成为人们的主要避难场所,其中绵阳市城区公园、广场、小游园、绿化隔离带等公共开放空间共接纳避灾群众30余万人,九州体育馆、南河体育中心附属绿地成为重灾区难民的主要避难生活场地。成都市二环以内公园每天涌入的避灾人员也多达20万人,在抗震救灾中发挥了巨大作用①。

我国台湾地区的"内政部营建署"于1996年指出,应依托城市公园绿地建立防灾绿地系统,以作为防空、避灾的紧急避难场所。2004年9月我国国务院下发的《关于加强防震

① 孙晓春,郑曦.城市绿地防灾规划建设和管理优化研究[M]//中国城市规划学会.2008年中国城市规划年会论文集.大连:大连出版社,2008.

减灾工作的通知》强调"要结合城市广场、绿地、公园等建设，规划设置必需的应急疏散通道和避险场所，配置必要的避险救生设施"。我国在《"十一五"期间国家突发公共事件应急体系建设规划》中明确提出，省会城市和百万人口以上城市应按照有关规划和标准，加快应急避难场所建设工作。这也表明以公共开放空间为主体的防灾避险场所建设成为城市安全建设的主要任务。

在灾害避难救援中，道路、广场、绿地、公园、水体因性质差异而具有不同的功能。

·道路：城市道路网络日常承载城市交通、运输的功能，在灾害发生时连接受害地点和避难救援场所，是避难疏散、消防救援、运送救灾物资和伤亡人员的主要通道，同时也可作为紧急避难场所，用于灾后第一时间的紧急疏散。

·广场、绿地和公园：城市广场、绿地、公园是城市建成环境中面积较大的公共开放空间，在地震、洪涝、空袭等重大灾害发生时，能够为大量的受灾人群提供逃生、避险、灾后临时生活、医疗救助、灾后重建的场所。

·水体：城市河、湖等自然水系和人工水体在一定条件下可作为替代性避难、救援通道，在道路受阻的情况下，可通过河流、湖泊的水运进行人员疏散和救援，还可以作为救灾应急水源，在城市供水管线失效时，提供消防和避难生活临时用水。

城市空间环境中的公共开放空间不仅有利于缓解密实的城市形态所造成的环境压力，对城市微观气候、城市水文循环等自然环境中的潜在致灾因素具有重要的生态调节功能，还是灾时逃生、疏散、避难生活、救援、灾后重建的重要物质空间。对应灾害预防、保护、避难、救援等应对措施，道路、广场、绿地和水体等不同类型的公共开放空间具有多样化、复合化的防灾减灾职能（表3-4）。早在1883年，昆·布朗就在《关于明尼阿波利斯市公园系统的建议》中提出利用城市水系和绿地公园等资源来保护自然环境、净化空气、防止火灾和传染病蔓延的观点[①]。现代城市灾害环境极为复杂，各种因素相互影响，合理组织城市道路、广场、绿地、公园、水体等公共开放空间，综合运用其不同的防灾减灾职能，是城市防灾减灾的重要途径。

表3-4　不同类型城市公共开放空间的主要防灾减灾职能

类型	主要防灾减灾职能	主要对应灾害类型
道路	·灾害避难、消防救援、运输物资及伤员通道	地震、火灾、爆炸、洪涝、地质灾害、空袭等
	·灾害紧急避难场地	地震、火灾、爆炸、洪涝、地质灾害、空袭等
	·灾害缓冲隔离（防止、延缓火灾蔓延）	火灾
	·灾害调节功能（可作为通风廊道）	热岛效应、空气污染
广场	·灾害紧急避难场地、临时避难生活及救援场所、灾后重建据点	地震、火灾、爆炸、洪涝、地质灾害、空袭等
	·灾害缓冲隔离	火灾、爆炸、疫病、洪涝、地质灾害等
	·灾害调节功能（可作为通风廊道）	热岛效应、空气污染

---

① 李景奇，夏季.城市防灾公园规划研究[J].中国园林，2007,23(7):16-21.

类型	主要防灾减灾职能	主要对应灾害类型
绿地	· 灾害紧急避难场地、临时避难生活及救援场所、灾后重建据点	地震、火灾、爆炸、洪涝、地质灾害、空袭等
	· 灾害缓冲隔离（防止和延缓火灾蔓延、防风、减少病菌、降噪等）	火灾、爆炸、疫病、洪涝、地质灾害、噪声污染、风灾等
	· 灾害调节功能（降温、降尘、净化空气、涵养水分、通风廊道、自然排水廊道等）	热岛效应、洪涝灾害、空气污染、风灾等
水体	· 灾害避难救援应急水源及备用通道	地震、火灾、爆炸、洪涝、地质灾害、空袭等
	· 灾害缓冲隔离（防止、延缓火灾蔓延）	火灾
	· 灾害调节功能（降温）	热岛效应
	· 蓄水调洪、自然排水廊道	洪涝灾害

4

以公共开放空间为对象的安全城市设计理论框架

4.1 公共开放空间是安全城市设计的主要研究对象

城市公共开放空间是构成城市空间环境的重要子系统,也是城市设计的主要研究对象。城市道路、广场、绿地等公共开放空间与城市公共安全具有紧密联系。城市日常生活中的跌倒事故、跌落及溺水事故、高空坠物事故、步行交通事故等行为事故主要发生于城市公共开放空间。公共开放空间亦是发生伤害、偷窃、抢夺、抢劫等城市犯罪的主要场所。城市汽车炸弹恐怖袭击主要依托城市道路及停车场实施,而街道、广场等公共开放空间可以为建筑等恐怖袭击目标提供有效防护。而且,城市绿地、广场、水体及道路等公共开放空间具有灾害调节、灾害缓冲隔离、灾害避难救援等防灾减灾职能,是城市防灾空间的主体构成。在各个层次,从城市安全的角度完善公共开放空间系统,是从物质空间层面建设安全城市的重要途径。因此,公共开放空间是安全城市设计的主要研究对象。以公共开放空间为对象的安全城市设计从公共开放空间的安全属性出发,针对城市公共安全威胁要素,通过对公共开放空间系统及其他相关空间要素的组织,建构安全的城市空间环境。

4.2 以公共开放空间为对象的安全城市设计基本要素

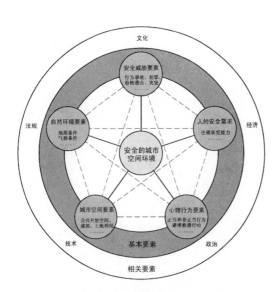

图 4 - 1 以公共开放空间为对象的安全城市设计基本要素图解

城市安全广泛涉及经济、政治、文化、法律等社会要素和技术要素。安全威胁要素、人的安全需求、人的心理行为要素、自然环境要素及城市空间要素是以公共开放空间为对象的安全城市设计研究的基本要素(见图 4 - 1)。

4.2.1 安全威胁要素

安全威胁要素对人的生命和财产造成伤害,主要包括地震、洪涝、地质灾害、风灾等自然灾害,空气污染、热岛效应等环境灾害,犯罪、恐怖袭击及战争等人为攻击行为,火灾、爆炸等技术事故造成的灾害,以及交通事故、高空坠物等行为事故。对城市安全构成威胁的要素既可能来自于城市外部,也可能来自城市内部,既可以是物也可以是人,还可能是人与物相互作用的结果。比如,城市犯罪及恐怖袭击是犯罪分子和恐怖袭击分子实施的侵害和破坏行为;地震、洪涝、地质灾害、风灾等自然灾害主要由城市所处的自然环境中的物质和能量造成;步行交通事故中,机动车驾驶员通过机动车对人造成伤害;空气污染等环境灾害主要表现为城市生产生活所造成的致灾因素通过大气流动而危害特定区域中的人;火灾、爆炸往往是由于人为失误与易燃易爆物品的综合作用而产生。以公共开放空间为对象的安全城市设计研究应深刻认识各类安全威胁要素的形成过程、作用机制及其与公共开放空间和城市空间环境的关系。

4.2.2 人的安全需求

按照马斯洛(Maslow)提出的需要层次理论,人类的基本需要包括几个层次:

· 生理需要(Physiological Needs):如衣、食、住、行等。
· 安全需要(Security Needs):如安全感、领域性、私密感等。
· 相属关系和爱的需要(Affiliation Needs):如情感、归属、家庭和交往等。
· 尊重的需要(Esteem Needs):如威信、自尊、受到他人尊重等。
· 自我实现的需要(Actualization Needs)。

不同层次的需要之间呈现顺序的梯度关系,生理需要和安全需要是与生存直接相关的基础需要,只有生理需要和安全需要得到满足后,才会逐层产生更高级的需要。安全是人类和城市生存发展的基本条件,要求城市空间环境能够抵御来自安全威胁要素的侵害,使其满足人的生理承受能力的基本需求(图4-2)。

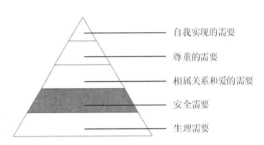

图4-2 安全需求在人的需求层次中的定位

4.2.3 人的心理行为要素

在以公共开放空间为对象的安全城市设计研究中,人的心理行为要素主要是指与公共开放空间安全属性及城市公共安全相关的人的心理行为特征,包括公共开放空间行为事故中人的正当及不正当行为的规律,犯罪分子及恐怖分子实施的攻击行为的心理决意、行为过程、行为方式、实施手段、实施工具等因素,以及灾害避难救援行动中的人对避难空间选择、避难救援行动的过程、阶段、时序、方式等要素。

4.2.4 自然环境要素

城市必然处于一定的自然环境之中,并与其发生关系。自然环境要素对城市公共安全的正面及负面影响同时并存。不同的地理位置及其地形地貌使城市面对不同的灾害类型。山地城市多发滑坡、泥石流等地质灾害,洪涝灾害是滨河城市的主要灾害类型,沿海城市必须积极应对海潮、海啸造成的危害,位于地质断裂带及土壤液化区的城市易于发生地震灾害。地形地貌特征也具有一定的防灾减灾和安全防护作用。山体丘陵能降低风速和风力,可作为防风屏障。河道湖泊是天然的防火隔离和调洪排涝通道。气温、日照、风、雨、雪等自然气候条件和城市中热、水、风等物理环境要素的变化是引发城市灾害的重要因素。气温长期过高导致高温干旱灾害。风力过大形成强风灾害,风速过低又易于造成空气污染灾害。暴雨是城市洪涝灾害的外部诱因。雪灾造成基础设施和城市交通瘫痪。自然环境要素及城市物质空间环境的相互影响使城市面临复杂多变的安全威胁。

4.2.5 城市空间要素

城市空间要素的构成关系对城市公共安全的影响是安全城市设计的研究重点。以公共开放空间为对象的安全城市设计从公共开放空间安全属性和城市公共安全要求出发,关注公共开放空间自身物质构成及形态分布,以及与之相关的土地利用及建筑布局等要素的相互关系及相互影响。

1) 公共开放空间物质构成及形态布局

以公共开放空间为对象的安全城市设计注重研究公共开放空间形态要素、物质构成与其安全属性、城市安全的关系。公共开放空间中地面、绿化、水体等物质构成的热学性质、透水性能等因素对热、水、风等可能形成威胁的环境要素产生影响;植物、照明灯具、标识、建筑小品等环境设施对日常行为活动、灾害避难救援行动、防控犯罪及恐怖袭击具有支持功能。公共开放空间的形状、大小等形态特征和整体布局形态对局部空间和一定空间区域内的行为事故、犯罪及恐怖袭击的预防、公共开放空间的防灾减灾职能的发挥具有重要影响。

2) 建筑组合布局

建筑通常是威胁要素的承灾体和受害体,也是主要的保护对象。公共开放空间的安全职能主要体现在对建筑安全的保护。同时,来自建筑中的高空坠物、大火、爆炸、建筑倒塌亦有可能对公共开放空间造成威胁,而公共开放空间周边的建筑可以提供自然监控等犯罪预防手段,对公共开放空间中的犯罪行为具有抑制作用。而且,建筑是城市中的主要实体要素,与外部公共开放空间共同构成城市整体空间环境。作为公共开放空间的围合界面,尺度、高度、体量、间距、密度、位置、方向等建筑组合布局特征直接决定公共开放空间的形态特征,继而对其安全属性产生影响。建筑与公共开放空间之间的适宜分布关系是公共开放空间自身安全的要求,也是公共开放空间所具有的防灾减灾等安全职能的要求。以公共开放空间为对象的安全城市设计对建筑要素的研究重点在于探讨建筑组合布局对公共开放空间形态要素及其安全属性的影响。

3) 土地利用

土地利用对于公共开放空间的安全属性及城市空间安全具有影响。城市防灾规划对相关区域进行分析研究,通过用地性质、用地形态、开发强度的控制,合理配置各类不同功能类型的防救灾空间、基础设施及防灾工程,是安全城市设计的前提和基础。用地性质决定了建筑及公共开放空间的功能类型。对应恐怖袭击等安全威胁要素,不同功能的建筑具有不同的安全风险,而不同类型的公共开放空间也具有不同的防灾减灾职能。土地利用的强度决定了相应区域内的建筑开发规模和人口容量,不仅造成灾时需要疏散的人口、财产数量的差异,还直接影响具有不同防灾减灾职能的公共开放空间的规模和数量。地块划分及用地形态形成城市空间的二维基底,确立了公共开放空间及建筑分布的基本格局,并对三维空间形体具有限定作用。一定区域内建筑等受害体、危险源、具有防灾减灾职能的公共开放空间的分布关系都受到用地形态的制约。此外,土地利用模式会影响相应城市区域道路、广场、绿地中的活动人群数量、人流流量、人流密度及分布,与公共开放空间中的行为事故、犯罪行为密切相关。土地利用是安全城市设计研究工作的基础条件，也是以公共开放空间为对象的安全城市设计关注的基本要素之一。

4.3 以公共开放空间为对象的安全城市设计内容构成

安全城市设计关注物质空间环境中的安全问题。根据城市公共安全主要威胁要素类型和公共开放空间安全属性的差异，以公共开放空间为对象的安全城市设计的基本内容主要由以下方面构成。

4.3.1 行为安全设计

行为安全设计针对日常生活中公共开放空间常见行为事故展开，主要以事故致因理论、安全行为理论、环境行为学及人体工学为基础，根据公共开放空间中人的行为习性及各类行为事故的发生规律，对空间环境进行相应的组织和整治。主要包括预防跌倒事故、跌落及溺水事故、高空坠物事故、步行交通事故的步行空间、道路空间及公共活动空间的设计。

4.3.2 防卫安全设计

防卫安全设计针对城市公共开放空间中的犯罪行为及恐怖袭击等破坏和攻击行为，从犯罪行为和恐怖袭击的行为决意、实施过程、实施方式等特征出发，结合 CPTED 基本原理和公共开放空间对于汽车炸弹恐怖袭击的防控职能，从物质空间层面提升潜在被攻击对象的防卫能力，主要包括针对公共空间犯罪的防卫安全设计和针对汽车炸弹恐怖袭击的防卫安全设计。

4.3.3 灾害安全设计

灾害安全设计以城市空间环境中的地震、洪涝、风灾、热岛效应及高温气象灾害、空气污染、火灾、爆炸及疫病等自然及人为灾害为对象，主要以灾害学、环境灾害学及防灾减灾相关理论为基础，研究公共开放空间与建筑、土地利用等空间要素的关系及其对于公共开放空间防灾减灾职能及城市灾害的影响，寻求相应的设计策略，以减少城市物质空间环境对灾害的影响，强化城市物质空间环境的防灾、抗灾能力，降低城市总体灾害风险。其具体内容根据公共开放空间防灾减灾职能的差异，主要由灾害调节设计、灾害缓冲隔离设计、灾害避难救援设计构成。

4.4 以公共开放空间为对象的安全城市设计层次范围

以公共开放空间为对象的安全城市设计大致可分为三个层次，即宏观尺度的城市总体层次、中观尺度的分区层次、微观尺度的地段层次。从空间层次上看，行为安全、针对犯罪和恐怖袭击的防卫安全主要受到局部空间环境特征和安全隐患的影响，因此其设计内容主要体现在较为具体的局部空间环境之中。而灾害安全主要在于对洪涝、地震等自然灾害的预防、防护和减缓，涉及各类致灾因素的形成、回避、隔离及避难救援行动，其内容涵盖从宏观到微观的各个层次。因此相对而言，行为安全设计主要集中于地段层次，防卫安全设计的内容主要在于分区及地段层次,而灾害安全设计的内容在城市总体、分区、地段各个层次中均有所体现。

4.4.1 宏观——城市总体层次

城市总体层面的安全城市设计在区域背景条件下的整体层面展开,通常应在城市总体安全规划阶段进行,以整个城市建成环境为研究对象。城市总体层次安全城市设计的任务是从城市安全的角度,从土地利用、建筑、道路系统、开放空间系统等方面组织城市空间的总体结构形态与功能配置,建立满足城市安全要求的城市空间总体格局。总体层次的安全城市设计是城市安全总体规划的重要组成部分,应与城市总体安全规划配合协调,并为城市总体空间环境提供物质形体设计的基本框架和准则。

在城市总体层次,以公共开放空间为对象的安全城市设计以城市总体安全规划及总体层次安全城市设计为指导原则,主要通过对城市范围内公共开放空间系统的总体形态布局和功能类型的组织,结合土地利用模式和建筑高度、密度总体分布特征,协调城市内部各区域之间、城市内部与外部空间环境之间的关系,为与城市公共安全要求相适应的城市空间总体格局建立基本形态框架,主要体现于灾害安全设计之中:

· 根据地形地貌、风向、气候等自然环境要素,确定城市干道、城市公共绿地、自然水体等具有灾害调节作用的公共开放空间及通风廊道、排水廊道的总体形态及层次分布。

· 根据城市主要灾害源的分布,结合防灾工程设施及城市建设选址,确定具有灾害缓冲隔离作用的公共开放空间的总体形态及层次分布,形成城市与外部区域之间及城市各分区及组团之间的灾害缓冲隔离区。

· 根据城市安全规划避难救援空间及设施的分布和规模等要求,确定城市级主要疏散道路的分布及走向,加强城市与外部区域之间的联系,并结合防灾工程及防灾避难设施,确定城市避难救援公共开放空间系统的总体形态和层级分布,完善城市总体避难救援空间系统。

4.4.2 中观——分区层次

分区级安全城市设计是对城市中具有相对独立性及整体性的街区的安全设计。分区级安全城市设计是总体层次安全城市设计与地段层次安全城市设计的衔接与过渡,具有承上启下的作用。分区级安全城市设计着重分析该地区对于城市空间整体安全的职能、定位,以及分区内各个地段开发项目之间的相互关系对分区整体安全和各地段局部安全的影响。分区级安全城市设计在将总体层次安全城市设计确定的形态框架和总体空间格局进行深化和完善的同时,对地段层次的安全城市设计进行引导和控制。在实践中,分区级安全城市设计应与城市分区安全规划相结合。

分区级安全城市设计的主要内容包括:

· 与总体层次安全城市设计的衔接。

· 以提升安全性为目标的旧城区和历史街区保护、改造及更新。分区级安全城市设计应充分认识城市原有街区的安全弱点及其对周边环境安全性的影响,从公共安全的要求出发,协调新、旧空间之间的相互关系,形成良性互补。

· 相对独立且具有较高安全风险和安全要求的特定空间领域的安全设计。比如核心政治区、大规模火灾风险较高的历史街区及建筑密集区,以及人群相对密集的城市中心商业区、居住区、大型建筑综合体等的安全设计。

以公共开放空间为对象的分区级安全城市设计以城市分区安全规划和总体层次安全城市设计的相关内容为依据,并结合分区内土地利用及建筑布局等要素,进一步完善分区内公共开放空间形态布局和功能配置,为分区内各个建筑场地及公共开放空间提供安全的外部环境及具体的设计原则,主要体现于防卫安全设计和灾害安全设计之中。

其中,以公共开放空间为对象的分区级防卫安全设计的内容具体体现在:

· 公共开放空间犯罪防卫安全设计:包括分区道路系统、步行体系与公共活动空间布局,以及公共活动空间周边土地利用、建筑组合布局及功能组织、环境设施分布等内容。

· 汽车炸弹恐怖袭击防卫安全设计:依据分区整体及区内建筑遭受恐怖袭击的风险水平,确定分区内道路、绿地、广场等公共开放空间与建筑的分布关系。

以公共开放空间为对象的分区级灾害安全设计的内容主要包括:

· 根据不同的环境致灾因素类型及形成机制,进行分区级通风廊道、排水廊道、绿地、水体等灾害调节公共开放空间的布局,以及分区内建筑布局及高度控制、分区道路形态布局、环境设施布局等内容。

· 根据安全威胁要素、灾害风险水平及设防等级要求的差异,进行建筑组合布局,以及对分区周边及分区内部防风、防火、防噪林带等绿地、水体、湿地、广场等灾害缓冲隔离开放空间的设置及形态控制。

· 根据分区级城市安全规划确立的避难空间规模、容量等原则要求及防灾救援设施的分布,确定分区级避难救援道路和绿地、公园、广场等避难救援场所的形态布局,以及与之相关的建筑要素、环境设施等空间要素的组织。

4.4.3 微观——地段层次

地段级安全城市设计将分区层次安全城市设计的措施和原则落实于微观具体的空间环境,并对相邻地段及分区整体安全性产生影响,因此地段级安全城市设计应处理好局部安全与整体安全、建筑安全与周边环境安全的关系,以引导和控制具体的建筑设计和公共开放空间设计。

以公共开放空间为对象的地段级安全城市设计从公共安全角度,对建筑及其场地、独立的公共开放空间进行详细设计,比如街道安全设计、广场安全设计、高风险建筑物周边外部公共开放空间设计。地段级安全城市设计是对范围较小的微观环境的安全设计,与行为事故、犯罪及恐怖袭击等公共安全威胁要素联系最为紧密,并对局部空间环境中致灾因素的集聚和释放、建筑等承灾体的保护,以及绿地等公共开放空间的灾害调节、缓冲隔离及避难救援等防灾减灾职能和效力具有直接影响。

在地段层次,行为安全设计的内容在于针对跌倒、跌落、溺水、高空坠物及步行交通事故进行的街道、广场等公共活动空间环境设计。

在地段层次,防卫安全设计的内容包括:

· 针对公共空间犯罪的街道、广场等公共活动空间环境设计及周边建筑布局、功能组织。

· 针对汽车炸弹恐怖袭击的建筑周边道路、停车场、广场、绿地等公共开放空间的形态布局、环境设施等的详细设计。

在地段层次,灾害安全设计的内容主要包括:

· 以局部空间环境中的灾害调节为目的的建筑布局及形体处理,公共开放空间布局,以及道路、广场等地面材料的选择,绿地分布及其树种构成和结构配置,环境设施设置等详细设计。

· 灾害缓冲隔离开放空间与建筑等保护对象的分布形态控制,以及缓冲隔离空间自身规模、面积等形态要素和物质构成的设计和组织。

· 基于避难救援的建筑场地规划设计和避难救援公共开放空间的详细设计(表 4-1)。

表 4-1　以公共开放空间为对象的安全城市设计的内容构成及其层次重点

内容构成	层次范围	宏观——城市总体层次	中观——分区层次	微观——地段层次
行为安全设计	跌倒事故安全设计			●
	跌落、溺水事故安全设计			●
	高空坠物事故安全设计			●
	步行交通事故安全设计	●	●	●
防卫安全设计	犯罪防卫安全设计	●	●	●
	汽车炸弹恐怖袭击防卫安全设计		●	●
灾害安全设计	灾害调节设计	●	●	●
	灾害缓冲隔离设计	●	●	●
	灾害避难救援设计	●	●	●

4.5　以公共开放空间为对象的安全城市设计价值取向与目标评价

4.5.1　价值取向

理论上,确保城市空间环境、城市中的人和物的安全是安全城市设计的根本取向。而在具体的设计研究中,由于设计对象、安全要求、环境情况等具体内容的差异,导致安全城市设计的价值取向既存在共性,也具有差异。

1) 以人为本

任何行为事故、非法侵害和自然、人为灾害,其最终的受害体都是人,安全城市设计应为人提供安全的空间环境,确保人的安全是安全城市设计的首要任务。在面对各类灾害及威胁时,人的生命安全比物质财产的安全更为重要。以公共开放空间为对象的安全城市设计应以人的生理、心理、行为特征为依据,最大限度地抑制公共开放空间中的行为事故、犯罪等攻击行为的发生,减少和减缓自然灾害对人的侵害,确保城市空间中的人的安全。而且,不同人群抵抗各类威胁及侵害的能力不同,老人、儿童、残疾人等弱势群体最易受到伤害,其特定的安全要求在设计中应予以重视。

2) 公众安全利益至上

安全城市设计面对不同的委托人和社会团体,其安全诉求各自不同。当特定利益团体安全诉求得到满足的时候,亦可能对社会公众的安全利益造成损害。安全城市设计以公共安全为基本出发点,个别委托人、社会团体的安全诉求必须服从于社会公众的整体安全利益。当不同的安全诉求发生冲突的时候,不应为满足少数人的安全要求而损害大多数人的安全利益和基本权利,这不仅要求设计者自身具有公正、平等的态度和社会伦理,更应在设计过程中引入公众参与和评判环节,建立制度性保障机制。公共开放空间为城市居民共同享有,以公共开放空间为对象的安全城市设计应使其安全职能对城市居民及社会大众产生均衡、同等的安全效益,为城市公众安全的整体利益服务。

3) 注重关系组合及整体协调

以公共开放空间为对象的安全城市设计考察城市公共开放空间与行为事故、犯罪等攻击行为、灾害形成发展过程、灾害预防和减缓的关系,侧重于空间的功能要素、形态要素与自然环境要素、安全要素、人的安全需求、人的心理行为要素的整合,以促进各种行为活动的安全展开和热、水、风等环境要素的安全运行,建立人与人、人与自然环境之间和谐共生、互不侵害的安全关系,这依赖于对相关要素的整体组织。而就空间范围看,局部范围内公共开放空间及相关空间要素的变化会对整体的安全环境造成影响。针对具体的设计对象,不论其规模如何,都应从整体出发,研究其对周边区域乃至城市总体安全所产生的影响,确定其对应整体安全的职能、定位和相应的设计要求,综合平衡局部与整体的关系,使局部的设计促进整体安全环境的优化。而在局部与整体的安全要求发生矛盾时,应坚持整体优先的原则,首要确保城市空间环境整体安全的要求。

4) 强调适应变化及富有弹性

城市内部与外部空间环境的变化是不可避免的连续过程。随着自然环境的变迁、城市整体的发展和更新、局部范围的改造和整治,城市空间环境将发生不同程度的改变,城市外部及内部的安全威胁要素的性质和分布、城市空间的安全品质和安全环境随之发生变化。在某些安全威胁要素风险降低的同时,另一些安全威胁要素的风险可能会上升,并对具体的安全设计提出新的要求。永久的安全保障是不存在的,安全城市设计应注重这一变化过程的重要性。因此,以公共开放空间为对象的安全城市设计的重点并不局限于为具体的公共开放空间及相应区域提供具体和固定的设计结果,而应更加侧重为其空间形态的优化和演变提供合理的框架,引导连续的创造过程,使之与安全环境的变化相适应。因而安全城市设计成果应具有一定的灵活性和相对的弹性,留有适当的余地,使城市空间环境具有对安全威胁要素及时反应、调整的能力。此外,弹性的意义还包括公共开放空间所形成的形态框架应能够为具体的建筑设计提供满足其特定安全要求、采取特定安全措施的自由,使其仍具有进一步提升自身及整体安全性的可能。

4.5.2 目标与评价

以公共开放空间为对象的安全城市设计的目标表明其对应城市公共安全问题所要达到的目的和追求的效果。评价是对设计成果中特定安全设计目标的实现程度进行的判断,其实质是评定城市空间环境满足公共安全要求的程度,为设计成果的修正和优化提供依据。

1) 总体目标与评价

以公共开放空间为对象的安全城市设计总体目标在于通过对公共开放空间的设计,为人们创造安全的城市生活空间,保护城市中的人员和财产免受各类公共安全威胁要素的侵害。其总体的评价标准是城市公共开放空间及城市环境的设计能否促使各类行为事故、犯罪、恐怖袭击、灾害等公共安全事件的发生率和其危害程度降低,具体体现在因各类公共安全造成的人员伤亡和财产损失的统计数据的变化之中。

2）分项目标与评价

（1）行为安全设计的目标与评价

行为安全设计的目标在于减少公共开放空间中的行为事故致害物,避免事故致害物与人的直接接触,提高人对致害物的辨识及应对能力,加强物质空间对人的防护能力,从而预防行为事故的发生。行为安全设计的评价标准在于公共开放空间中致害物的数量、潜在危害的严重程度、致害物与人的分布关系及其接触的几率、空间环境对人辨识和应对致害物的支持效果、防护设施的分布及其防护效果等方面。

（2）防卫安全设计的目标与评价

针对犯罪的防卫安全设计的目标在于增强自然监控及机械监控等犯罪监控及干预能力,增强潜在受害者的防卫及求救能力,增加犯罪行为的难度,降低犯罪行为的回报,影响犯罪分子机会选择的心理和决意过程,促使犯罪分子放弃犯罪行为,从而抑制和预防公共开放空间犯罪行为的发生。犯罪防卫安全设计的评价标准主要在于公共开放空间是否具有足够的自然监控力量、技术监控设施,是否易于发现犯罪行为,是否对犯罪分子保持足够的威慑力,是否具有呼救设施,是否利于犯罪分子隐藏、实施犯罪及逃逸等方面。

针对汽车炸弹恐怖袭击的防卫安全设计除预先发现和制止恐怖袭击行为、增强遇袭后的避难疏散能力之外,基本目标在于通过对公共开放空间的设计和组织,消除恐怖分子可以利用的空间源头,阻断攻击途径,扩大攻击目标与汽车炸弹的间距,降低恐怖袭击的破坏力。其评价标准主要在于能否将汽车炸弹爆炸释放的能量及破坏作用限制于可接受的范围。

（3）灾害安全设计的目标与评价

灾害安全设计的目标在于发挥公共开放空间的灾害调节、缓冲隔离及避难救援等防灾减灾职能,降低灾害风险及其危害。

灾害调节设计的目标在于干预致灾因素形成过程,减少环境中的致灾因素。灾害调节设计的评价标准在于能否将环境中的热量及温度、风力及风速、空气污染物浓度、暴雨水径流数量和速度等可能致灾的环境要素降低至可接受的水平。

灾害缓冲隔离设计旨在避免承灾体与致灾因素的接触,回避致灾因素,降低致灾因素危害,同时阻断灾害扩散途径,限制灾害规模。灾害缓冲隔离设计的评价标准在于火灾、洪水等致灾因素的能量衰减程度及受害范围的大小变化。

灾害避难救援设计的目标是为灾害发生后安全疏散、避难及救援行动提供空间保障,减小灾害损失。灾害避难救援设计的评价标准在于能否确保灾害发生后受害民众疏散、避难及相应的救援行动的快捷、安全和高效。

5 以公共开放空间为对象的行为安全设计策略

5.1 跌倒事故安全设计策略

5.1.1 空间要素对跌倒事故的影响

跌倒事故主要发生于步行空间中,步行空间构成要素对于跌倒事故的影响主要体现在三个方面,即步行空间环境之中是否具有致害物、步行空间环境是否会造成人与致害物接触,以及步行空间环境能否促使行人及早发现和准确判断致害物及事故隐患。

1)步行空间宽度

城市道路中的人行道是主要的步行空间,是指机动车道边缘与用地红线之间的区域,一般由路边区域、街道设施区域、行人通行区域和建筑临街区域四部分构成(图5-1)。在城市环境中,由于周边建筑及道路环境等因素的限制,除行人通行区域外,其余三部分有时会合并,甚至无法设置。步行通行区域的宽度不足会造成行人拥挤,人行道各区域分布不当或通行区域中存在街道设施等实体障碍,不仅会直接导致行人之间发生磕碰,还会促使行人偏离通行区域,利用路边区域和街道设施区域等地面平整度差、不利于安全通行的区域,从而加大跌倒事故的发生几率(图5-2)。

2)步行空间地面平整性

在广场、人行道等空间的步行通行和活动区域中,地面铺装材料的接缝过大、表面不平,以及供暖、供水设施的窨井盖、检修孔和地面坑洞等地面凸凹均造成地面高低不平,易于引发跌倒事故(图5-3)。此外,地面高差的突然变化、台阶踏步高度和坡道坡度过大,都会造成行人跌倒受伤,对于儿童、老人等身体生理适应及调节能力较差的人群具有较大威胁。2007年3月3日,一位老太太在晚饭后于南京月牙湖公园内散步,在下台阶时突然摔倒造成骨折,手术后被鉴定为9级伤残。事后调查表明,滨湖空间中的台阶设计存在缺陷,每级台阶宽度为4m,高度为0.19m,违反了《公园设计规范》及《民用建筑设计通则》中"公共建筑室内外台阶的踏步高度不

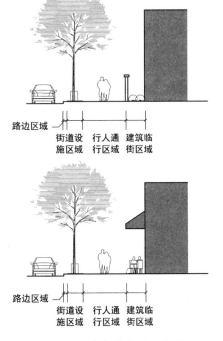

图5-1 人行道分区示意图

宜大于 0.15 m"的规定,而且也未设置警示提示,经法院审理认定,所有人、管理人、设计及施工部门承担相应的连带责任,共赔偿 1.5 万元①。

（a）狭窄的通行区造成拥挤　　　　（b）建筑入口台阶和自行车的挤占　　　　（c）街道设施的挤占

（d）配电箱及电线杆等基础设施的挤占　　　（e）机动车停车的挤占　　　　（f）树木的挤占

图 5-2　步行空间宽度不足及实体障碍分布增大跌倒事故风险

（a）缝隙过大的地面铺装　　　（b）凸出地面的窨井盖　　　（c）横向坡道导致地面高差突变

图 5-3　步行空间地面平整性较差增大跌倒事故风险

3）步行空间地面材质与气候因素的综合作用

步行空间中地面、楼梯、台阶、坡道铺装材料的表面过于光滑,或缺乏相应的防滑处理,是造成跌倒事故的重要原因之一。尤其在雨、雪、霜冻天气中,地面更加湿滑,是跌倒事故的高发期（图 5-4,图 5-5,图 5-6）。在寒带地区城市中,冬季时间长,降雪较多,气温长

---

① 季如漪,曾新春.开放空间的安全性[M]//中国城市规划学会.2008 年中国城市规划年会论文集.大连:大连出版社,2008.

期偏低,造成路面长期积雪、结冰,对于行人的出行安全构成严重威胁。统计资料显示,芬兰每年大约有 7 万人滑倒受伤,其中近三分之二是由于冬季街道地面结冰积雪造成,伤者医疗、停工等造成的直接和间接损失约计 4.2 亿欧元①。我国北方城市每年冬季长期降雪都会使各医院接收的因路滑而跌伤、骨折的病人人数激增。

图 5-4　光滑地面易于造成跌倒

图 5-5　地面积雪结冰易于造成跌倒

图 5-6　地面积水湿滑易于造成跌倒

图 5-7　难以辨识的台阶易于造成跌倒

4) 危险信息环境提示

在易于造成行人跌倒的事故高发地点,地面铺装材料色彩、质感的变化和充足的照明有助于人们识别危险要素,发现潜在安全隐患并采取相应措施。在台阶、踏步等地面高差发生变化的地点,不同标高的地面采用相同的铺装材料会减小二者之间的视觉差异(图5-7),缺乏充分的照明,以及灯具形式、高度及平面位置不当而形成眩光、阴影遮挡等现象,均不利于行人对地面高度变化的准确认知,甚至会导致视觉错觉,引发跌倒事故。

5.1.2　设计策略

预防跌倒事故的安全城市设计策略主要应用于微观层次的步行空间及公共活动空间之中,通过步行活动空间和相邻建筑、环境设施的组织,最大限度地减少和消除空间环境中的致害因素,避免人接触致害物,提高活动人群对致害因素的辨识和应对能力,降低事故风险。此外,还应根据老人、儿童及残疾人等特殊人群的生理、行为特征,采取相应的无障碍

---

① Johanna Ruotsalainen, Reija Ruuhela, Markku Kangas. Preventing pedestrian slipping accidents with help of a weather and pavement condition model〔EB/OL〕. (2004-06)〔2007-08-02〕http://www. walk21. com/papers/Copenhagen％2004％20Ruotsalainen％20Preventing％20pedestrian％20slipping％20ac. pdf.

通用设计措施,保障其步行及活动安全。

1)步行通行区

(1)宽度及连续性

· 通过控制建筑退让距离和合理划分步行活动空间的功能分区,确保通行区域的宽度及容量要求,避免人群拥挤和通行活动区与其他功能区域的相互交叉和混杂,并通过地面铺装材料的变化和绿化、街道设施明确限定功能分区,分隔通行区域与街道设施、休息活动区域和建筑临近区域(图5-8)。

· 在步行通行区宽度不足时,应通过建筑底层局部缩进等处理形成骑楼等步行空间,或通过局部减少路边停车和机动车道宽度等方式,确保步行通行区域的宽度和连续性。

(2)地面高度变化

· 尽可能减少通行区域中不必要的台阶等高差变化。人行横道等过街空间的路缘高度不宜过大,宜采用坡道连接人行道与人行横道等过街空间的高差,提高步行空间的整体平坦度。

· 步行通道横向坡度不宜过大(尤其应考虑使用轮椅的人的要求),必要时可根据步行空间总体宽度的大小,通过加大街道设施、建筑临近区域的坡度和景观处理减小步行通道的横向坡度(图5-9)。

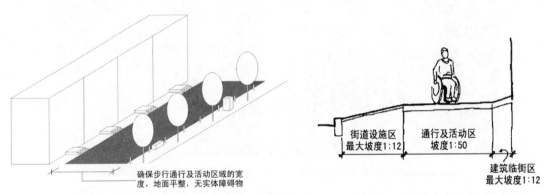

图5-8 预防跌倒事故的步行通行区设计基本要求　　图5-9 步行通道横向坡度调整及处理

· 在步行通道转弯及变向的地点,建筑及活动设施应退让步行通行区相应距离,防止遮挡视线,并应尽量避免设置踏步、台阶,在无法避免时应提供相应的缓冲距离。

· 所有室外踏步、台阶应满足人体工学和规范设计要求,踏步高度通常控制在10—15 cm,踏面宽度不小于30 cm,宽度较大、梯段较长的室外踏步应设置维护构件和扶手。

(3)地面材料及处理

· 步行通行区地面铺装材料应避免使用大理石等表面光滑的材料,宜选用火烧板或凿毛石材等表面纹理粗糙的防滑材料及渗水性较好的材料,材料应满足坚固、耐磨、防尘要求,易于清洁、更换、维护,并便于使用拐杖、轮椅等助力工具的人通行。

· 老人、儿童活动区域地面应采用弹性材料,降低跌倒伤害的严重程度。

· 室外楼梯、踏步、台阶踏面及坡道坡面应进行防滑处理,防滑处理应兼顾干燥和潮湿不同条件的要求。

· 地面铺装应平整密实,铺装材料之间的接缝宽度不宜过大,避免地面出现坑洞和凸起。

· 在踏步、台阶等地面高差变化处宜利用地面铺装材料色彩、质感等变化提供警示提示(图5-10)。

图 5-10　通过地面处理提供警示信息

2）环境设施

· 灯具、座椅、种植容器、植物绿化、标识等环境设施应设置于路边、街道设施及休息活动区域内，并避免环境设施构件和路边停车侵占通行区域，宽度较小（通常小于 2.5 m）的人行道不宜设置环境设施和绿化景观，以满足通行区域之宽度要求。

· 公共空间中的花坛等环境设施构件的边角应进行柔化处理，并尽量采用质地较软的弹性材料，避免行人跌倒造成机械类伤害。

· 树木树冠、标识及灯具等伸入通行区域上空的实体应距离地面足够的高度，避免行人碰头而造成跌倒和其他事故。

· 城市供水、供电等管线设置宜地下铺设，电线杆、供电箱、窨井盖、检修孔等市政设施应尽量设置于街道设施区，或设置于路边区域、公共活动空间中的绿化带内，并与步行通行及活动区域保持相应距离，在无法从步行通行区中移除时，应尽量使其表面平整，并进行防滑处理和通过色彩及材质变化、警示标识提醒活动人群注意。

· 在步行和公共活动空间中应提供充分的照明，满足步行及活动的视线要求。

· 灯具分布距离应基本一致，照度均匀，避免局部照度的突然变化。

· 在踏步、台阶、楼梯、坡道等跌倒事故高发地点应重点设置照明灯具，并避免受到植物或其他环境设施的遮挡而形成阴影等不利干扰。

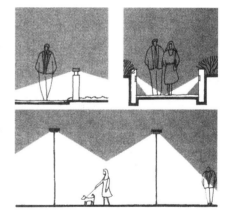

图 5-11　满足行人步行活动及防止跌倒事故要求的照明灯具处理

· 照明灯具形式和高度应符合人体尺度及视觉要求，灯柱高度不宜低于人体身高，通常在 1.8—2.5 m 的范围内，高度低于 1.5 m 的光源应采取防护措施，对低于人眼高度的灯具宜采用上投反射灯等形式，防止出现眩光而影响步行安全（图 5-11）。

· 在台阶等高差变化处设置警示标识（图 5-12）。

3）气候防护

· 针对雨、雪、霜冻引发路面过滑而造成的跌倒事故，应通过建筑及步行活动空间的布局、地面处理和设置融雪设施，防止地面积水、积雪、结冰等不利情

图 5-12　预防跌倒事故警示标识

况,并结合建筑形体和步行系统设计,建立全天候的步行空间体系。

·人流密集的主要步行及活动空间应尽可能设置于向阳区域,避开周边建筑的阴影区,并确保南向开敞,位于步行及活动空间南侧的植栽宜以落叶树为主,周边建筑布局、高度控制及形体处理应最大限度地避免对阳光的遮挡,确保步行及活动空间在冬季具有充足的阳光照射时间,以加快冰雪融化(图 5-13)。

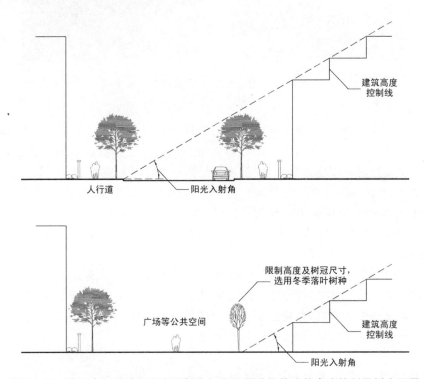

图 5-13 确保步行活动区阳光照射及加速冰雪融化的建筑高度控制及树木配置

图 5-14 具有遮蔽雨雪和气候防护功能的步行廊道

·通过建筑形体处理,利用建筑骑楼、过街楼、延伸屋顶和雨篷等构件,以及有顶步道、天桥、地道等要素形成能够遮蔽雨雪、具有气候防护功能的步行系统(图 5-14)。

·缺乏顶部防护的步行通行及活动区域地面及室外楼梯、台阶踏面应排水顺畅,避免积水造成地面过滑和视觉识别性降低,且排水坡度不宜过大,避免造成危险。

·条件许可下,还可考虑在行人流量较大的主要步行空间地下铺设热力管道等融雪设施,加快冰雪融化。

4)无障碍设计

·步行活动空间应进行无障碍设计,并满足相关规范要求。

·步行通行区域净宽应大于 1.5 m,避免使用轮椅等助行工具的残疾人、盲人与普通行人的交叉。

· 步行通行区域内应设置连续的盲道,形成安全引导,盲道应与路边区域和环境设施区域保持相应距离,盲道内应消除通行区域内的市政设施等地面突出物和实体障碍物,必要时可采取局部绕行形式保证其连续性。

· 在人行横道、道路路缘的高差变化处应设置坡道,坡道设置应满足各个方向的通行要求及行人过街要求,其坡度应满足相应规范要求,坡面应进行防滑处理。

· 在主要步行空间中应结合天桥及地道等立体步行设施设置坡道及垂直升降设备,便于老人、儿童及残疾人使用。

· 公用电话、座椅、标识、照明、过街信号灯、绿化等环境设施的分布间距、平面尺寸、高度、细部设计应满足残疾人使用之要求,并避免对视线的遮挡,防止使用过程中发生跌倒。

5.2 跌落、溺水事故安全设计策略

5.2.1 空间要素对跌落、溺水事故的影响

跌落、溺水事故的发生主要由于人在活动过程中安全意识淡漠,忽视潜在的致害因素。空间环境要素对事故发生的影响主要体现在:

1)空间环境中的致害物

公共开放空间中人群主要活动空间是否存在较大的地面高差变化和较深的水体景观,是跌落、溺水事故发生的先决条件。

2)步行及活动区域与致害物的距离

步行通行及活动区域与低地和水体之间的距离决定活动人群是否会接近或接触致害因素,人在高处和水边行走、观赏、眺望、休憩过程中,与低地或水面保持相应的间距,可避免从高处跌落及溺水事故的发生。

3)活动区域宽度及容量

步行及活动区域具有充足的宽度和面积,满足活动人群容量要求,可以减少事故的发生。在危险地带中的步道、休息平台等活动区域的宽度和面积不足,不仅会造成人群过度拥挤,将位于区域边界的人挤落,还会促使人们使用相对畅通的水岸及高地边界区域,都会增大事故风险。

4)防护设施

在高地和滨水空间中缺少防护措施或防护设施分布及设计不当,是跌落、溺水事故发生的重要原因。防护设施的有效性与其分布的连续性、高度及形式与人体生理行为特征的适应性、材料及结构的牢固性和耐久性等因素密切相关。间断分布、高度过低、便于儿童攀爬、材料耐久性和抗侵蚀性较差的栏杆等防护设施难以提供连续有效的防护(图5-15,图5-16,图5-17)。

图5-15 狭窄的滨水步道和高度不足的防护栏杆易于造成挤落而溺水

图 5-16　滨湖亲水平台无防护设施　　　　图 5-17　设计不当的防护设施易于造成儿童
易于发生溺水事故　　　　　　　　　攀爬和穿越而发生溺水事故

5）危险信息环境提示

空间环境要素提供明确的危险信息有助于人们发现潜在的致害因素，并采取相应防范措施，避免事故发生。地面材料组合不当、照明不足、警示标识缺乏大大降低了人对危险信息的识别能力，有时甚至产生视觉错觉而影响人对环境的判断，从而引发跌落、溺水事故。

5.2.2　设计策略

预防跌落、溺水事故的设计策略主要通过步行及活动空间设计，减少致害因素，避免活动人群不必要地接近致害因素，并在事故风险较高的地点提供有效的安全防护和危险信息的环境警示。

1）步行及活动区域规模

确保接近高差变化处和水边的步行及其他活动区域的宽度、面积规模满足人群容量要求，避免人群拥挤，保证安全区域内的正常活动。

2）安全间距

人群密集的主要步行空间及活动区域应尽量与水体、高差较大处保持相应距离，并结合绿化、花池等景观设施和护坡、堤岸设计形成防护隔离带，避免正常活动的人群接近致害物。

3）环境设施

（1）防护设施

在地面标高较高（与相邻较低地面高差大于 0.7 m）和临近深水（水深大于 0.5 m）的区域边界设置栏杆、矮墙、花池等防护设施，防护设施应连续设置，高度应适应人体生理特征及满足相应规范之规定，其形式应避免儿童攀爬、翻越及下穿，防护设施材料及结构应坚固耐久。

（2）照明

在地面标高较高和临近深水区域中提供充分的照明，便于对高差及水面的识别和判断。

（3）警示标识

在地面标高较高和临近深水的区域提供易懂、显著的警示标识（图 5-18，图 5-19，图 5-20）。

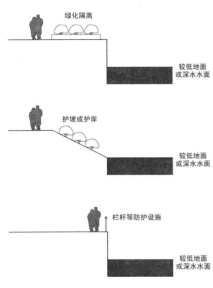

图 5-19　结合绿化提供安全间距

图 5-18　提供安全间距及防护设施以
预防跌落和溺水事故

图 5-20　跌落及溺水事故警示标识

5.3　高空坠物事故安全设计策略

5.3.1　空间要素对高空坠物事故的影响

除了步行活动空间上空和临近建构筑物、环境设施的材料特性、结构构造安全性等因素外,影响高空坠物事故的发生几率和严重程度的空间要素主要包括:

1)周边建筑及环境设施设置高度

高空坠落物体因自身势能转化为动能而造成对人及设施的危害,质量越大、高度越高的坠落物造成的伤害越严重。来自高层建筑上部的坠落物即使自身质量较轻,在重力加速度作用下也可能造成严重伤害。因此,高层建筑周边及位置较高的广告牌等环境设施下方区域具有较大的危险性。

2)坠落水平距离及安全间距

从事故过程看,高空坠物事故只有在坠落物与人、车辆、设施等受害对象直接接触的情况下才会发生。通常情况下,高空坠物在倾倒、掉落过程中,会因风力作用发生水平偏移,或因坠落过程中受到实体阻碍而发生弹跳,其下落轨迹往往并不竖直,从起点到坠落点之间存在一定水平距离,这一距离之内受害风险较高,在这一距离之外则相对安全。因此,致害物和受害对象之间的安全间距是否充足,对高空坠物事故风险具有重要影响。

3)空间防护

临近步行及活动区域上空的建筑屋顶、雨篷等顶部防护构件及枝叶茂密的树木都能够不同程度地阻挡高空坠物，减缓其坠落速度及能量，避免高空坠物与人等受害对象的直接接触及降低事故伤害程度。

4）局部强风对潜在坠落物的影响

风力过大会直接吹落街道、广场等公共开放空间中的广告标识和周边建筑摆放的花盆等物体，并易于造成雨篷等建筑构件发生倾覆破坏。台风等致灾大风和城市环境内的建筑风、街道风等现象造成局部环境中的风力异常增加，都会大大提高高空坠物事故的风险。

图5-21 安全间距不足及缺少顶部防护增大高空坠物事故风险

随着城市土地及空间资源日益紧张，城市建筑的数量和高度不断增加，建筑外立面中广泛使用和设置玻璃、面砖和空调外机等可能坠落的物体，由于商业利益的驱动和对上空空间资源的争夺，街道、广场等活动区域上空存在大量的巨幅广告、店面招牌，加之维护管理不善，建筑外部构件年久失修，客观上增加了高空坠物事故的致害物数量。与此同时，城市公共活动空间受到机动车道及建筑空间的挤占，人行道等步行空间及公共活动空间与建筑的距离日益缩小，缺乏相应的安全距离，日常生活中进行出行、游憩等公共活动的大量人群穿行于危险区域之中，都大大增加了高空坠物事故风险，高空坠物伤人的事故屡有发生，威胁城市居民日常生活安全（图5-21）。

5.3.2 设计策略

预防高空坠物事故的设计策略主要应用于微观层面，尤其是在人行道、广场等人群密集的公共活动空间与建筑临近的区域内。尽管通过加强建筑结构、用材、构件、附属配件自身的牢固性和安全性，可以大大减少事故隐患，但高空坠物事故受众多因素的影响而具有不可预测、随机性等特征，难以从源头上彻底消除事故隐患。而通过建筑形体、退让距离及外部公共开放空间的综合设计，提供充足的安全间距和有效的防护设施，可以将致害物与受害对象进行空间隔离，保护活动人群。

1）建筑附属设施及环境设施设计

·应尽量避免在步行通行区域和主要活动空间上空设置广告牌、建筑空调外机等可能坠落的环境设施和其他建筑构件。

·紧邻步行通行区域和主要活动空间的建筑应为空调机位、广告、店面招牌等提供适当位置和防坠落设计措施，空调机位宜采用内挂式，广告及标识宜采用嵌入式，选择抗腐蚀和耐久性强的材料，并利于更换和维护，确保其结构牢固。

2）安全间距及建筑退让距离

严格控制临近人群密集的步行通行区域及公共活动区域的建筑退让距离，适当扩大高层建筑塔楼退让主要活动区域的距离，并结合绿化、花坛等街道景观确保充足的安全间距，使步行及活动区域尽可能远离潜在的高空坠物事故致害物。

3）空间防护

· 当无法提供有效的安全距离时,可结合建筑形体处理,利用底层悬挑、建筑骑楼等建筑形式为步行及活动区域提供顶部防护。

· 临近建筑外表面的天桥、屋顶平台、架空步行廊道应提供屋顶等安全防护,屋顶防护不宜采用易于破碎和撞击负荷能力较低的玻璃及轻质材料。

· 在人行道、广场等公共开放空间中临近建筑的区域内种植树冠较大、枝叶繁茂的常绿乔木,并适当增加其种植密度,以减缓和阻挡高空坠物(图5-22,图5-23)。

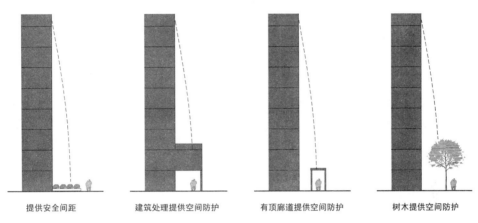

提供安全间距　　　建筑处理提供空间防护　　　有顶廊道提供空间防护　　　树木提供空间防护

图5-22　提供安全间距和空间防护以预防高空坠物事故

图5-23　高层建筑之间的连续有
顶步道提供顶部防护

图5-24　高空坠物事故警示标识

4）警示标识

在临近高层建筑、广告标识等易于发生高空坠物事故的地点设置警示标识(图5-24)。

5）防风设计

· 建筑及街道、广场等公共空间的布局和组织应避免"街道风"等局部大风的不利影响,防止因风力过大吹落物体或雨篷等建筑构件。

· 面积较大的环境标识除通过加固处理提高抗风能力之外,应尽可能避免垂直于强风风向分布,以减少受风面积,防止被大风吹落伤人。

5.4　步行交通事故安全设计策略

5.4.1　空间要素对步行交通事故的影响

1）城市空间形态对机动车数量的影响

机动车是步行交通事故的致害物。城市空间形态与交通模式具有紧密联系,而且相互影响。城市规模的扩大和城市形态的分散化促使机动车的大量使用,而以机动车为主的交通模式进一步推动了城市形态的分散化。分散化的城市形态及功能布局使出行距离和机动车数量不断增加。比较而言,相对集中的城市形态能够缩短商业、居住、工作场所之间的出行距离,步行及自行车交通能够确保在一定范围内的通达和便利,可以减少机动车数量和人车接触的机会,降低事故风险。

2）步行空间与机动车空间的分布关系

步行交通事故多发生于人车运动轨迹发生交叉的地点。总体上,步行空间与机动车道之间存在分离、混行及交叉三种关系。分离状态是指人行道等步行区域与机动车道具有一定的水平距离或垂直分布,主要通过机动车道与人行道之间设置的围栏、绿岛等街道设施、高差变化和架空、下穿等立体交通方式而形成空间隔离。通常情况下,人车分离能够使步行者远离车辆,充分保护步行者的安全(图5－25)。人车混行即机动车和行人同时并存于同一平面空间的状态。车辆与行人混行增加了车辆与行人的接触机会,易于引发交通事故。当行人穿越机动车道过街时,人车运动轨迹易于交叉而直接接触,对行人安全构成较大威胁(图5－26)。

图5－25　人行道与机动车道分离,避免人车接触　　**图5－26　过街空间人车接触对行人构成威胁**

3）步行空间及过街空间品质

步行空间的连续性、便利性,以及尺度与容量的适应性都会影响步行交通事故的风险水平。在一定区域内,由于规划不当、地形限制、机动车和自行车停放占用等因素,人行道等步行空间呈现片断化分布,易于造成行人与机动车混行。步行空间与公交站点、地铁等交通设施缺乏紧密联系,使步行与其他交通方式转换过程中易于发生交通事故。在局部,人行道中的通行区域宽度不足会造成行人利用自行车道,甚至进入机动车道而导致事故发生(图5－27)。城市中心区、商业街区、大型居住区和学校、影剧院等公共建筑附近步行人流较为密集,人行道等步行空间尺度和容量多难以满足人流疏散要求,而这些区域之中的公交站点等候区面积过小,人群拥挤,都增加了步行交通事故的风险。

行人过街空间的便利性和安全品质对行人的过街方式及过街安全具有极大影响。人行横道、过街天桥等过街空间分布间距过大、位置不当,造成行人以正当方式过街的不便,促使行人采用翻越隔离护栏、随意横穿车道等非正当的过街方式,易于引发交通事故。而在宽阔道路中由于过街距离过长,行人无法在信号控制时间内完成过街易于成为安全隐患,对于步行速度较慢的老人威胁更大。此外,过街空间视线不佳、宽度不足、缺乏照明及警示标识等因素都会提高步行交通事故风险。

图5-27　人行道宽度不足增大人车接触机会及步行交通事故风险

4)道路环境对车速的影响

城市道路的形态特征影响车辆的行驶速度。通常情况下,在宽直的城市主干道和次干道中机动车行驶的速度较快,而在相对较窄、曲折的道路中机动车的速度受到限制。此外,机动车道中局部高起的减速板、缓冲带等减速设施也能够通过物理作用使车速降低。在道路交叉口、行人过街横道等步行交通事故高发地带,机动车道的局部窄化、曲化,以及减速设施的运用,都能够降低事故率和事故伤害程度。

5)道路环境对应急行为能力的影响

在行人过街空间,行人及机动车驾驶员能够相互发现,准确判断相互之间的运动速度及距离,继而作出适当的反应,是避免步行交通事故的关键。在道路交叉口、人行横道等事故高发地点,行人与机动车之间的视觉可见性是确保这一应急反应有效性的基本前提。以往道路交通规划设计中对视线距离的要求主要从机动车驾驶员的角度来考虑,忽视行人的视线要求。而在行人过街空间周边和道路转弯点附近的建构筑物、路边停车、灯具、标识、绿化等环境设施若分布不当,均会阻碍视线。此外,道路环境中的限速标志使机动车驾驶员自觉保持车速,过街标识、人行横道能够提示行人过街空间,过街空间地面铺装材料和色彩的变化能够为机动车驾驶员提供警示信息,利于步行交通事故的预防。

根据笔者的实地调查,在日常生活中,城市步行空间环境中常见的步行交通事故安全隐患主要有:

(1)机动车数量激增,充斥城市道路环境,步行交通事故致害物数量大大增加。

(2)人行道等步行空间受建筑和机动车道的双重挤压,数量明显不足,与自行车道合并或被取消,连续性差,无法为行人提供安全的步行空间。

(3)步行空间受到自行车停放、公交站点及其他环境设施挤占,实际有效宽度不足,无法满足使用要求,导致行人侵入机动车道,增加人车接触机会。

(4)过街空间分布不足,间距过大,无法满足各方向的过街要求,行人使用人行横道等过街空间时,道路两侧目的地之间步行联系不便。在城市中心商业区等区域内虽设有地道、天桥等立体步行及过街设施,但由于其上下不便,位置不当,与周边商业建筑空间缺乏有效连接,无法满足过街及步行需求,滋生行人随意横穿街道、翻越隔离护栏等非正当行为(图5-28)。

（5）在路幅较宽、车速较快的城市主干道等道路中，过街距离往往较长，过街时间相对短促，行人多无法一次过街，需在车道中间等待，某些道路中缺乏中央安全岛或其面积不足，等候人群密集，老人、儿童等行动速度较慢的行人过街安全缺乏保障。

（6）在道路交叉口、过街空间等地点因建筑、围墙、绿化及其他环境设施的分布不当，遮挡视线，无法满足视觉可见性要求（图5-29）。

（7）在人流、车流集中的城市商业中心及火车站、地铁站点附近等局部区域，公共汽车、出租车与步行等交通方式之间的转换空间缺乏有效组织，行人等候空间过小，无法满足交通换乘大量人流的需求，车辆停靠不便，人群拥挤，秩序混乱（图5-30）。

（8）道路两侧建筑场地出入口数量过多，分布过于密集，建筑场地机动车出入口、地下车库出入口与人行道之间缺乏相应的缓冲空间及视线保障（图5-31）。

图5-28　过长的护栏及过街空间间距过大易于造成行人非正当过街而引发步行交通事故

图5-29　建筑遮挡人车视线易于引发步行交通事故

图5-30　空间规模不足的公交站点等候区易于引发交通事故

图5-31　建筑场地出入口与人行道之间视线受阻及缺乏缓冲空间易于引发步行交通事故

造成上述安全隐患的原因较为复杂，主要在于以往城市规划设计中的道路及街道设计以机动车为主要对象，在机动车、行人、建筑进行空间争夺的局面下，多以减少步行空间和牺牲步行活动质量为代价，对于步行安全的保护更为缺乏。而且，道路及街道规划设计主要从路政交通的单一视角加以考虑,对于道路形态、道路两侧建筑布局、建筑场地机动车出入口设置、植物景观、街道设施等道路环境要素缺乏整体性组织,加之城市改造更新过程中各建设阶段之间的时序差异等因素的影响,无法形成规模适宜、安全、连续的步行空间环境。

5.4.2 设计策略

步行交通安全设计以步行者为保护对象,根据行人和机动车的行为特征及相应要求,通过步行空间、道路空间及其周边环境的综合设计,减少机动车与行人接触机会,降低机动车行驶速度,为行人及机动车驾驶员对事故的预判及反应提供物质空间保障,以减少步行交通安全事故发生率和降低事故严重程度。

1)宏观策略

在城市总体层面上,具体的设计策略主要从城市总体形态控制和交通出行模式两方面展开。

· 城市总体形态结构特征应与土地利用、道路交通规划综合协调,合理控制城市总体规模及居住、商业、工业等城市功能分区之间的距离,避免过度分散的功能分区及形态结构,减少城市生产生活交通出行的总体数量和距离。

· 高效的公共交通系统能够减少道路中的机动车数量,缓解城市区域中的人车矛盾。应当大力发展公交、步行和自行车优先的城市交通系统,提高公共交通设施的可达性。城市总体形态及结构布局应与公共交通干线紧密结合,加强步行、自行车交通与公交换乘点的衔接,建立(地铁等轨道交通、公交车辆为主的)公共交通+步行及自行车为主体的交通出行模式,以减少城市私人小汽车出行需求和城市道路环境中机动车总体数量(图5-32)。

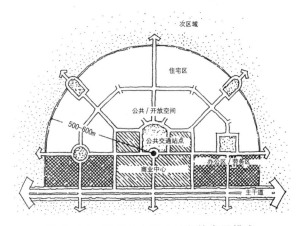

图5-32 以公共交通为导向的发展模式

· 合理确定城市道路系统的等级分布,通过高架、隧道等立体交通将城市高速干道管道化,减少人流密集的中心城区过境交通及机动车数量。

2)中观策略

(1)土地利用及用地划分

· 分区内采用适当混合的土地利用模式,并使居住、办公、商业、娱乐、学校等功能类型及公交站点之间的相互距离处于步行可达范围(通常500—600 m)之内,减少分区内进出的机动车数量。

· 合理划分街区内地块尺度、形态及数量,避免造成沿街过于细碎的地块划分和过多的建筑场地机动车出入口数量,促进步行空间的连续性和完整性,减少行人与机动车接触机会。

(2)道路形态及交通组织

· 分区内应建立有序的分级道路系统,根据各级道路所承载的交通职能及相应的车

图 5-33　设置绿化和护栏以人车分离

图 5-34　设置步行街区以人车分离

图 5-35　设置天桥步道以人车分离

不好　　　　较好

图 5-36　地下车库出入口缓冲
　　　　空间及视线确保

流流量、车速要求,确定建筑、公共设施与道路的分布关系,使人流量较大的商业、学校等建筑设施避开车流量较大的道路。

·尽量将交通流量较高及路幅较宽的城市干道及分区主要道路分布于分区外围,避免其穿越分区内部的过境交通造成对行人和自行车等空间的干扰,减少分区内机动车数量。

·道路空间分配应确保人行道及自行车所需空间,并利用高差及防护设施与机动车道相隔离,尽可能设置行人及自行车专用道(图5-33)。

(3)步行空间系统

·结合商业街区、广场、绿地设置步行区及步行街,并与机动车道两侧的天桥及地道等空中和地下步行道相联系,构成完整连续的步行空间系统(图5-34)。

·步行空间系统应与周边居住、商业及公交站点等交通设施紧密联系,建立完善的换乘系统和连续的步行体系,提供公共交通与自行车、步行等出行方式的便捷联系,确保步行空间方便可达。

(4)过街空间设置及分布

·根据道路两侧开发项目的用地性质、开发规模、使用活动强度、道路交通要求及交叉口分布特征确定人行横道、过街天桥、过街地道等行人过街空间的数量、规模及分布。

·过街空间位置应与主要人流来向一致,临近商业、学校建筑主要出入口及公交站点,连接人群主要集散地点。

·在商业街区等人流密集的区域中应适当增加沿道路过街空间分布数量,减小分布距离,避免过街路线过长、线路迂回造成行人随意过街,并设置天桥和地道等立体过街空间与机动车相互隔离(图5-35)。

(5)建筑场地出入口设置

·通过在场地内设置服务性便道等方式尽量减少在主要道路和步行街道上开设建筑场地机动车出入口。

·禁止在道路转弯、高差变化较大、道路交叉口等危险地点设置建筑场地机动车出入口。

·建筑场地和地下车库机动车出入口应与人行道等步行空间之间留设充足的缓冲空间,并确保相互之间的视线要求(图5-36)。

（6）公交站点分布

· 公交站点应避开车流繁忙的道路交叉口，站点分布应确保其在主要人群密集区域步行可达距离（通常为500—600 m）之内。

· 公交站点的位置和设计应最大限度地减少公交车、行驶车辆和上下车乘客之间的矛盾，必要时可采用局部弯道及加设公交车停靠车道与其他机动车道相分隔，形成港湾式停靠点，避免公交车停靠对其他机动车通行的不利影响。

· 公交站点应确保各个方向都具有良好视线，应设置于行人过街和道路路口之后，防止停靠公交车辆阻挡其他机动车驾驶员的视线。

3）微观策略

（1）人行道通行区域宽度

确保行人通行区域的宽度要求，在人流密集的商业街区、学校、影剧院等公共设施的人行道应进一步扩大通行区宽度。

（2）人行道的安全防护

应利用灯具、树木、花坛、座椅、围栏、桩柱等环境设施及路缘高差等要素形成人行道与机动车道之间的空间隔离，且应具有一定的高度、结构强度和抗撞击能力，分布间距不宜过大（通常不超过机动车宽度），应能有效阻挡机动车冲入人行道等步行及活动空间，增强人行道、道路中央安全岛、道路交叉口、道路转弯处等危险地带的安全性。

（3）行人过街空间设计

· 位置：人行横道应尽可能与机动车道垂直分布。在道路交叉口车辆转弯处、安全岛、道路分隔带等处，人行横道应退让相应距离。

· 宽度：人行横道宽度应满足相应过街人流数量及过街时间要求。

· 地面连接：人行横道与人行道通行区及安全岛宜以坡道连接不同高差，并不应具有障碍物，便于老人、儿童、使用轮椅的人使用（图5-37）。

· 局部拓展：通过人行道局部拓展和突出等平面变化，缩短过街距离及时间，减少行人与机动车的接触机会（图5-38）。

· 安全岛设置：对于路幅较宽、行人过街时间较长的道路，可通过设置安全岛等方式为行人过街提供中途等候区域，便于行人分段过街（图5-39）。

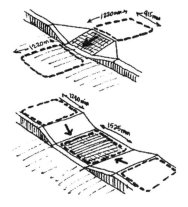

图5-37　人行横道与步行通行区之间的地面高差以坡道连接

图5-38　结合桩柱防护的人行道局部拓展

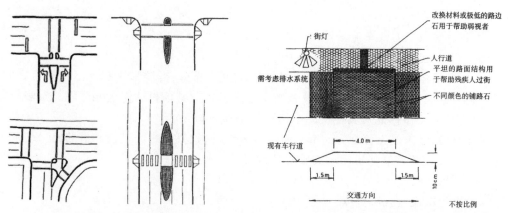

图 5 - 39　道路交叉口及道路中段的安全岛设置　　图 5 - 40　过街空间地面处理以提升可识别性

· 提升可识别性：通过划设人行横道线、适当增加地面高度、采用不同色彩的铺装材料，提高行人过街空间的视觉可识别性（图 5 - 40）。

· 视线确保：在人行横道、安全岛等过街空间周边相应范围内，应限制路边停车及邮箱、广告标识等实体性街道设施的设置，环境设施、绿化植栽的分布位置和高度应避免阻碍行人与机动车驾驶员之间的视线，当阻碍视线的街道设置或其他物体无法被移除的时候，可采用人行道局部拓展等手法，凸现过街空间。

· 照明：应加强道路转弯、道路交叉口及过街空间的照明，灯具的类型、光照强度、光线投射方向及位置分布应避免光线遮挡及眩光等不利情况。

· 过街标识及相关设施：人行横道等过街空间应当设置相应的道路标识和过街信号灯等设施。标识图示及文字信息应易于识别和理解，位置适当，不受植物或其他物体遮挡。过街信号灯控制按钮应易于辨识，高度应满足老人、儿童、使用轮椅的人的要求（通常不超过 1.2 m）（图 5 - 41，图 5 - 42）。

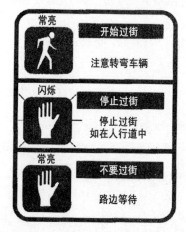

图 5 - 41　与标识结合的过街信号灯

图 5 - 42　由行人控制的过街信号灯

（4）道路形态变化及减速设施设置

· 与交通静化措施相结合，在临近过街空间和道路交叉口等危险地点的道路范围内，通过车道窄化、道路弯曲等局部道路形态变化，形成道路窄点、减速弯道，并设置路拱、减速带等减速装置和标识等设施，降低机动车行驶速度（图 5 - 43，图 5 - 44，图 5 - 45）。

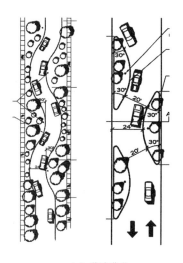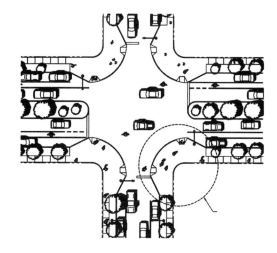

（a）道路曲化 　　　　　　　　　　（b）结合人行道拓展及局部车道窄点的道路交叉口处理

图 5 - 43　交通静化措施——道路曲化及窄点

（a）交通岛　　　　　　　　　　　　（b）局部的减速弯道

图 5 - 44　交通静化措施——交通岛和减速弯道

（a）圆顶路拱形成速度缓冲带　　　　　　（b）平顶路拱形成速度缓冲带

图 5 - 45　交通静化措施——路拱减速设施

·运用道路形态变化及设置减速设施等措施，应进行相应的道路交通影响评估，避免对道路交通的负面影响，通常运用于交通流量较小、行人流量较大的居住区、商业区及步行街区周边道路。

综上所述，针对城市日常生活中发生于公共开放空间中的跌倒事故、跌落及溺水事故、高空坠物事故和步行交通事故，基本的设计策略在于根据行为事故的构成要素、发生规律和空间要素对其的影响，通过对步行及公共活动空间环境的综合设计，消除和减少空间环境中的事故致害因素，加强空间防护，避免人等受害体与致害因素的接触，提高人等受害体对致害因素的辨识和应对能力,从而预防和减少事故的发生(表5-1)。

表5-1 公共开放空间行为安全设计策略

内容	层次重点	目 的 及 策 略			备 注
		消除减少致害因素	避免接触致害因素	提高对致害因素的辨识应对能力	
跌倒事故	微观——地段层次,重点在于步行通行区及老人、儿童活动场地等活动区域	· 地面采用防滑、弹性材料,平整密实,避免不必要和突然的高差变化,以台阶、坡道连接高差,进行防滑处理; · 移除实体障碍,管线设施地下铺设; · 环境设施构件边角柔化处理,选用弹性材料; · 确保排水及日照,铺设融雪设施,避免雨雪积聚; · 避免局部强风的不利影响	· 划分及分隔步行通行区、环境设施区、活动区和建筑临近区等区域; · 确保步行通行区、活动区及入口的宽度、规模及连续性,避免拥挤; · 环境及市政设施避免设于步行通行区及主要活动区内; · 建立全天候步行系统,遮蔽风、雨、雪; · 临近致害物设置防护设施	· 确保潜在致害物的视线可见性,避免植物、设施遮挡视线; · 提供适宜的照明,加强潜在致害物临近地点照明,避免光线遮挡、阴影及眩光; · 设置警示标识、利用材料色彩、质感变化提示潜在致害物	· 台阶、坡道等设计应满足相关规范要求; · 应进行无障碍通行设计,满足相关规范要求
跌落及溺水事故	微观——地段层次,重点在于临近深水及较大高差的区域	· 确保临近深水及较大高差的活动区域的宽度、规模,避免人群拥挤; · 减少不必要的较大的地面高差变化; · 减小不必要的水体深度	· 步行及活动区域与深水、高差较大处保持相应间距; · 结合绿化等景观设施形成空间隔离; · 设置连续、有效的栏杆等防护设施	在临近深水及较大高差的地点提供充分照明,设置警示标识	防护设施应满足相关规范要求
高空坠物事故	微观——地段层次,重点为上空具有实体设施和临近建构筑物的区域	· 移除上空及临近区域的环境设施、建筑构件及建筑摆放物等可能坠落的物体; · 加强环境设施和建筑构件等潜在坠落物的牢固性; · 防止局部强风吹落物体	· 步行及活动区域与上空的环境设施和临近的建构筑物(尤其是高层建筑)保持相应距离,提供安全间距; · 利用建筑处理、有顶廊道、树木等提供顶部防护	在具有潜在坠落物及事故易发地点设置警示标识	顶部防护设施材料、结构等应确保有效、安全
步行交通事故	宏观——城市总体层次,重点在于总体形态及道路布局	建立与公共交通+步行及自行车为主体的交通模式相适应的总体形态及道路布局,减少机动车数量	城市干道立体化和管道化	—	满足道路规划设计等相关规范要求

内容	层次重点	目　的　及　策　略			备　注
		消除减少致害因素	避免接触致害因素	提高对致害因素的辨识应对能力	
步行交通事故	中观——分区层次，重点在于分区形态、土地利用、道路系统、步行系统及过街空间设置	· 分区尺度控制在步行距离范围之内，土地利用适当混合，步行系统、功能分区、与公交站点等交通设施紧密联系，提升步行可达性； · 避免细碎的地块划分，减少建筑场地机动车出入口； · 建立有序的分级道路网络，车流量较大的道路外围分布，避免穿越内部及行人流量较大区域	· 道路两侧设置人行道，紧密联系步行街区，建立完整连续的步行网络，人车分离； · 过街空间连接人群主要集散地点和步行路线，避免数量过少和间距过大，便于行人过街； · 在人流及车流密集的道路及区域设置天桥、地道等立体过街空间	—	满足道路规划设计等相关规范要求
	微观——地段层次，重点在于局部道路环境及过街空间等事故高发地点	· 与交通静化措施相结合，通过局部道路形态变化和设置减速设施、交通标识等措施降低车速； · 建筑场地机动车出入口最少化	· 在步行空间与机动车道之间设置连续的街道设施、绿化及护栏等防护隔离设施； · 确保步行通行区、人行横道、公交站点、安全岛宽度及规模； · 人行横道分布及退让交叉口距离满足规范要求； · 通过人行道形态变化缩短过街距离，设置安全岛，便于行人分段过街； · 通过地面材质及高度变化提示过街空间； · 设置港湾式公交车及出租车停靠点，减少车辆之间及车辆与上下车乘客之间的矛盾和冲突	· 确保机动车道、公交站点与人行道、过街空间之间的视线可见，避免车辆、绿化、环境设施遮挡视线； · 确保建筑场地机动车出入口与步行空间之间的视线及缓冲距离； · 在过街空间设置警示标识、过街标识及信号灯等设施； · 提供适宜的道路照明，加强道路转弯、交叉口及过街空间的照明，避免光线遮挡及眩光	满足道路规划设计等相关规范要求

6

以公共开放空间为对象的防卫安全设计策略

6.1 公共开放空间犯罪防卫安全设计策略

6.1.1 空间要素对公共开放空间犯罪防卫安全的影响

1) 犯罪与空间环境的关系

任何犯罪行为都发生于一定的时空领域之中,犯罪行为的主体、客体、干预者及其所处空间环境的相互作用决定是否发生犯罪行为和犯罪行为的后果。根据环境心理学理论,人的行为选择是其主观意图和客观环境中的信息刺激相互作用的结果,因而空间环境对于犯罪行为实施者、受害者及干预者都具有一定的影响和制约作用。

从犯罪实施者角度,潜在的犯罪分子根据空间环境特征对其犯罪行为的回报、阻碍、被发现的风险、逃脱可能性等因素进行判断,从而决定是否实施犯罪,是具有一定程度的理性抉择过程。对于受害者,空间环境的影响主要在于能否使受害者及早察觉和预知可能遭受的攻击行为,判断其受到保护的程度,并采取相应的防范及应变措施。而从干预者的角度,其影响主要体现在空间环境是否便于干预者发现和阻止犯罪的发生和对受害者进行保护。

从犯罪行为的过程看,犯罪实施者首先对环境意象和空间特征进行判断,确定适宜的攻击目标,然后接近目标,由于目标本身的防卫能力较弱和有效干预力量的缺失,犯罪行为得以顺利实施。空间环境对犯罪分子的犯罪心理及行为选择具有重要影响,适宜目标的存在和利于犯罪的空间环境特征促使犯罪行为的发生,空间环境本身缺乏防卫安全性为犯罪行为的发生提供了机会(图 6-1)。

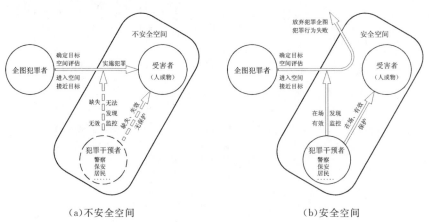

(a)不安全空间   (b)安全空间

图 6-1 犯罪发生与空间环境的关系

2）影响公共开放空间犯罪防卫安全性的空间特征

公共开放空间中人群众多，对于犯罪分子而言存在着大量的攻击目标。不同人群对于犯罪行为的警觉度和安全意识差异明显，而且当犯罪行为真正发生时，其应变及反抗能力一般较弱，犯罪行为即造成实质性的人身伤害及财产损失。因此，对于公共开放空间中的犯罪防卫着重预防。在这一意义上，空间环境对于犯罪防卫安全性的影响主要体现在其是否能够为受害者及干预者及时发现和应对犯罪分子的犯罪意图和犯罪行为提供物质保障，以威慑犯罪分子，提高犯罪难度，使犯罪分子放弃犯罪意图，避免犯罪行为的发生。影响公共开放空间犯罪防卫安全性的空间特征主要有：

（1）监控力量及视觉可见性

犯罪实施前的犯罪意图及实施中的犯罪行为是否易于被发现是犯罪实施者进行犯罪抉择的主要影响因素。适宜的监控力量对犯罪分子具有威慑作用，促使其放弃犯罪意图。监控力量主要包括自然监控和有组织监控。自然监控强调公共空间使用者之间的相互监视和相互保护，是公共开放空间中的主要监控力量。有组织监控主要依靠警察、保安及监控设备（图6-2）。与监控力量的防卫效果直接相关的空间特征是空间的视觉可见性，即公共开放空间整体及局部的视线范围及视线可及距离。视觉可见性较差的空间不仅利于犯罪分子隐藏和等候攻击目标，也大大降低犯罪行为被发现的可能，成为公共开放空间中的犯罪高发地点。

（a）活动人群之间的自然监控　　　　（b）安保人员　　　　（c）监控设备

图6-2　公共开放空间中的监控力量

（2）领域性及层次性

领域性是指空间使用者对于所处空间范围界限的感知。领域性与空间使用者的空间感知、行为、态度及特定社会文化价值密切相关，也是心理及实际安全性的前提。物质形态及心理认识上的领域性是人们界定空间、排除威胁、保护自身的基础。物质空间的领域性有助于明确空间的占有范围和空间权属，促使人们在他人侵入个人空间领域时及时察觉和采取相应的防卫措施。广场、绿地等公共开放空间内部也具有公共—半公共—相对私密性的空间层次，分别对应不同性质的空间领域和空间活动。明确的空间层次性有助于空间领域性的形成。

（3）可识别性

可识别性是人们认识和辨别空间环境的基础。混乱而缺乏个性的空间意象往往会造成人们在空间定位、定向上的困难，导致对环境的恐惧感和心理上的不安[1]。形态结构、环境意象清晰可辨和个性鲜明的公共空间利于使用者了解自己身处何地，继而选择适宜的活动方式、行进路线和活动区域，自觉进行正当行为，还便于其理解周围环境和进行空间定

_____

① 凯文·林奇.城市意象[M].方益萍,何晓军,译.北京:华夏出版社,2001:3-6.

图 6 - 3　具有标志性景观和可识别性的空间
提高使用者的环境掌控程度

位、定向，提高使用者对于公共空间的熟悉和掌控程度，增强使用者对于潜在的犯罪行为的识别、回避能力（图 6 - 3）。

（4）可达性

可达性是公共空间的本质属性，要求人们能够便利地到达和进入公共空间，影响公共空间使用活动的强度。一般情况下，容易接近、出入方便的公共空间能够吸引更多的使用人群，从而形成更多的自然监控和"街道眼"，利于对犯罪的防卫安全。

（5）归属感

归属感反映了居民和空间使用者认同、拥有相应空间的社会心理。归属感促使使用者对公共空间的管理维护承担某种程度的责任，当这种责任达到一定强度时，使用者自愿对所属空间中发生的犯罪行为进行干预，保护他人和物质财富免受攻击和破坏。空间归属的不确定易于造成空间权责的混乱，形成无人看管和监控的真空地带，滋生犯罪及不当行为。而归属感较强，则相应的责任明确，当自身所属空间领域受到威胁时，使用者自愿采取应对行动，发现及制止犯罪行为的几率大为增加。影响空间归属感的因素较为复杂，与当地社会环境中的人际关系、文化认同、经济条件等社会因素相关，而明确的空间领域性、层次性以及适宜的使用活动水平是形成归属感的重要条件。

（6）使用活动

城市公共开放空间的使用活动水平是空间活力的重要表征，与自然监控的数量和强度直接相关。适宜的使用活动可以增加场所中自然监控的机会。公共开放空间使用人群稀少，活动水平较低，自然监控缺乏，易于形成消极空间和引发犯罪行为，犯罪行为又会使空间吸引力进一步降低，造成恶性循环。使用强度过大、人群过于密集，也可能增加人员的匿名性和空间拥挤程度，从而增加犯罪行为（尤其是诸如偷窃钱包等特定类型犯罪）发生的机会。公共开放空间中的使用活动水平随时间变化而具有差异，商业办公区、城市新区及城市边缘地区等特定区域内的街道、广场等在夜间活动人群较少，往往是引发夜间犯罪行为的主要因素。此外，正常的使用活动受到限制，比如步行路线单一、可选择性差，也会促使必经道路等空间成为犯罪高发地点（图 6 - 4）。

（7）管理和维护

良好的管理和维护是公共空间环境品质的长期保障，也是提高防卫安全性的重要途径。空间场所中破旧的座椅、灯具等环境设施，随意洒落的垃圾，建构筑物上的乱涂乱画等不仅严重影响环境质量，制约使用者的使用活动，还向潜在罪犯表明空间日常管理和维护不足，促使其实施犯罪。而使用者、居民之间的自然监控和对公共开放空间的自觉维护，以及警察、保安、

图 6 - 4　人流稀少的街道成为
不安全空间

管理人员和监控设备、求救电话等安保技术设施的存在,不仅能够确保环境质量,亦对犯罪及破坏行为具有威慑和抑制作用(图6-5,图6-6)。

图6-5　杂乱的景象表明管理维护的缺失　　图6-6　安保设施表明犯罪干预力量的在场

具有充分的自然监控和视觉可见性、明确的领域层次、清晰的空间特征、便利可达、良好的归属感、适宜的使用活动、管理维护的空间利于对犯罪行为的预防。这些空间特征并不是孤立存在的,具有可达性和可识别性的公共开放空间能够增加使用人群及相应的自然监控,视觉可见性直接影响监控的范围和效果,领域性和归属感能够促使人们保护、救助正在受到犯罪侵害的他人,良好的管理和维护不仅保证空间环境具有长期的优良品质,吸引使用人群,也能够对犯罪分子发出警告信息,正是这些空间特征的相互作用影响犯罪分子的犯罪决意过程,也决定了公共开放空间犯罪防卫安全的品质(表6-1)。

表6-1　空间环境特征对犯罪机会抉择的影响

对　象	考　虑　要　素	利于犯罪的空间特征
犯罪行为实施者—— 潜在的罪犯	具有潜在的攻击目标,且目标易于接近	· 出入便利; · 具有隐藏空间
	犯罪行为被发现和阻断的可能性较小	· 监控力量不在场; · 视线可见性较差; · 具有隐藏空间; · 缺乏象征性及物质性障碍; · 缺乏管理及维护
	犯罪行为实施后是否易于逃脱	· 出入便利; · 逃脱路线可选择性
犯罪行为受害者—— 受到侵害的人或物	运动可选择性较差,易于罪犯预测受害者行动路线	· 行动路线可选择性较低; · 行动路线附近具有藏身空间
	能否降低或消除犯罪行为的效力	· 缺乏象征性及物质性障碍; · 缺乏缓冲空间
	是否便于求救	· 求救设施不足; · 监控力量不在场

对　　象	考　虑　要　素	利于犯罪的空间特征
犯罪行为干预者—— 愿意并有能力干预犯罪行为的人，包括居民、路人、警察或保安等	能否提供有效监控及保护	・自然监控力量不足； ・技术监控设备缺乏； ・视觉可见性较差，监控视线受限； ・缺乏管理及维护

3）空间要素对公共开放空间犯罪防卫安全性的影响

公共开放空间及其周边空间构成要素的组合关系与自然监视、视觉可见性、领域性、可识别性、归属感、使用活动水平等空间特征具有紧密联系，继而对公共开放空间犯罪防卫安全性产生影响。

（1）土地利用及功能布局

土地利用性质和功能布局模式与公共开放空间及其周边环境的交通流线组织、使用活动类型和强度、人群构成等因素密切相关，对公共开放空间的犯罪防卫安全性具有不同程度的影响。

工业、商业、居住、办公等不同土地使用功能的分区化布局是造成这些区域内的街道、广场等公共空间使用活动强度存在时空差异的主要原因。通常办公区白天车流、人流分布密集，而在夜间几乎无人使用，居住区则恰恰相反，导致相同区域中的公共开放空间在不同时段具有不同的防卫安全性。研究表明，综合的土地利用模式有助于增加复合性的活动和居民间的互助，提高犯罪分子被发现的风险，对预防和减少犯罪具有积极作用[①]。适度的功能混合能够提升街道、广场等公共空间中全天内不同时段的使用强度，促进不同使用人群的相互联系，确保自然监控力量的持续存在，利于犯罪预防（图 6 - 7）。但不合理的功能混合亦会导致不良后果。比如，城市居住区内的舞厅、酒吧等易引发犯罪的功能单元与居住、办公建筑的混杂就往往造成安全要求的矛盾。而且，超高强度的土地开发模式和过度的功能混合还会产生规模及尺度过大的城市街区，相应空间范围内人员混杂、秩序混乱，造成组织管理方面的障碍，加之公共空间的数量及分布不平衡，导致使用者之间的社会交往等公共活动不足，人际关系淡漠，无法形成社会心理认同和归属感。

图 6 - 7　底层商铺和住宅的功能混合使街道保持全时段的使用人流和自然监控力量

（2）公共开放空间结构及形态

公共开放空间的总体结构和形态布局与空间的可识别性、视觉可见性、可达性、使用活动水平等属性具有联系，从而间接影响公共开放空间的防卫安全性。

---

① 　Matthew Carmona，Tim Heath，Taner Oc，等. 城市设计的维度：公共场所——城市空间[M]. 冯江，袁粤，万谦，等译. 南京：江苏科学技术出版社，2005：176 - 179.

视觉感知是人们辨别、认知空间环境的基本方式。由街道、广场、绿地等构成的公共开放空间系统结构形态的清晰可辨,有助于提升空间环境的可识别性和便于活动人群的定向、定位。

在局部环境中,以主要街道联系广场、绿地的结构形态可以促进街道和广场、绿地之间的视线交流,这主要取决于街道与广场、绿地之间的距离和高差,当间距超过人的视线可及范围,或因地形、高差等因素遮挡视线,相互之间的视线穿透性差,相互监控大大减弱。在街道、广场、绿地内部,空间形状、比例、方向、高差等三维形态变化直接影响视野和视线可及范围。空间边界的曲折和地面高差变化均会使视线受到限制,还造成使用者无法预先看到行进路线前方的状况,产生视线死角和利于潜在罪犯藏身、等候受害者的空间(图6-8,图6-9)。

图6-8 过于曲折和复杂的巷道造成
视线遮挡及不利于定向

图6-9 地面高差的过大变化
造成视线遮挡

绿地、广场等公共开放空间的区位分布、与街道的关系、出入口位置以及自身形态特征均会对使用活动的性质及分布状况产生影响。运动、娱乐、休憩活动和随之引发的社会交往是公共开放空间中的主要活动,通常在步行尺度上展开。街道与绿地、广场等公共开放空间形态连续及其分布间距与步行尺度的适应性是确保可达性和适宜使用活动水平的前提。而连接公共开放空间的道路和出入口数量过少,或主要道路和出入口与人流来向相背,会使公共开放空间的可达性降低,减弱公众使用公共开放空间的意愿。正如怀特(Whyte)指出,使用活动水平较高、最具社交性的公共场所的位置最好处于繁忙的路线上,在物理上和视觉上都是可达的,而且应与人行道齐平或基本齐平。而与街道距离过大、显著抬高或降低造成的空间隔离将导致公共空间较少被利用[①](图6-10)。公共开放空间自身的形态特征会催生

图6-10 地面与人行道齐平的公共
开放空间吸引人群进入

---

① 转引自 Matthew Carmona,Tim Heath,Taner Oc,等.城市设计的维度:公共场所——城市空间[M].冯江,袁粤,万谦,等译.南京:江苏科学技术出版社,2005:164-165.

不同形式的使用活动。通常街道因长宽比较大而呈现为动态空间,活动方式以运动、穿越为主。相比之下,广场、绿地多为静态空间,行人的步行路线和休憩地点选择较多,更利于人们交往、观看,形成自然监控力量。但若广场、绿地中的道路及出入口过多,会使部分道路和出入口使用频率低下,提高安全管理的成本和难度,成为易于引发犯罪的"犯罪热点"。

（3）建筑布局

建筑布局与空间可识别性、空间定位、定向等有关,更为重要的是,合理的建筑布局、建筑立面设计和内部功能组织能够为公共开放空间提供自然监控的机会(图6-11)。一般情况下,建筑正面比背面、侧面具有更多的开窗;建筑低层空间,尤其是商业、餐饮等建筑底层常具有连续大面积开窗,内外视线较为开敞;而且,建筑主要出入口、走道、大厅、坡道使用频繁,人流较多,能够为临近的街道、停车场和广场提供自然监控。而建筑的组合布局及建筑形体处理不当易于在街道、广场周边形成视线死角及犯罪分子藏身空间。

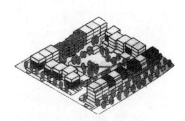

（a）高层建筑的独立布局弱化公共开放空间的领域性并不利于建筑对其的自然监控

（b）多层建筑周边式布局强化公共开放空间的领域性并利于建筑对其的自然监控

图6-11　建筑布局形态对公共开放空间领域性及自然监控的影响

（4）环境设施

公共开放空间中的座椅、标识、灯具、喷泉、绿化等环境设施为休息、交往活动提供舒适、便利的公共服务和物质保障,形象协调、类型完备、布局合理的环境设施有助于提升公共开放空间的可识别性,吸引人们的使用活动,增强场所认同感及自然监控力量。环境设施还是限定空间领域的物质要素,其管理与维护水平亦直接影响公众及犯罪分子对公共开放空间防卫安全品质的判断和认知(图6-12)。

图6-12　适宜的环境设施和良好的环境吸引活动人群和提供自然监控

a. 环境标识

环境标识能够提供使用活动和安全设施的相关信息。在公共开放空间出入口和行进路线变化处的道路设置指向标识可以防止使用者迷路,引导人们选择通向目标的正确路线,走向人流较多的活动区域和繁华街道等安全区域,避开背街、小巷等犯罪热点地区。指示说明标识可以标示出应急呼救电话、治安岗亭等安全设施的位置,使受害者在受到威胁时及时求救。

b. 灯具照明

充足的照明是公共开放空间夜间防卫安

全品质的重要保证。良好的照明不仅能够提供夜间活动所需的视觉可见性,吸引活动人群,提高自然监控水平,还利于受害者及早发现潜在的犯罪分子。而对于犯罪分子,良好的照明提高了其藏身、逃逸的难度,增加了犯罪行为实施过程中被发现的可能。

照明数量不足及位置不当是导致公共开放空间成为夜间犯罪滋生场所的重要原因(图6-13)。以往街道照明主要满足机动车的要求,缺乏对行人需求的全面考虑。广场及绿地内的照明设计过于强调其视觉美化作用和夜间景观的营造,照度不足,分布间距过大,并缺乏与绿化植栽的有效配合,造成光线遮挡及局部区域过暗,加之照明灯具损坏、被盗,维修、更换不及时等因素,无法满足犯罪防卫安全的要求。

图 6-13　缺乏照明的街道成为不安全空间

c. 绿化植栽

公共开放空间中的绿化能够限定空间领域,美化和改善空间质量,提高使用活动水平,但也会对犯罪防卫安全产生不利影响。高度在人眼高度范围之内的较为茂密的树冠阻碍人们的视线,在广场、绿地、街道内部及周边排列成行的树木若处理不当,会形成较长的视线障碍,在多排、成片分布时影响更大,严重影响公共开放空间内外之间的视觉可见性。而且,在临近街道、步行小径等步行空间的树冠过高的灌木及树林可能形成潜在的藏身空间,常会被犯罪分子利用(图6-14)。

(a)　　　　　　　　　　(b)　　　　　　　　　　(c)

(a)树木遮挡行进路线和利于罪犯藏身　(b)绿篱遮挡和阻碍建筑与街道的视线和自然监控
(c)适宜的绿化强化领域性和确保相邻空间之间的自然监控

图 6-14　绿化植栽对公共开放空间防卫安全性的影响

根据笔者对南京的鼓楼广场、北京东路和平公园、太平北路西侧沿街绿地和芜湖步行商业街、鸠兹广场等地的访谈和实地调查,公共开放空间犯罪防卫安全性与其空间环境特征具有紧密联系。

调查对象对南京鼓楼广场安全评价较高,其原因在于鼓楼广场三面紧邻道路,一面为南京电信营业厅和电信大楼,日常活动人群较多,且鼓楼广场规模不大,地面虽具有高差变化但仍能确保不同区域之间的视线穿透,而且夜间照明较好(图6-15)。

南京太平北路西侧沿街绿地安全评价也较好,原因在于沿太平北路人行道线性分布,宽度约在20 m左右,人行道与绿地之间的相互监视较好,而且周边大学学生及居住区居民在绿地内活动较多,但夜间照明有所欠缺,而且滨水空间部分与上部活动区域相互隔离,视线无法到达,是主要的不安全空间(图6-16)。

图6-15 南京鼓楼广场视线开敞

图6-16 南京太平北路沿街绿地相对隔离的滨水步道

图6-17 南京北京东路和平公园绿化遮挡人行道与公园的视线

南京北京东路的和平公园安全评价较差,主要原因在于周边树木较多,周边道路中的行人视线无法穿透公园内部,且公园内部夜间照明不足,局部地点过于黑暗,易于形成犯罪分子藏身空间(图6-17)。

调查对象认为芜湖鸠兹广场周边区域和主要活动广场较为安全,原因在于周边紧邻城市道路,人流较多,虽然局部地面略低于周边道路地面,但视线畅通。而主要广场地面高差略有变化,平面开阔,视线开敞。鸠兹广场环绕镜湖,规模较大,内部某些局部空间被民众认为较不安全。广场内的三处公厕、一处亭榭及亲水平台安全性较差,原因主要在于夜间照明缺乏、视线受阻及人群稀少。广场内一些小路位置偏僻,被树木遮挡,周边人群无法看到,还易于形成罪犯藏身空间,是最不安全的空间(图6-18)。

调查对象对芜湖步行商业街的安全评价总体较高,超过半数以上的调查对象认为夜间也比较安全,原因在于步行商业街内具有商店、影院、餐饮等多种功能业态,夜间公共活动基本可持续到10点左右。步行商业街位于城市中心,周边具有大量居住区,白天购物和夜间活动人群可形成持续人流,商业街内环境设施也较为齐全。大多数调查对象认为照明条件基本满意,能够达到安全要求。商业街主要呈带状走向,两侧建筑界面变化不大,

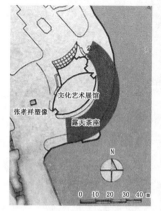

图6-18 芜湖鸠兹广场中的不安全空间

注:图中文化艺术馆西侧为主要道路和人流动线,东侧亲水平台及小路人流稀少,加之建筑遮挡和一面临湖,视线及自然监控无法确保而成为不安全空间

基本无视线死角和藏身空间。但调查对象亦有人认为商业街与西侧主要道路联系的巷道较不安全，原因在于人流稀少，照明缺乏，两侧建筑背面无法提供视线监控，巷道内具有视线死角和犯罪分子可藏身空间。此外，中心广场夜间缺乏照明，东侧停车场封闭及视线穿透性较差，也被列为较不安全的空间（图6-19）。

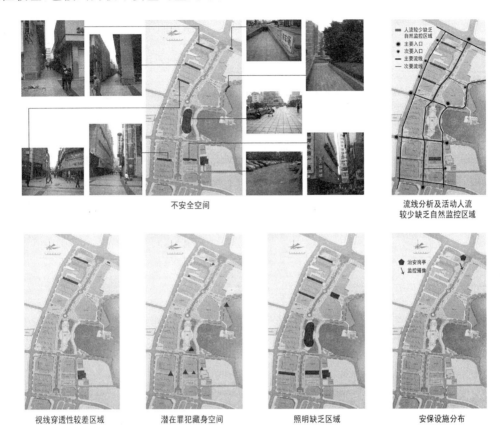

不安全空间

流线分析及活动人流较少缺乏自然监控区域

视线穿透性较差区域　　潜在罪犯藏身空间　　照明缺乏区域　　安保设施分布

图6-19　芜湖商业步行街犯罪防卫安全性调查及分析图

调查发现，在使用者对于公共开放空间的安全性评价中，以照明不足、人流稀少、视线不佳为导致其认为安全性较差的主要因素，分别占35%、27%、25%。相对偏僻、狭窄、封闭的背街和小巷，以及规模较大的公园、绿地内部相对封闭、黑暗、视线被遮挡和临近利于罪犯藏身地点的次要小路、休憩场所、亭榭、公共厕所等处是最不安全的空间，而建筑、墙体、绿化和地形均可能成为遮挡视线和易于形成罪犯藏身空间的空间要素（图6-20）。

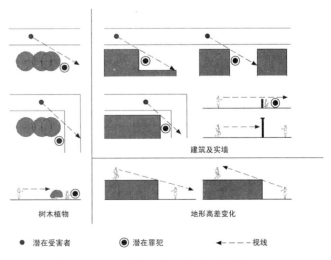

树木植物　　　　　地形高差变化

● 潜在受害者　　◎ 潜在罪犯　　◀---- 视线

图6-20　易于遮挡视线及形成罪犯藏身空间的主要空间要素

6.1.2 设计策略

针对公共开放空间犯罪的防卫安全设计策略旨在通过在城市总体、分区及地段各层面上的土地利用、公共开放空间结构形态、建筑布局、道路入口和环境设施的组织，使公共开放空间具有良好的监控力量、领域性、可识别性、可达性、使用活动水平、归属感和管理维护，强化犯罪干预力量，提高犯罪被发现的可能性，促使犯罪分子放弃犯罪意图，同时强化受害者环境掌控度，从而提升公共开放空间犯罪防卫安全品质。

1）宏观策略

·在城市区域范围内均衡布局各类性质的公共活动空间，并使其处于周边街区的步行可达距离之内，提供多样化的公园、绿地、广场等公共活动场所，丰富城市公共人文活动，以改善生活质量，促进社会交往及人际关系改善，提高城市居民总体凝聚力和责任感。

·结合城市道路交通及步行体系，建立适合于步行为主的公共活动的城市总体空间形态，促进城市中心区与其他分区之间的相互联系，并结合适度的土地混合利用，促进城市区域及各分区内的全天各个时段的公共活动。

2）中观策略

（1）分区结构形态

·按照城市整体空间结构及景观体系的原则，合理组织建筑、街道、广场、绿地等空间要素及视觉景观要素，提升分区环境可识别性。

·分区规模应适合于步行尺度要求（通常应以500—600 m为半径），并结合公共交通站点、商业、公共文化、公共设施、公共活动空间形成分区内公共活动中心，促进分区内日常活动，增强归属感及自然监控力量（图6-21）。

（2）土地利用

·通过对地块划分的深化和调整，对规模过大的地块进一步分解和细化，以使地块划分的模式利于建筑为公共开放空间提供自然监控并确保视觉可见性。

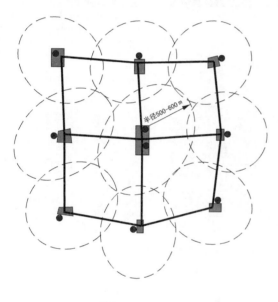

● 公共设施　　■ 公共活动空间　　—— 道路

图6-21　分区形态及公共活动空间布局

·通过对分区内用地性质及地块划分的调整，使居住、商业、办公及公共服务设施等不同土地利用及功能类型适度混合，促进分区各个区域内和区域之间的使用活动，并适当设置剧院、影院、饭店、美术馆和商店等功能类型，鼓励正当的夜间活动，提升街道、广场等公共开放空间从白天到夜间全时段的使用活动水平（图6-22）。

·在分区内多种土地用途适度混合的同时，应将酒吧、夜总会等易于诱发犯罪行为的特定功能单元相对独立设置和布局，并加强犯罪高发区域的安保力量及技术性监控力量。

·分区内易于成为犯罪目标的小卖部、便利店等小型商业设施应当紧邻主要街道、公

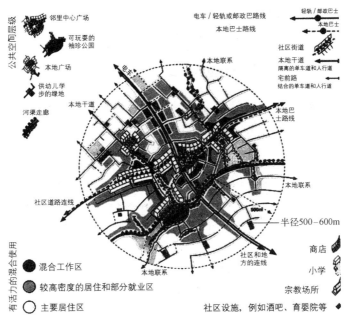

公共空间层级

邻里中心广场
可玩耍的袖珍公园
本地广场
供幼儿学步的绿地
河渠走廊

电车/轻轨或邮政巴士线
本地巴士路线

轻轨/邮政巴士
本地巴士

社区街道
本地干道
隔离的单车道和人行道
宅前路
结合的单车道和人行道

电车
本地联系
本地干道
本地巴士路线
本地联系
社区道路连线
半径500—600m
本地联系
社区和地方的连线

商店
小学
宗教场所

有活力的混合使用

● 混合工作区
◐ 较高密度的居住和部分就业区
○ 主要居住区

社区设施,例如酒吧、育婴院等 ◆

图 6-22 分区土地利用的适度混合

共活动空间等人流较多的活动区域,促进其与街道等公共开放空间相互之间的自然监控。

(3)公共开放空间形态布局

· 在分区中心设置较大规模的广场、绿地等公共开放空间,并确保处于分区内其他区域的步行可达范围(500—600 m)之内。

· 结合分区级公共活动中心,均衡分布街头绿地、广场和老人、儿童活动场地等不同规模及功能的公共开放空间,满足分区内不同区域及不同使用人群的多样化活动需求。

· 作为分区内主要公共活动空间的广场、绿地等开放空间应与主要道路紧密联系,形成主要道路+广场(及绿地)的网络化布局,形成明确清晰、富有秩序的分区内主要步行及公共活动的运动框架,结合步行道路、公交站点、停车场、自行车停放点设置,满足不同交通方式出行人群的要求,提升街道、广场、绿地等公共开放空间的可达性及使用活动水平,并使活动人群和机动车更多地聚集于主要空间(图6-23)。

· 广场、绿地、活动场地等公共开放空间应避免分布于相对封闭、人流稀少、视线监控不佳的建筑侧面、背面和临近背街、待建空地等易于引发犯罪的地点。

· 道路网络及公共开放空间网络分布密度不宜过小,避免分区内公共开放空间中使用人群和相应自然监控力量的过度分散。

· 广场、绿地、活动场地、停车场等公共开放空间应与道路、步行道和机动车道尽量处于同一

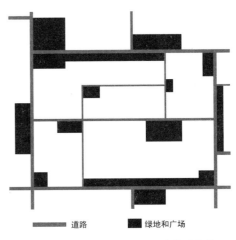

━━━ 道路　　■ 绿地和广场

图 6-23 道路+广场和绿地的网络化布局和清晰的运动框架

图 6-24　道路与广场和绿地地面高差基本齐平

地面标高,促进相互之间的自然监控(图 6-24)。

·　分区内主要道路应建立各功能单元之间、分区边界和中心之间的紧密联系,避免局部区域相对隔绝。

·　道路网络应提高步行便捷度和可达性,为步行者提供多种路线选择和适宜的步行空间,形态应尽可能简洁明确,避免过于复杂的道路网络导致分区形态渗透性过强、可识别性降低、定向及定位困难等不利影响。

·　尽量减少临近建筑背面及较高围墙等实体性要素的道路,在无法避免时应尽可能缩短道路的长度,并通过提高相邻建筑与道路之间的视觉可见性、设置监控设施、加强照明等方式提高其安全性。

(4)建筑布局及形体控制

·　街道、广场、绿地、停车场等公共开放空间周边的建筑应尽可能以正面面对公共开放空间,并调整侧面面对公共开放空间的建筑布局,使其沿公共开放空间边界排布,对内形成围合形态,为公共开放空间提供自然监控(图 6-25)。

·　位于公共开放空间周边的建筑,其内部空间功能安排应尽可能将商业店铺和建筑出入口、门厅、休息厅、餐厅等使用人群较多的主要活动空间设置于靠近公共开放空间一侧的建筑底层至三层范围之内,最大限度地为外部公共开放空间提供自然监控(图 6-26)。

·　公共开放空间周边的建筑立面应具有足够的开窗面积和数量,促进建筑与公共开放空间之间的相互监控。

·　紧邻街道、广场中主要活动区域的建筑界面应尽可能平整,减少过大的平面凸凹,以避免形成视线死角和罪犯藏身空间。

·　建筑布局应强化公共开放空间的空间围合及限定,提升标志性建筑的视觉形象特征,加强公共开放空间的领域感及可识别性。

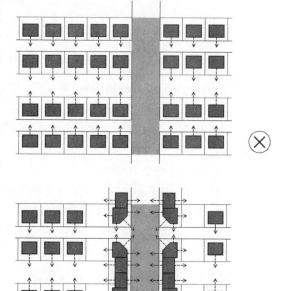

图 6-25　利于为公共空间提供自然监控的建筑布局

3)微观策略

微观策略主要在于公共开放空间自身的形态处理、出入口设置、内部活动区域划分及环境设施的组织等方面。

(1)公共开放空间形态及内部空间处理

·　广场、绿地等公共开放空间的平面形态及地面高度处理应确保其与周边建筑和街道之间、内部不同区域之间的监控视线要求,尽量扩大视线范围,避免过于狭长、曲折的平面和高差的突然变化造成视线遮挡。

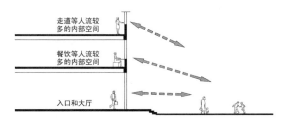

图 6 - 26　利于为公共开放空间提供自然监控的建筑内部功能组织

· 对于规模较大的广场、绿地等公共开放空间应结合功能、视线要求进行相应分区,加强各个区域的领域感及层次性,并确保相互之间的视线要求。主要活动区域及易于发生犯罪的儿童、老人活动场地应设置于视线可见度最好的地点,尽量位于周边建筑及街道视线可及范围之内,临近内部主要步道,并确保其周边视线开敞。

· 广场、绿地等公共开放空间比例尺度应满足行人及活动人群心理及各类活动的要求,在可能的情况下,街道步行通行区域应适当加宽,并结合喷泉、植物、座椅等环境设施美化环境,支持休憩、观赏、交谈等公共活动,以吸引更多的使用人群。

· 根据活动性质、空间规模和主要人流来向确定广场、绿地等公共开放空间的出入口数量,减少不必要的出入口,避免因出入口使用频率过低而引发犯罪。

· 广场、绿地、停车场等公共开放空间出入口应设置于主要道路、建筑出入口、公交站点附近等人流量较大和视觉可见性较好的地点,避免设置于人流较少的次要街道和建筑物背面等地点。

· 出入口应留设较大的缓冲区域,避免拥挤及视线遮挡,并确保与公共开放空间内部及外部的视觉可见性(图 6 - 27,图 6 - 28)。

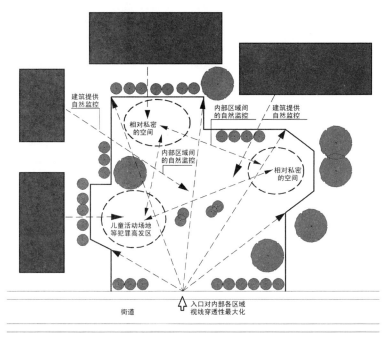

图 6 - 27　基于犯罪防卫安全的公共开放空间入口及内部区域设置和视线确保

· 广场、绿地中的步行小径应连接主要出入口和主要活动区域,避免将人流引向视线较差和使用活动较少的区域,并尽可能避免过于突然的形态变化和视域受限的尽端路

图 6-28 广场入口临近繁忙街道设置和确保
视线开敞以提高犯罪防卫安全性

数量。

· 街道、广场、绿地等公共开放空间中的小路、自动扶梯、室外楼梯等应紧邻主要活动区域和主要步行路线设置,其位置及外观应醒目。

· 道路形态应具有较长的视线、宽阔的视野和可识别性,以利于定位和定向,减少迷路的可能性。其形态不宜过于曲折,尤其应避免连续和突然的曲折变化。

· 尽量避免缺乏自然监控和过长的尽端路,在无法避免时应确保其长度不超过临近街道及建筑的视距要求。

· 步行系统应尽可能减少视线和监控较差的地道、人行天桥以及高架桥下的通道。无法避免时其形态应尽可能宽和短,从入口就应看到出口,同时应加强照明,设置指向标识、求救电话和监控设备。

(2)环境设施

a. 建筑小品及绿化植栽

建筑小品、植栽树木等尺度较大的环境设施的分布、高度及宽度应避免遮挡建筑与公共开放空间之间、公共开放空间内部不同区域之间的视线,同时避免对照明光线的遮挡。亭、廊等建筑小品应确保内外的视线开敞,低矮灌木树冠高度应低于 0.9 m,高大乔木树冠高度应高于 2.4 m。

b. 照明

· 在街道、广场、绿地、停车场等公共活动空间中应提供充足的照明,并合理确定灯具分布距离,使步行道、机动车道和公共活动开放空间内部不同区域具有一致、均匀的照度(表 6-2)。

表 6-2   不同功能类型空间要求的照明水平

	商　业	工　业	居　住
入口	10	5	5
公共空间	30	30	—
私密空间	20	20	20
自停车	1.0	1.0	1.0
代停车	2.0	2.0	2.0
人行道	0.9	0.6	0.2

注:照度单位为 lm

· 结合步行要求组合配置高、低光源,对灯具照明光束进行控制,尽量覆盖较大范围的水平区域,并避免眩光(图 6-29)。

· 在出入口等使用人群较多的区域、空间平面形态变化处,以及地下通道、天桥、扶梯、室外楼梯、坡道、小巷等易于引发犯罪的地点应重点加强局部照明。

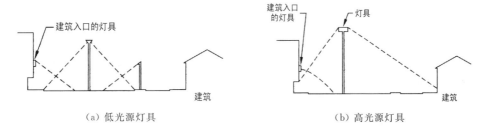

| （a）低光源灯具 | （b）高光源灯具 |

图 6-29　利于犯罪防卫安全的照明灯具设置

c. 标识

· 在街道、广场、绿地中应根据行人活动特征合理分布标识系统，在道路交叉口、主要行进路线发生改变处、出入口等地点应设置明确的指向标识（图 6-30）。

· 标识的高度及位置应与照明相结合，其色彩对比、字体符号及材料反光特性等具体设计应确保白天和夜间都清晰可见。

· 环境标识应明确传达周边重要建筑名称、所处位置、道路行进方向、入口、求救设施、应急服务、信息中心、卫生间、出租车和公交站点位置等内容（图 6-31）。

图 6-30　指向标识

图 6-31　表明求救电话的警示标识

d. 安保设施

· 在公共空间场所中，合理设置必要的机械装置或电子设备等安全保护设施将有助于减少犯罪发生。在犯罪高发地点，可设置闭路电视、监控摄像机等监控设施，其分布位置和高度应满足视线范围要求。

· 在主要出入口、活动区域和易于引发犯罪的地点设置治安警亭和求救电话等设施。

e. 其他环境设施

· 座椅、矮凳等设施应朝向主要活动区域和街道设置，以利于人群使用和自然监控（图 6-32）。

· 公共厕所、公用电话亭等易于引发犯罪的公共设施应避免设置于相对封闭、隔离的空间区域，应临近视野良好、人流较多的出入口、小路及活动区域设置。

(a) (b)

图 6－32 适宜的休憩活动设施吸引活动人群提供自然监控

· 在街道、广场等公共开放空间与建筑之间的栅栏、围墙等应空透，避免遮挡视线（图6－33）。

· 设置充足的垃圾箱等废物收集设施，避免环境脏乱。

各类环境设施的分布位置及详细设计应注重整体组织和相互配合，以利于强化公共开放空间及建筑场地的领域感、层次感，确保监控视线的可见性，从而提升公共开放空间犯罪防卫安全性（图6－34）。

图 6－33 空透围栏确保视线及自然监控

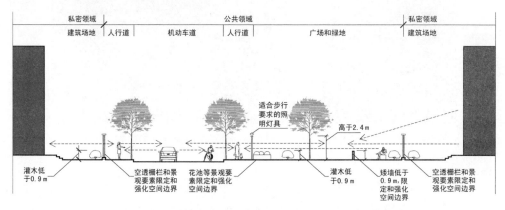

图 6－34 公共开放空间犯罪防卫安全性设计剖面示例

6.2 汽车炸弹恐怖袭击防卫安全设计策略

6.2.1 空间要素对汽车炸弹恐怖袭击防卫安全的影响

公共开放空间对汽车炸弹恐怖袭击具有预防、隔离、缓冲和避难职能。恐怖袭击与一般性犯罪具有类似的特点,通过空间形态及空间要素的组织,可以提高监控力量、控制机动车进入攻击区域,便于安保人员发现、侦测、阻止恐怖分子的攻击意图和行动,并在袭击后将其抓获,在一定程度上能够起到防卫效果。但恐怖袭击与一般犯罪行为也有所区别。汽车炸弹恐怖袭击以机动车为工具,机动性较强,即使被安保人员发现也难以及时和有效阻止,而且恐怖分子常以自杀式袭击攻击建筑等目标,基本不考虑自身是否被抓获的因素。因此,除出入口控制之外,CPTED的领域强化、自然监控、技术监控等策略对于汽车炸弹恐怖袭击防卫安全的作用较为有限。而且,出入口控制只能防止其进入建筑场地进行攻击,而恐怖分子也可以利用建筑周边的街道、公共停车场、步行广场等实施攻击。因此,只有对建筑周边外部公共开放空间综合考虑,发挥其对炸弹爆炸的缓冲隔离作用,结合建筑场地入口控制等途径,才能有效防止汽车炸弹恐怖袭击导致建筑、人员的实质性伤害,以下主要从这一角度加以论述。

1) 土地利用及功能布局

土地利用和功能布局决定相应城市区域及地块的基本功能类型。政府、办公、商业、金融、会展、交通设施等是恐怖袭击的主要目标,具有相应功能的地块受到攻击的风险较高。由于恐怖袭击具有一定的影响范围,因而地块周边区域的风险亦相应提高。而且,土地利用强度越高,建筑、人口、公共设施及物质财产越为集中,遭受恐怖袭击的可能性及其危害程度也越大。分区及城市总体层面的土地利用类型及分布将决定易受攻击的建筑、设施等的分布密度,从而影响城市不同区域的整体风险水平。

2) 建筑布局

一定空间范围内,高密度的集中式建筑布局使功能和人群集聚,易受攻击的目标集中,同时建筑之间的间距有限,爆炸的直接危害及火灾、建筑物倒塌造成的间接危害等风险较高。"9·11事件"中世贸中心两幢大楼受到袭击倒塌,最终导致连同周边共七幢建筑一同损毁,世贸中心及其相邻区域内高层建筑距离过近是主要原因①。但建筑集中布局能够使建筑群体周边具有防控作用的公共开放空间的规模和数量相应增加,有利于扩大安全间距。与之相对应,低密度的分散式建筑布局使风险较高的目标分散各处,有助于防止危害蔓延,但却不利于在建筑外部形成具有防护作用的公共开放空间。在局部环境中,建筑与公共开放空间的布局决定建筑周边机动车道、停车场与建筑之间的间距、需要监控的出入口数量和需要防护的周边总体长度。

3) 缓冲隔离公共开放空间形态及布局

(1) 地面高度变化

建筑周边的广场、绿地等开放空间的地面往往因地形、景观等因素而具有高度变化,适当的高差能够阻挡汽车穿越,使其远离建筑等攻击目标。

(2) 宽度

公共开放空间必须具有一定的宽度,才能使建筑与汽车炸弹之间保持足够的安全缓冲距离,有效减轻爆炸释放能量的破坏力。应当注意的是,这里的宽度是指受攻击目标与爆炸物之间的实际距离,通常为建筑边界到相邻机动车道及停车场边界之间的总距离,以路边停车汽车炸弹恐怖袭击为例,其安全缓冲距离为建筑场地内空地与街道中的人行道宽度的总和(图6-35)。

---

① 张庭伟. 恐怖分子袭击后的美国规划建筑界[J]. 城市规划汇刊,2002(1):37-39.

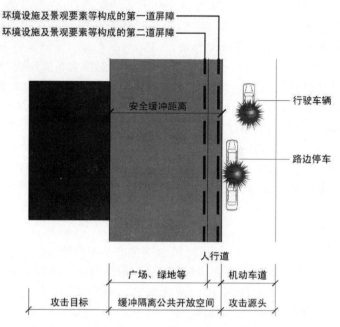

图 6 – 35　汽车炸弹恐怖袭击的缓冲隔离公共开放空间宽度及构成

　　安全缓冲距离的大小与汽车携带爆炸物当量及建筑等攻击目标的设防要求密切相关。通常，一辆轿车或轻型卡车可以携带 500 lb(约合 226.8 kg)TNT 炸弹，为防止建筑混凝土柱发生结构性破坏、避免建筑倒塌，安全缓冲距离应大于 9.14 m(30 ft)，为防止墙体破碎物对建筑内部和外部空间中的人造成致命性伤害，安全缓冲距离应大于 45.72—76.20 m(150—250 ft)，若建筑设防要求较高，或是考虑爆炸后玻璃破碎物的伤害，安全缓冲距离应进一步扩大。一辆重型卡车可以装运 5 000 lb(约合 2 268 kg)TNT 炸弹，对安全缓冲距离的要求更高，仅为防止墙体破碎物造成建筑内部和外部空间中的人的致命性伤害，其安全缓冲距离就应大于 18.28 m[①](图 6 – 36)。

　　(3) 层次性

　　在建筑周边，建筑场地内外的绿地、广场、人行道的空间与地面高度变化、防护设施结合，能够形成多层次的缓冲隔离空间，增强对汽车穿越的阻挡能力，扩大建筑等攻击目标与携弹汽车之间的间距。

　　(4) 布局

　　作为建筑等攻击目标与汽车炸弹之间的间隔区域，建筑周边缓冲隔离公共开放空间的连续性及其对建筑的围合度决定建筑的受保护程度，缓冲隔离公共开放空间连续分布于建筑周边才能为其提供完整、有效的安全防护。

　　4) 道路、停车场及场地出入口

　　机动车道、路边停车及停车场是汽车炸弹袭击的主要空间源头。道路中的人行道是缓冲隔离开放空间的组成部分。出入口是防止恐怖分子进入建筑场地的关键控制地点，其形

---

　　①　FEMA. Site and Urban Design for Security：Guidance Against Potential Terrorist Attacks[EB/OL]. (2007 – 12)[2008 – 06 – 07] http://www. fema. gov/library/viewRecord. do? id＝3135.

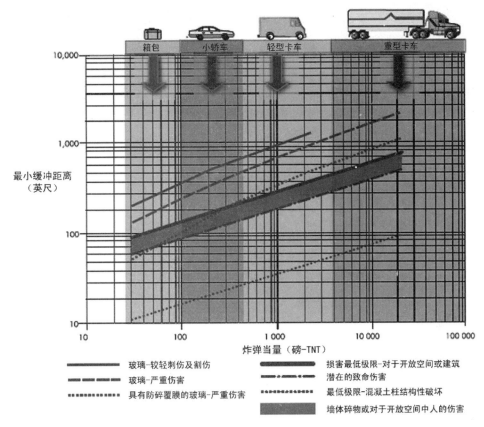

图 6-36　汽车炸弹爆炸的破坏程度与公共开放空间缓冲距离的关系

态特征及布局对汽车的行驶速度、方向和进入攻击区域的可能性具有影响。

通常情况下，直线型道路比曲线型道路更利于机动车获得更高的车速。在等级较高、宽度较大的道路中，携弹汽车能够获得较快车速，若道路垂直于建筑等攻击目标，车辆加速距离长，更易于车辆提速，利于携弹汽车穿越防护屏障而接近攻击目标。此外在建筑及攻击目标周边的路边停车位、地面停车场和地下停车场都可能成为攻击源头。相比供内部人员使用的停车场，供外来人员、来访者使用的停车场被恐怖分子利用的可能性较大。接近建筑等攻击目标的停车场和出入口数量过多，会增加安全管理及监控的难度，为恐怖袭击提供便利。

5）环境设施

从防止携弹汽车接近攻击目标的角度，实体性的围墙和路障具有较强的防护作用，但不论是在建筑还是公共开放空间周边，其封闭特征易于形成空间隔离，不仅易于加剧对恐怖袭击的社会心理恐慌，还造成步行等公共活动的不便和视觉景观品质的降低（图 6-37）。座椅、矮墙、矮柱、护栏、花池、树木植栽、水体景观、照明灯具、邮箱、公交车站、电话亭、垃圾箱等环境设施是城市街道、广场等开放空间中广泛分布的实体性要素，通过工程结构技术措施和控制形状、高度、材料等要素对其改进和强化，可以提高其抗击机动车冲撞的防护能力，其在建筑等攻击目标周边的连续分布和适当组合，能够在提升环境美学、活动品质的同时形成防护屏障，阻挡携弹汽车穿越安全缓冲区而进入攻击区域（图 6-38，图 6-39）。

图 6-37　混凝土路障对步行活动和
视觉景观产生不利影响

图 6-38　具有防护作用的围栏

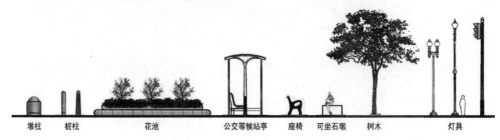

墩柱　　桩柱　　　　　花池　　　　　　公交等候站亭　　座椅　　可坐石墩　树木　　　　　灯具

图 6-39　公共开放空间中经过强化可用于防护屏障的主要环境设施

6.2.2　设计策略

汽车炸弹恐怖袭击主要以具体的建筑为攻击目标,通常发生于局部空间范围内,因而其设计策略主要从中观——分区层次及微观——地段层次展开,重点在于根据分区、地段及建筑等遭受攻击的风险水平,消除可能被恐怖分子利用的机动车道、停车场和停车位,并充分发挥公共开放空间的缓冲、隔离作用,使携弹汽车远离攻击目标,降低汽车炸弹爆炸产生的破坏和危害,保护建筑等潜在攻击目标。

1）道路、停车及出入口设计

·交通流量较大、车速较快的干道和支路应分布于高风险建筑和区域的外围,尽量避免其进入高风险区域内部,高风险建筑及区域宜通过道路、停车及步行系统布局形成外围机动车道路、停车、出入口＋内部步行系统的交通模式。

·临近高风险建筑等攻击目标的机动车道应通过适当减小转弯半径、局部采取曲线形态和结合交通静化措施,降低机动车车速,避免垂直于高风险建筑等攻击目标的直进道路。

·设置分区及场地内集中停车场,减少停车场数量,并尽可能分布于高风险建筑及区域外围。

·分区及建筑场地内机动车道、停车场、路边停车设置于建筑等攻击目标周边缓冲隔离公共开放空间之外,并满足安全缓冲距离要求。在安全缓冲距离不足时,可根据交通影响评价,通过减小相应机动车道宽度增加安全缓冲区距离,或对相应机动车道进行交通管制,以及取消、清除相应机动车道、停车场、路边停车。

·控制高风险建筑及区域周边机动车出入口的数量,减少不必要的出入口。

·高风险建筑及区域的场地出入口应尽可能外围分布,与高风险建筑等目标的间距满足安全缓冲距离的要求。

· 高风险建筑及区域的场地出入口及地下停车出入口应设置门卫、哨卡等安检设施，并结合可移动桩柱、门挡等实体障碍加强出入口控制，以阻止机动车强行冲入接近攻击目标(图 6 - 40)。

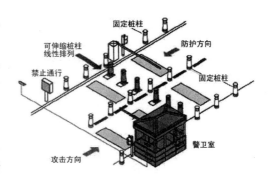

2）公共开放空间布局及形态

· 利用分区及场地内广场、绿地、水体、人行道等空间，在高风险建筑及区域等攻击目标周边与道路、停车之间设置连续、多层次的缓冲隔离公共开放空间，形成高风险攻击目标周边的外围防护。

· 确保缓冲隔离公共开放空间的宽度满足安全缓冲距离要求(表 6 - 3)，风险较高、人群密集的建筑等攻击目标周边应适当提高缓冲隔离公共开放空间的宽度。安全缓冲距离要求通常根据汽车可能携带爆炸物的当量和建筑等攻击目标的设防要求确定，其最低限度应能够有效防止建筑混凝土柱等构件发生结构性破坏，避免建筑倒塌。对应一辆轿车

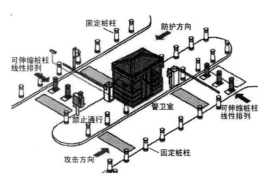

图 6 - 40 高风险建筑区域出入口控制示意图

或轻型卡车实施的汽车炸弹恐怖袭击，安全缓冲距离应不小于 9.14 m。对应一辆重型卡车实施的汽车炸弹恐怖袭击，安全缓冲距离应不小于 18.28 m。

表 6 - 3 针对汽车炸弹恐怖袭击的缓冲隔离公共开放空间宽度及安全缓冲距离要求

对于伤害及破坏的设防程度	缓冲隔离公共开放空间宽度及安全缓冲距离	
	500 lb(约 226.8 kg)TNT 炸弹(一辆轿车或轻型卡车携弹量)	5 000 lb(约 2 268 kg)TNT 炸弹(一辆重型卡车携弹量)
避免混凝土柱结构性破坏	9.14 m(30 ft)	18.28 m(60 ft)
避免潜在的致命伤害	45.72 m(150 ft)	106.68 m(350 ft)
避免来自于墙体碎物或对于开放空间中人的伤害	45.72—76.20 m(150—250 ft)	106.68—152.40 m(350—500 ft)
避免严重的玻璃伤害(具有防护覆膜的玻璃)	76.20 m(250 ft)	182.88 m(600 ft)
避免严重的玻璃伤害(无防护的玻璃)	152.40 m(500 ft)	＞304.8 m(1000 ft)
避免较小的刺伤及割伤	243.84 m(800 ft)	＞3 048 m(1 000 ft)

· 缓冲隔离公共开放空间内部及周边应利用具有防护作用的环境设施、地形及景观处理形成多层次的防护屏障,阻止携弹汽车强行穿越缓冲隔离空间进入攻击区域(图6-41,图6-42)。

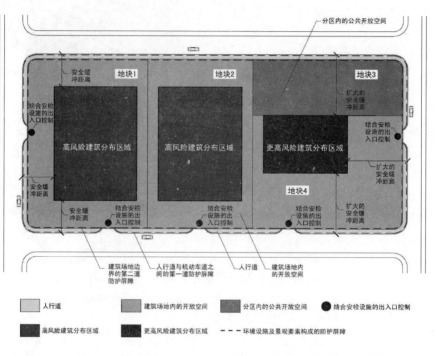

图6-41 汽车炸弹恐怖袭击防卫安全设计分区公共开放空间与建筑布局

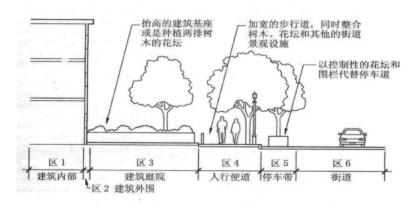

图6-42 针对汽车炸弹恐怖袭击的街道设计剖面示例

3)建筑布局

· 根据土地利用、功能类型、使用情况及攻击风险确定分区及建筑场地内建筑布局,易受攻击的高风险建筑应独立设置,尽量远离其他建筑、道路和停车场,风险相对较低的建筑应分布于外围,相对临近道路及停车场。

· 建筑布局及密度分布应确保高风险建筑等攻击目标周边具有有效的缓冲隔离空间。用地紧张时建筑宜适当集中,用地充裕时可适当分散。

· 高风险建筑退让道路及停车的距离应满足安全缓冲距离要求(图6-43)。

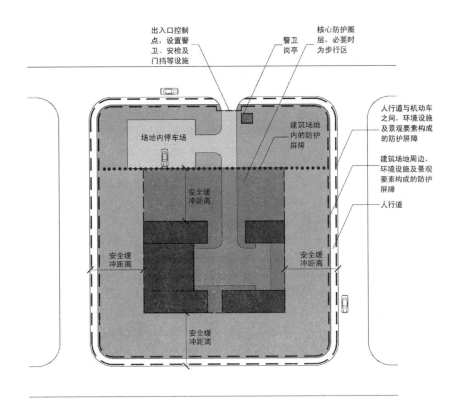

图 6 - 43　汽车炸弹恐怖袭击防卫安全设计的建筑场地开放空间及建筑布局

4）环境设施及景观处理

·在高风险建筑等攻击目标周边的缓冲隔离开放空间设置座椅、矮墙、矮柱、护栏、花池、树木植栽、水体景观、照明灯具、邮箱、公交车站、电话亭、垃圾箱等具有安全防护作用的环境设施，并结合台地、坡地等地形处理，形成建筑周边的防护屏障，阻挡携弹汽车接近攻击目标（图 6 - 44，图 6 - 45，图 6 - 46）。

（a）抬高的花坛　　　　　（b）桩柱　　　　　（c）座椅

图 6 - 44　环境设施的连续分布形成防护屏障

·根据安全缓冲距离要求，合理确定防护屏障的位置。在安全缓冲距离不足时，应设置于机动车道及停车边界，在安全缓冲距离较为充足时，可设置于缓冲隔离公共开放空间内部。

（a）树木、围栏、座椅和花池的组合

（b）座椅、树木和桩柱的组合

（c）树木、围栏、座椅与出租车
等候站点的组合

图 6-45　环境设施的组合形成防护屏障

（a）绿化及矮墙

（b）与台阶结合的水体

（c）与花坛结合的雕塑小品

图 6-46　景观处理形成防护屏障

·环境设施、景观设施、地形处理的形状、高度、材料、结构，以及树木的树种、树干尺寸应确保自身具有足够的强度，其分布间距及密度应确保抗击机动车冲撞的有效性，阻挡携弹汽车进入攻击区域（图 6-47）。

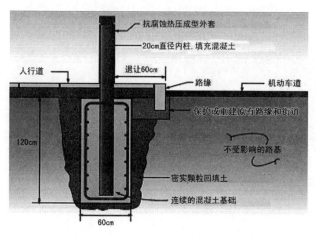
（a）桩柱

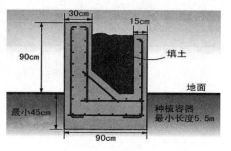
（b）花池和植物种植容器

图 6-47　环境设施的强化和抗冲撞设计示例

6.3 相关案例评介

6.3.1 英国纽卡斯特尔城市中心区公共开放空间犯罪防卫安全设计

1）项目背景

纽卡斯特尔城市中心（Newcastle City Centre）占地近 10 ha，历史文化内涵丰富，景观环境优美，商业、购物活动繁荣，是城市中心商业区的典型代表。区内大部分建筑和街道具有维多利亚时期的艺术风格，艾而东（Eldon）购物广场是英国规模最大的城市中心区购物中心。

纽卡斯特尔的城市结构形态及总体空间环境极富活力，是城市居民具有较强安全感的物质基础。历史上的改造和重建对旧建筑进行了修缮，恢复了建筑门窗、立面的原有形式和比例，对建筑外立面进行清洗，清除与环境特征不协调的店面招牌，以提升空间的视觉品质，而且还对街道等公共空间进行整治，提供良好的地面铺装和照明，并设置较为先进的闭路电视监控设备，在改善空间环境品质、促进公共活动、重新唤起市民对生活环境的自豪感和归属感的同时，也为创造利于预防犯罪的空间环境提供了基础。中心区内街道笔直，沿街建筑立面凸凹较少，平整划一，对视线遮挡较少，利于监控设备发挥作用，同时也提升了空间的可识别性，并通过在局部区域中建立步行区和限制公共巴士之外的车辆进入，使公共步行活动更为便利。

但是，在中心区内，流浪者、街头不法商贩、酒后滋事、足球流氓和球迷之间的斗殴等犯罪行为和反社会行为也时有发生，备受人们的关注。针对犯罪引发的问题，从 1990 年代开始，纽卡斯特尔城市委员会一直致力于通过空间环境设计预防和减少犯罪，提升中心区的安全品质。

2）设计要点

设计主要通过恢复和协调历史文化要素、改善街道等公共空间的环境品质、促进城市中心区内全天内不同时段的使用活动等方式，增强自然监控等干预力量，预防和减少犯罪的发生。主要的设计构思包括：

- 修复原有建筑立面。
- 在商店的上部楼层引入居住空间。
- 在特定街道强调步行优先权，形成步行街。
- 以花岗岩重新铺设步行空间地面，以及对其他地面铺装加以改善和重新设计。
- 改善街道照明灯具，以满足犯罪防控要求。
- 清除和改善混乱的环境，比如街道噪音和多余的灯杆、标识等。
- 对闭路电视监控设备进行升级，并由警方和工作人员 24 小时监控。
- 持续的清洁和维护，提升长期的环境质量。
- 加强公共空间和领域的投入，进一步提升步行优先性。

3）其他措施

为了确保设计策略的有效性和适宜性，每个月都会召开一次座谈会，由当地居民、业主、规划设计人员、规划委员会、警察等相关人员共同参与，专门讨论涉及公共和个人利益的中心区内犯罪的数量、犯罪高发地点等问题。此外还采取了其他的安全管理措施，比如禁止经常在此活动的犯罪分子进入某些商店,为中心区内170家公司配备能够和警方直接联系的无线电设备等(图6-48)。

（a）总平面图

（b）通过特定的措施来维护安全,比如设置室外咖啡座,以创造街道眼和加强自然监控

（c）混合功能开发:住宅、工作室、办公和娱乐的适度混合加强归属感,提供全天候的自然监控力量

图6-48 纽卡斯特尔城市中心区总平面及犯罪防卫安全设计措施示例

4）成效

通过物质空间环境的设计,纽卡斯特尔城市中心区在功能布局、视觉品质、步行活动、夜间照明、视线监控等方面得到较大改善,也丰富了中心区内的公共活动,提升了使用活动水平。在白天,中心区是一个极富吸引力的商业购物区,具有大量购物、休闲的人流;在夜间,由于饭店、酒吧、居住等功能类型的设置和引入,该区域内也同样保持了一定的人流及活动水平,并进一步增强了在中心区内居住、工作的人群的归属感。这些因素的综合作用使纽卡斯特尔中心区成为当地警方和居民心目中的安全环境。据犯罪统计资料显示,仅在2001—2004年间,该区域内的总体犯罪率就下降了25%,其中抢劫下降了48%,商店偷窃下降了23%,入室行窃下降了19%,涉毒犯罪下降了10%[1]。

6.3.2 美国首都城市设计与安全规划的汽车炸弹恐怖袭击防卫安全设计

1）项目背景

美国首都华盛顿是美国的政治中心和历史文化象征,其核心区域不仅包括白宫、国会大厦、华盛顿纪念碑、林肯纪念堂和杰斐逊纪念堂等重要建筑,还具有众多环境优美、历史内涵丰富、极具吸引力的广场、街道、绿地公园等公共开放空间,不仅丰富了当地居民的城市生活,也吸引了全球及美国国内的众多游客。

---

① Office of the Deputy Prime Minister, Llewelyn Davies, Holden McAllister Partnership. Safer Places: the Planning System and Crime Prevention[M/OL]. Queen's Printer and Controller of Her Majesty's Stationery Office,2004 [2006-10-08] http://www.securedbydesign.com/pdfs/safer_places.pdf.

在 1995 年 4 月 19 日俄克拉荷马联邦办公大楼汽车炸弹爆炸案后，出于安全考虑，华盛顿核心区采取了一系列针对汽车炸弹恐怖袭击的防卫措施，包括在高风险建筑等目标周边的道路中设置临时路障和实行交通管制，以及在建筑周边设置防护性障碍物和增设警亭。这些措施在提供安全保障的同时也产生了一定的负面影响。一方面，随处可见的警卫和防护性障碍物向公众传达了过多的危险信息，引起公众对恐怖袭击的过度恐惧和不安全感。另一方面，混凝土临时路障、封闭街道和机动车管制措施阻断了街道中的机动车交通和步行交通，不同程度地降低了公共空间的开放性和可达性，其外观形象也破坏了当地的视觉景观和历史文化特征。

为了应对汽车炸弹恐怖袭击的威胁，消除安全防卫措施的负面影响，在满足安全要求的同时保护和优化华盛顿核心区特有的环境特征和公共活动，美国首都规划委员会以华盛顿纪念性公共核心区为主要范围，展开了对城市规划设计新策略的探索。2002 年，在众多美国著名的景观建筑师、城市设计人员和安全顾问等多学科专家的协作下，完成了"美国首都城市设计与安全规划"（The National Capital Urban Design and Security Plan）的研究工作，并先后付诸实施。

2）项目设计范围

设计以华盛顿纪念性公共核心区为研究范围，根据政治意义、历史价值、环境特征及其在城市中的定位，共分为三种类型的区域：

·历史文脉区域（Contextual Areas）：包括联邦三角区（Federal Triangle）、国家广场区（National Mall）、西端区（West End）、西南联邦中心区（Southwest Federal Center）、商业中心区（Downtown），体现了华盛顿核心区独特的政治、历史价值和地位。

·纪念性街道（Monumental Streets）：包括白宫前的宾西法尼亚大道（ Pennsylvania Avenue in front of the White House）、在白宫和国会大厦之间的宾西法尼亚大道（Pennsylvania Avenue between the White House and the Capitol）、宪法大道（Constitution Avenue）、独立大道（Independence Avenue）和马里兰林荫大道（Maryland Avenue），是核心区中最重要的礼仪性道路。

·纪念馆区（Memorials）：包括华盛顿纪念碑（Washington Monument）、林肯纪念堂（Lincoln Memorial）和杰斐逊纪念堂（Jefferson Memorial），是美国的重要象征标志（图6－49）。

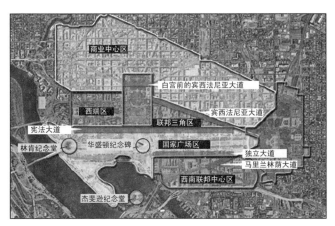

图 6－49　美国首都城市设计与安全规划的设计范围

6　以公共开放空间为对象的防卫安全设计策略

3）设计目标

规划设计的总体目标包括：

· 平衡高风险建筑的安全要求和保持公共空间活力的要求。

· 以街道等公共空间景观美化和环境品质改善为前提，确保高风险建筑周边安全。

· 提供安全性的同时避免造成视觉景观的单调、杂乱。

· 景观要素和安全设施的设计注重连续性，不仅满足特定建筑的安全要求，更注重整体的安全要求，并利于区域整体形成连续、优美的城市景观。

· 提供建筑周边安全设计措施，并避免对步行及机动车交通、环境历史特征、景观特征、城市商业活动、公共空间活力等产生不利影响。

· 安全设计措施应确保高效、成本低廉，并具有实施可行性。

4）总体设计

规划设计针对汽车炸弹恐怖袭击的特点，根据各区域内建构筑物可能遭受恐怖袭击的风险水平，结合城市设计的具体要求，主要通过对建筑、道路及环境设施的布局调整和设计，提供高风险建筑周边安全，扩大汽车与高风险建筑目标的间距，防止汽车接近建筑目标。基本的设计构思包括：

（1）建立安全缓冲区

通过对建筑庭院和人行道的组织，在建筑周边与机动车道、路边停车之间建立安全缓冲区，并根据安全缓冲距离的要求确定安全防护设施的具体位置，尽量增大安全缓冲区距离。

（2）设置安全防护设施

对邮箱、街道灯具、矮墙、植物种植容器、栅栏、座椅、桩柱、墩柱等街道设施进行重点设计，主要措施包括强化其结构强度及抗冲撞能力，采取适宜的高度、形式、间距，分布于建筑与机动车道（及路边停车）之间、安全缓冲区内部或边界的适当位置，以在建筑周边形成安全防护屏障，防止汽车接近建筑等攻击目标，并使其外观与周边建筑风格、历史文脉、场所氛围等特征相协调。

（3）调整和处理路边车道及停车

路边车道及停车是携弹汽车接近建筑目标的主要空间。在西南联邦中心区、第10街、紧邻司法部的街道以及国务院周围等区域中，由于安全缓冲距离不足或位于安全风险最高的建筑周边等因素，路边车道和路边停车被取消。在特定环境中，规划设计还调整原有路边车道，辟设专用通道，并对车辆进行有效监管。此外，还对临近建筑出入口的停车进行了安全评估，并采取了相应的防范措施。由于调整、取消路边车道及路边停车可能会对日常交通造成不利影响，甚至干扰应急反应和疏散能力，因而设计中还进行了详尽的交通分析，评估安全设计措施对交通和停车的影响，以确保其适宜性和可行性。

5）典型分区详细设计——西端区

（1）环境特征

西端区位于白宫西侧，是由东面的第17街、南面的宪法大道、西面的第23街和北面的E街围合而成的矩形区域，内部分布美国国务院、内政部、杜鲁门大楼等联邦政府和各种机构的办公建筑。区域内的这些建筑和公共空间与历史上许多事件和运动具有联系，大多具有包扎艺术风格和新古典主义风格。

在西端区中，沿宪法大道分布的建筑与街道间距较大，易于满足安全缓冲区的宽度要求，其余大部分建筑与街道之间的间距较小，局部地段人行道过窄，为安全设计造成限制和困难。而且,西端区内不同地段的安全风险和相应的安全要求不同,也进一步增加安全设计的复杂性。大多数的南北向街道是西端区中的主要道路,其中第18街、第19街和第23街还是城市交通干道,东西向街道主要服务于西端区自身的交通(图6-50)。

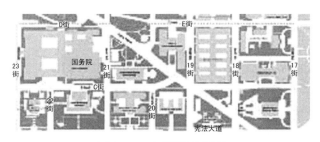

图 6-50　西端区总平面

（2）基本设计构思

西端区的安全设计根据各用地周边人行道、建筑庭院的宽度等特征,设置安全防护设施,移除路边停车,采取交通管制措施,建立安全缓冲区,强调在满足安全要求的前提下创造街道绿色景观和提升步行活动。在各类安全防护设施中,树木、绿化带、栅栏等设施主要分布于人行道之中,桩柱主要分布于步行道和绿化带之间、建筑入口和道路交叉口等地点。对路边停车和街道交通的调整主要集中于安全风险较高、安全缓冲距离相对不足的国务院和联邦储备委员会周边(图6-51)。

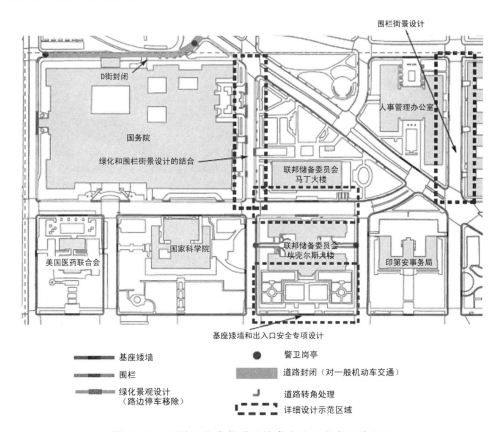

图 6-51　西端区汽车炸弹恐怖袭击防卫安全设计平面

宪法大道的西段人行道较宽，建筑退让基本满足安全缓冲距离的要求，而且原有一些连续的隔离墩和绿篱，设计主要侧重于增设石材的桩柱、座椅和树木，并对重要建筑的主要公共出入口进行了详细设计。在从第18街到第23街的多条南北向街道中，加高了局部路段中原有的隔离墩和矮墙，在间距过大而无法阻止携弹汽车的路边行道树之间增设了桩柱，并与围栏、矮墙等景观要素相结合。在内政部等建筑周边主要采用围栏和围墙形成防护设施。

在某些街道中，规划设计取消路边停车和采取交通管制措施。在从第20街到第21街之间的C街南侧和C街接近国务院的部分路段中，由于临近的联邦储备局和国务院安全防卫等级较高，因而取消了路边停车，扩大安全缓冲距离，同时设置树木等安全防护设施。在第21街和第23街接近国务院的路段也同样取消了路边停车。C街和D街在经过国务院的路段部分被封闭，限制普通车辆进入，警亭设置于D街封闭路段的两端，并对国务院周边及场地内环境进行了详细设计。此外，设计还建议设置集中停车场，以减少局部范围内的车辆。

(3) 典型街景设计

西端区中具有代表性的街景设计包括在C街和D街之间的第19街接近内政部的路段、第20街和21街之间的C街接近联邦储备委员会的路段、第21街接近国务院的路段。这些街道景观的设计同时兼顾了安全防卫、视觉景观、历史特色等多方面的要求。

a. 第19街中的围栏设计（Fence Wall Design, 19TH Street）

第19街的设计中取消了路边停车，保留了达到安全防护要求的原有树木、灯具等街道设施，并在路边区域设置了金属围栏、金属或花岗岩的桩柱、矮墙和树木等绿色景观要素。其中，为确保安全防护作用，规划设计确定了围栏等设施的具体规格：

·金属围栏（高0.76 m，长度各异）

·金属或花岗岩桩柱（高0.9 m，基座直径0.36 m）

·金属可伸缩桩柱（高0.9 m，直径0.2 m，中距1.22 m）

·不锈钢门挡，规格由供应商提供（图6-52）

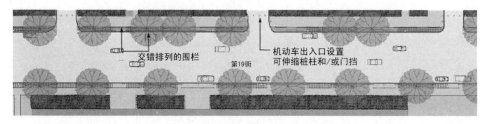

(a) 西端区第19街详细设计及围栏设置平面

(b) 西端区第19街详细设计建议的围栏

图6-52　西端区第19街详细设计及围栏设置

b. C 街中的绿色街景设计（Green Streetscape Design,C Street）

在第 20 街和第 21 街之间的 C 街设计中,为了增加安全缓冲区距离,取消了街道南侧的路边停车,同时将安全设计和绿色街道景观要素进行了整合,具体内容及要求包括:

·移除路边停车

·拓宽人行道（优先于移除路边停车）

·树木绿化选用常绿落叶树种

·花岗岩座椅（高 0.76 m, 宽 0.91 m,长度各异）

·花岗岩桩柱（高 0.76 m, 基座直径 0.36 m,间距 1.07 m）

·不锈钢可伸缩桩柱（高 0.76 m,直径 0.2 m,中距 1.22 m）

·街道树木（树干直径 0.2 m 的榆树,中心间距 9.1 m,新栽或加栽,可根据需要缩小间距）（图 6 - 53）

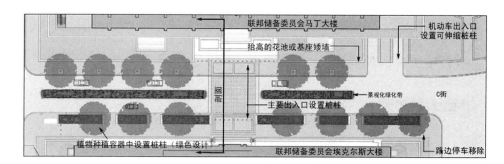

（a）平面

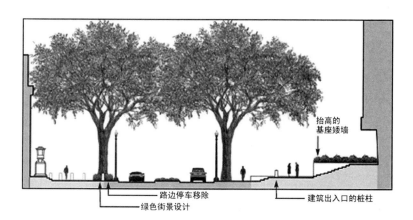

（b）剖面

图 6 - 53　西端区 C 街详细设计——绿化和基座矮墙街景设计

c. 第 21 街中的围栏及安全设施设计（Fence Wall Concepts, 21ST Street）

在第 21 街接近国务院的部分路段,主要通过取消路边停车和设置连续的围栏提供建筑周边安全。分段化的围栏分布于人行道的内侧边界,还运用了邮箱、座椅、桩柱、树木等环境设施（图 6 - 54）。具体内容及要求包括:

·移除路边停车

·拓宽人行道（优先于移除路边停车）

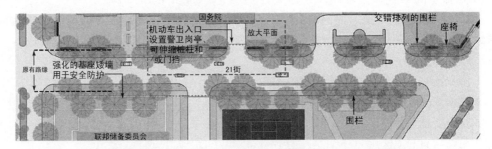

图 6-54　西端区第 21 街详细设计平面——交错排列的围栏和基座矮墙设计

- 树木绿化选用常绿落叶树种
- 木材或金属座椅（长 3.66 m）
- 金属围栏（高 0.76 m，长度各异）
- 花岗岩桩柱（高 0.76 m，基座直径 0.36 m，间距 1.07 m）
- 不锈钢桩柱（高 0.76 m，直径 0.2 m，中心距离 1.22 m）
- 街道树木（树干直径 0.2 m 的榆树，中心间距 9.1 m，新栽或加栽，可根据需要缩小间距）
- 不锈钢门挡，规格由供应商提供①

　　基于上述分析和阐述，在以公共开放空间为对象的防卫安全设计中，公共开放空间犯罪防卫安全设计的基本策略在城市总体、分区及地段各层面上均有所体现，主要通过土地利用、公共开放空间结构形态、建筑布局、道路入口和环境设施等物质空间要素的综合组织，提升公共开放空间的视觉可见性、监控力量、领域性、可识别性、可达性、使用活动水平、归属感和管理维护水平，从而一方面强化以自然监控为主并结合安保人员和技术监控的犯罪干预力量，另一方面强化受害者对公共开放空间的环境掌控度，以增加犯罪被发现的可能性，促使犯罪分子放弃犯罪意图，实现抑制和预防犯罪行为的目标（表 6-4）。汽车炸弹恐怖袭击防卫安全设计策略主要从分区和地段层次以高风险建筑等攻击目标及区域为重点，消除临近潜在攻击目标的机动车道、停车场和停车位等攻击源头，并充分利用公共开放空间的缓冲、隔离作用，确保安全间距和安全缓冲区的宽度，并结合环境设施和景观处理，在高风险建筑等攻击目标及区域周边形成完整的防护屏障，以使携弹汽车远离攻击目标，促使汽车炸弹爆炸能量衰减，降低其破坏和危害程度，从而保护潜在攻击目标（表6-5）。

　　①　National Capital Planning Commission. The National Capital Urban Design and Security Plan[EB/OL]. (2004-12)[2012-06-21] http://www.inteltect.com/transfer/NCPC_UDSP_Section1_UrbanDesignSecurityPlan.pdf.

表 6-4 公共开放空间犯罪防卫安全设计策略

内容	层次重点	空间要素	目 的 及 策 略				
			强化自然监控（强化干预力量，增加犯罪被发现可能，促使犯罪分子放弃犯罪）		强化技术监控，安保设施和管理	强化受害者环境掌控度	
			提升使用活动，加强归属感，提升可达性	确保视觉可见，减少犯罪藏身空间		强化领域感	提升可识别性
公共开放空间犯罪防卫安全设计	宏观——总体层次	公共开放空间布局及城市总体形态	• 加强各分区联系，均衡布局各类公共活动空间，丰富公共活动 • 建立适合于步行活动的总体形态及道路布局	一	一	一	提升可识别性
		土地利用	• 土地适度混合利用 • 公共开放空间周边设置夜间活动较多的功能，避免设置易于引发犯罪的功能类型	一			
	中观——分区层次	公共开放空间分区及区形态布局	• 公共开放空间布局及分区规模控制于步行可达范围（500—600 m）之内 • 均衡分布各类公共开放空间，结合公共设施形成分区公共活动中心 • 建立主要道路+广场及绿地的网络布局和运动框架，并提供多种步行行路线选择 • 避免公共开放空间分布过密造成活动人群分散	• 避免位于建筑背面及侧面的公共开放空间，减少相对封闭的小巷、背街、待建空地等易于引发犯罪的地点； • 广场、绿地、活动场地、停车场等公共开放空间应与道路紧邻设置，并确保地面基本水平，减少视线不佳的尽端路网数量和长度	一	一	
		建筑布局及形态控制	• 尽量以建筑正面对公共开放空间 • 建筑主要出入口、门厅等使用人群较多的空间设置于临近公共开放空间的低层空间	• 控制公共开放空间边界建筑开窗数量及位置，加强建筑界面对公共开放空间的视线监控； • 紧邻公共开放空间的建筑界面平整，避免凹凸	一	建筑布局强化公共开放空间的限定	提升标志性建筑的视觉形象特征

内容	层次重点	空间要素	目的及策略 强化干预力量，增加犯罪被发现可能，促使犯罪分子放弃犯罪				
			强化自然监控		强化技术监控，安保设施和管理	强化领域性	强化受害者环境掌控度
			提升使用活动，加强归属感，提升可达性	确保视觉可见，减少犯罪藏身空间			提升可识别性
公共开放空间犯罪防卫安全设计	微观——地段层次	公共开放空间形态及内部空间处理	· 形态尺度满足各类正当活动要求 · 广场等内部步道紧邻主要活动地点，出入口设置于人流较多的地点，减少不必要的和使用频率较低的出入口和内部步道； · 易于发生犯罪的儿童、老人活动场地等，设置于主要步道、出入口等人流较多、视线可见度好的地点	· 确保内外及内部不同区域之间的视线开阔，避免平面曲折及地面高差变化阻挡视线； · 内部步道避免突然的曲折和尽端路； · 相对封闭的天桥、地道等应尽可能宽和短，从入口就应看到出口	—	形成公共—半公共—私对密的空间领域层次	· 组织景观要素，强化空间特色； · 内部各空间及道路形态简洁明确
		环境设施	· 环境设施完备，分布合理，支持使用活动； · 座椅、矮墙等休憩设施朝向主要活动区域； · 设置充足的垃圾箱等废物收集设施，避免环境脏乱	· 建筑小品内外开敞，设置空透围栏和矮墙； · 树木分布及树冠设施高度适宜，避免遮挡视线、光线和形成犯罪藏身空间； · 提供充足适宜照明，避免眩光及光线遮挡	设置监控设施，治安警亭及求救电话等安保设施	利用环境设施限定空间层次	结合活动路线设置指向标识及说明，安保设施的标识信息与照明结合

表 6 - 5　以公共开放空间为对象的汽车炸弹恐怖袭击防卫安全设计策略

内容	层次重点	空间要素	目的及策略			备注
			减少攻击空间源头	缓冲:促使爆炸能量衰减,减轻破坏	隔离:阻止携弹汽车接近攻击目标	
汽车炸弹恐怖袭击防卫安全设计	· 中观——分区级及微观——地段层次 · 重点在于攻击风险较高的金融、政治、交通建筑及人群密集公共活动空间周边	道路停车及出入口	· 机动车道外围分布,避免进入高风险区域内部,高风险区域采用外围机动车道路、停车、出入口+内部步行的模式; · 减少内部不必要的机动车道,设置集中停车场,取消临近攻击目标的路边停车,减少不必要的建筑场地机动车出入口	· 机动车道、停车场、路边停车设置于缓冲、隔离区外,远离建筑等攻击目标; · 高风险建筑等攻击目标周边的机动车道避免采用垂直于攻击目标的直进道路,通过局部形态变化及交通静化措施降低车速; · 建筑等攻击目标场地出入口及地下停车出入口应结合门卫、安检设施设置门挡等出入口控制设施		· 促进发现和制止恐怖袭击的设计策略主要在警卫及监控设施分布、视线、照明控制方面,以确保安保力量的干预能力,可参照犯罪防卫安全设计相关策略; · 提高避难能力的设计策略主要在于建筑等攻击目标与周边避难救援空间的联系,确保受到攻击后安全疏散,可参照灾害避难救援设计相关策略
		缓冲隔离公共开放空间	—	· 在建筑等攻击目标周边与道路、停车之间设置连续、多层次的缓冲隔离公共开放空间; · 控制建筑等攻击目标退让道路及停车间距,确保缓冲隔离空间宽度规模; · 结合地面高差、景观处理及环境设施形成隔离屏障		
		建筑布局	—	· 根据风险等级确定分区内建筑布局,高风险建筑远离道路及停车场; · 建筑布局应确保高风险建筑等攻击目标周边具有有效的缓冲隔离防护空间,用地紧张建筑宜适当集中,用地充裕宜适当分散; · 建筑退让道路及停车场的距离满足缓冲隔离空间宽度要求		
		防护及环境设施	—	· 作为防护屏障的座椅、桩柱、树木、水体等环境设施应连续分布于高风险建筑等攻击目标周边; · 作为防护屏障的环境设施的分布间距、高度、结构、材料强度等设计应能够抗击、阻挡机动车冲撞和穿越		

7 以公共开放空间为对象的灾害安全设计策略

7.1 灾害调节设计策略

城市空间形态对城市环境中的热、水、风等物质及能量的流动循环过程和空间分布具有影响，通过对城市道路、绿地、水体、广场等公共开放空间及与之相关的建筑等空间要素的组织，可以改善和调节城市环境，减少城市热环境、水环境和风环境中的致灾因素，缓解与之相关的城市热岛效应及高温气象灾害、洪涝灾害、空气污染灾害、强风灾害。

7.1.1 城市热环境调节及缓解热岛效应设计策略

1) 城市热岛效应的形成机制

热岛效应的本质在于局部空间热量过剩和过于集中，其根本原因是局部空间范围内热量流动过程失衡，集聚的热量超过向外部其他区域散发的热量。从热量集聚角度看，局部空间内的热量主要来自太阳辐射热、工业生产释放热量和人体自身、机动车及空调设备使用的排放热量，以及空间环境中的各类物质对于上述热量接受、储存之后的二次排放（图 7－1）。热量散发除通过辐射散热之外，主要依赖空气流动的携带和转移作用，因而局部空间内的通风不畅是造成热量过剩的主要原因。

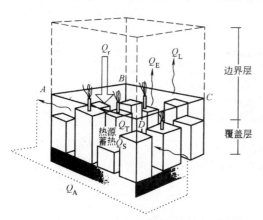

图 7－1　城市环境中的热能量流示意图

影响城市热岛效应的主要因素除了当地气候条件之外，还包括城市人口密度分布、城市基础设施建设、城市生产生活能源消费和温室气体排放等。城市中大量存在的建筑、人口、机动车等散发大量热量，有时甚至超过所接受的太阳辐射热量数倍以上。此外，城市建筑、机动车及生产生活中排放大量二氧化碳所造成的温室效应也使热量不易向外散发，造成气温升高。总体上，与郊区及乡村环境相比，建筑、人口、机动车密集的城市区域接受的太阳辐射热较低，环境热源释放热量较多，同时地表依靠辐射及空气流动所散发的热量较少，地表空气热量较高，易于引发大范围的热岛效应。近年来，随着我国城市化水平的提高，城市人口规模迅速增加，城市建筑和基础设施建设加快，城市生产生活消耗能源及各种污染物、温室气体排放相应提高，城市热岛效应在范围、强度上持续增加。热岛效应与高温气象条件的综合作用易于引发城市高温气象灾害。

2）空间要素对热岛效应的影响

除城市土地利用、交通模式、能源消耗等因素对城市热环境产生不利影响之外，城市建筑环境的物质构成和空间形态引起城市热环境和通风环境的变化，破坏热量集聚与散发过程中的热量平衡，局部空间环境中热量超限，是促使热岛效应产生的重要原因。

（1）建筑布局及形体处理

建筑是城市中主要的环境热源。从热量集聚角度，在相同体积条件下，建筑的体形越为复杂、表面积越大，吸收和储蓄的太阳辐射热就越多，在夜晚周围空气温度降低时向外释放的热量也就越多。从建筑材料角度，城市建筑使用的金属、石材等材料和深色材料蓄热系数高，吸收热量较多。局部空间中建筑密度及容积率越大，使用人群越为密集，相应区域中环境热源就越多，易于造成热量的异常集聚。

从热量散发角度，建筑形体、高度、朝向及组合布局直接影响建筑外部公共开放空间的风环境和通风效应。建筑的长度、宽度、高度越大，风向投射角越小，建筑背面风影区的长度越大，越不利于外部公共开放空间的通风散热。总体上，城市中建筑物密集，高层建筑较多，加大了空气流动的阻力。而且，若建筑群体组合关系和空间布局失当，造成建筑周边街道、广场等公共开放空间风影区长度和面积过大，易于导致近地面高度风速较小，甚至出现静风现象，不利于热量向周边散发。

（2）公共开放空间物质构成及形态布局

a. 公共开放空间物质构成

一方面，城市中路网密集，广场、停车场等硬质地面分布广泛，由于其使用的沥青、混凝土等硬质铺装材料的比热较低，在吸收相同太阳热辐射的情况下，地表温度会显著上升，使地表上空的空气迅速升温。另一方面，公共绿地和水体开放空间中植物及水的比热较高，即使吸收较多的太阳辐射热温度也不易升高，在炎热天气中具有降温作用。而绿地除吸热作用外，树木绿化还可以提供阴影遮阳，降低地表温度，能够有效缓解热岛效应，其缓解作用与绿地的数量、覆盖率、植物种类等因素有关。英国学者在曼彻斯特的研究表明，城市绿化减少10％会导致地表最大温度逐年持续增加，至2080年将上升8.2℃；绿化增加10％则可基本维持现在的水平①。当区域植被覆盖率大于30％时，绿地能够使热岛效应明显减弱，规模大于3 ha且绿化覆盖率达到60％以上的集中绿地具有凉岛效应②。此外，在绿地面积相同的情况下，树木为主的林地降温效果要好于草坪为主的绿地。

b. 公共开放空间形态布局

城市环境中各类公共开放空间的分布并不均衡。城市中心区等区域中建筑、道路、广场、人口等热源集中，对热岛效应具有调节及缓解作用的绿地及水体稀少，使这些地区热岛强度增大（图7-2）。在一定区域内，绿地、水体对于热岛效应的缓解作用还与其分布形态密切相关。在数量、覆盖率、植物种类相同的情况下，绿地、水体均衡分散布局的降温调节作用优于单一集中布局。而且，作为城市主要通风廊道，道路、绿带等公共开放空间与风向、建筑等环境热源的布局关系与通风散热的效果直接相关，不合理的布局关系使热量长时间集聚于特定空间范围，是造成热岛效应的重要因素。

---

① Shaw R, Colley M, Connell R. Climate change adaptation by design：a guide for sustainable communities[EB/OL].（2007）[2012-06-18] http://www.tcpa.org.uk/data/files/bd_cca.pdf.

② 李延明，张济和，古润泽. 北京城市绿化与热岛效应的关系研究[J]. 中国园林，2004(1)：72-75.

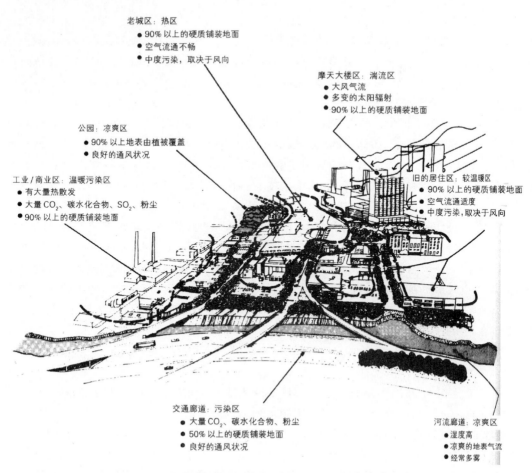

老城区：热区
- 90%以上的硬质铺装地面
- 空气流通不畅
- 中度污染，取决于风向

摩天大楼区：湍流区
- 大风气流
- 多变的太阳辐射
- 90%以上的硬质铺装地面

公园：凉爽区
- 90%以上地表由植被覆盖
- 良好的通风状况

工业/商业区：温暖污染区
- 有大量热散发
- 大量CO_2、碳水化合物、SO_2、粉尘
- 90%以上的硬质铺装地面

旧的居住区：较温暖区
- 90%以上的硬质铺装地面
- 空气流通适度
- 中度污染，取决于风向

交通廊道：污染区
- 大量CO_2、碳水化合物、粉尘
- 50%以上的硬质铺装地面
- 良好的通风状况

河流廊道：凉爽区
- 湿度高
- 凉爽的地表气流
- 经常多雾

图7-2 城市不同区域的热环境及小气候特征

3）设计策略

根据热岛效应的形成机制，缓解热岛效应的设计策略主要包括三个方面：一是减少城市空间中的环境热源；二是充分发挥城市绿地、水体等开放空间的降温调节作用；三是促进热岛区域的通风，加速热量散发。其中促进通风和加速热量散发的重点在于根据主导风向及水陆风等自然风风向，利用公共开放空间设置通风廊道，并结合海面、河道、湖泊等自然水体及生态保护区等大型绿地的分布，在促进通风的同时将温度较低的"凉风"引入城市热岛区域①。

（1）宏观策略

公共开放空间及城市总体空间形态

·城市范围内应确保适宜的公共开放空间总体数量，缓解过于密实的城市空间形态，形成低密度、分散化城市建筑总体布局，疏导环境热源。

·通过土地利用调整和功能置换，调整公共开放空间类型构成，在满足城市休闲、游憩等功能前提下，减少广场等硬质地面开放空间，保护并增加绿地及水体开放空间，并均衡分布于城市区域，形成连续的绿地及水体空间系统，充分发挥其降温作用。

·建立适合于步行和公共交通优先的城市道路形态及城市总体空间形态，减少道路及

———————————

① 促进通风散热的详细内容可参见本节中的"缓解空气污染灾害的设计策略"，此处着重对前两方面的策略加以论述。

机动车(尤其是私人汽车)使用排放的热量。

（2）中观策略

a. 公共开放空间系统

·确保分区内公共开放空间数量及规模,以降低分区内建筑密度及开发强度,减少分区内建筑热源。

·减少分区内以硬质铺装为主的广场、活动场地等公共空间。

·增加分区内绿地、水体,协调分区内建筑、使用人群等环境热源与绿地、水体的分布关系。绿地、水体应均衡布局,与建筑等环境热源间隙分布,并在建筑和使用人群较为密集区域相应增设绿地、水体等开放空间(图7-3)。

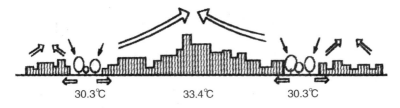

30.3℃　　　33.4℃　　　30.3℃

绿地抑制气温升高,为周边建设地带提供冷空气

图7-3　绿地与建筑等环境热源的间隙分布缓解热岛效应

·结合步行和公共交通优先的交通模式,完善分区内步行空间系统,在满足交通要求的同时,减少分区内不必要的道路数量和总体长度。

·局部道路可通过削减宽度、适当曲折,并结合路边树木绿化及建筑增加阴影遮阳。

·设置分区内集中停车场,减少硬质地面为主的停车场数量及地面面积。

b. 建筑布局

·建筑密度及分布应确保相应绿地、水体空间的数量及规模,与绿地、水体间隙分布。

·根据阳光入射角度确定建筑朝向,增大道路、广场等公共开放空间内的阴影面积,最大限度地为公共开放空间提供遮阳,减少夏季炎热天气时接受的太阳辐射热(图7-4)。

（3）微观策略

a. 绿化及水体设施

·增加局部空间环境中的绿化、植被,建立地面绿化、屋顶绿化和建筑立面绿化构成的多层次绿化。

·树木、林带应根据阳光来向及入射角分布,为公共开放空间提供阴影和遮阳,并应具有较高的高度和郁蔽度,选用常绿树种,以提高其遮阳效果。

·保护自然水体,增设喷泉、水池等水体设施。

·在临近空调等建筑排热通风设备的区域,在道路、广场、停车场等空间周边及内部,应结合环境热源分布情况适当集中布局绿化及水体设施。

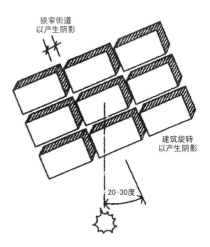

图7-4　建筑及道路布局以产生阴影遮阳

b. 道路、停车场、广场的地面铺装

·尽量减少道路、广场、停车场、货物装卸场地等硬质地面的数量、分布比例及面积。

·在满足抗压、荷载强度等要求的前提下，尽可能选用白色骨料含量高的沥青等色彩较浅、反射率较高的材料和可承重植草砖等替代普通沥青、水泥、石材等地面铺装材料。

    c. 建筑形体及材料

·控制建筑体形系数，避免过于复杂的建筑形体，减小建筑表面积。

·通过建筑形态处理提供过街楼、连廊及遮阳构件，避免阳光曝晒，改善步行空间热环境。

·尽量选用蓄热系数低和浅色的建筑材料，减少建筑热量储蓄。

7.1.2　城市水环境调节及缓解洪涝灾害设计策略

1）城市洪涝灾害的形成机制

城市洪涝灾害的形成受到气候条件、地理环境、河流水情等自然因素和人类活动、城市建设等人为因素的综合影响。全球范围内，气候的冷暖周期性变化，加之工业污染、能源消耗所造成的温室效应和环境破坏，使全球气候总体变暖，不仅造成局部区域降水异常变化，还会促使海水暖化、极地融雪，从而引发海平面上升，易于引发洪涝灾害。流域范围内，气候变化、植被破坏、水土流失、区域间调水、水利设施落后等因素均会造成流域内水文条件、行洪蓄洪机制的变化和洪灾风险的升高。此外，从城市自身角度，城市空间环境的变化导致城市水文循环失衡也是加剧洪涝灾害的重要因素。

在自然水文循环过程中，水以固态、液态及汽态存在于环境之中，以大气环流、海洋和河流等形式在地球上进行流动和再分配，处于不断往复的循环状态，主要包括降水、截留、渗透、蒸发、蒸腾等现象和作用。水因阳光照射而蒸发为水汽，在大气漂浮、移动过程中遇冷凝结，形成雨、雾、雪、雹等形式的降水，除部分降水在下落过程中蒸发、截留、直接落入江河湖泊外，其余大部分直接降于地面，经过地面入渗和洼地蓄水作用进一步减少，剩余的降水形成地表径流，受重力作用流向低处，最终汇入河流、湖泊及海洋。河、湖、海中的一部分水受日光照射蒸发进入大气，在运动过程中遇冷凝结形成降水，形成完整的水文循环过程。正是通过这一连续的循环过程，水以各种物态保持大气中的水蒸气、地表水及地下水之间的总体平衡（图7-5）。

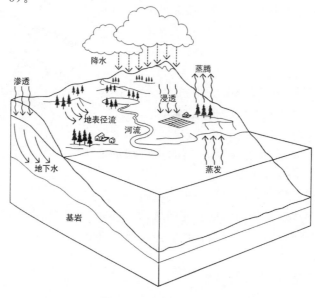

图7-5　水循环示意图

城市水文循环具有区别于自然水文循环的特征。城市水循环包括自然循环和人工循环。自然循环过程中水体通过蒸发、渗透、汇流等作用在大气、水体及地面之间运动,而人工循环则主要通过城市给水、排水和水处理系统进行。通过自然循环和人工循环的交互作用,城市水文系统参与流域整体的水文循环过程,在城市内部与外部之间进行水的交换和移动,在一定时空条件下形成总体平衡和稳定状态。城市水循环过程的正常运行受到阻碍和破坏,处于不平衡状态,造成水量在一定时间空间内的异常增加,一旦超过城市水文系统中水的运载、转移和排泄能力,则引发洪涝灾害。

城市地表径流的骤然增加和快速汇集是形成城市洪涝灾害的主要原因。在城市环境中,由暴雨和长期降雨产生的地表径流是河道、溪流等城市水系的主要来源。到达地面的降雨通过植物表面截留、土壤渗透吸收、低洼地带的蓄水,剩余部分沿地表流动形成地表径流,并逐渐汇集到城市沟渠和河道之中。在降水量保持稳定的情况下,地表径流流动过程中的流量和流速变化主要受到地表特征及地形坡度等因素的影响。地表土壤渗透性决定被吸收而不汇入地表径流的水量。植物对树叶及根系中水分具有保持、蒸发和蒸腾作用。地表洼地汇集的水逐渐释放到土地和大气中,能够减少地表径流,减缓径流速度。通常情况下,地表坡度较大、覆盖物硬化程度较高和植被稀少都会使地表径流的流量增大、汇流速度加快。城市区域土壤渗透性较小,缺乏具有蓄水能力的洼地、植物和水体,径流系数较高,来自暴雨的降水大部分直接流过地表,一方面快速汇入溪流河道,使洪峰频率增加,强度增强,加大下游城市洪灾风险,另一方面在局部迅速集聚于低洼地区,超过排水能力,加之河道水位上涨造成排水管线无法排水甚至发生倒灌现象,导致市区内涝加剧(图7-6)。

总体上,城市化引发城市空间环境的改变,打破了城市水文生态系统和水文循环过程的总体平衡,在外界暴雨及长期降水条件下,地表径流汇流时间缩短,其流量、径流峰值和峰值频率提高,不仅使城市水系水位升高,水量增大,还加速了对溪流、河湾和堤岸的侵蚀作用。暴雨等大量降水是洪涝灾害的外在诱因,而城市水文环境破坏及城市水文循环的失衡是城市洪涝灾害频发的内在因素(图7-7)。

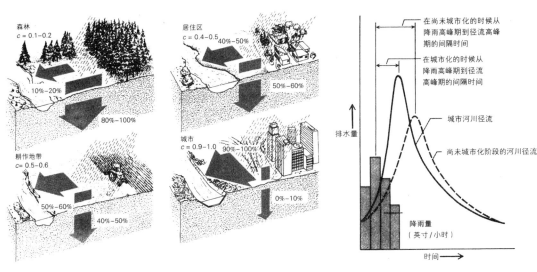

图7-6 不同区域因地表特征差异而具有不同的径流系数

注:径流系数 c 越大,表明降水转化为地表径流的水量比例越高

图7-7 城市化对径流及河流流量的影响

以往,抵御城市洪涝灾害主要通过城市建设选址、提高城市防洪等级、设置防洪堤坝、疏通泄洪通道、建设排涝设施和抢险通道等防洪工程规划及建设措施。虽然城市防洪抗涝设施及能力不断加强,可以暂时缓解水患,但由于忽视城市空间环境的变化对城市水文环境及城市水文循环过程造成的负面影响,形成堤坝越加越高,设施越建越强,洪涝灾害却越演越烈的不利局面。因而只有通过城市空间建设,恢复城市自然水文环境,促进城市水文循环的自然过程和自我调节机制,才能从源头上缓解甚至消除城市洪涝灾害致灾隐患。

2) 空间要素对城市洪涝灾害的影响

(1) 土地利用

城市规模的不断扩张使城市周边土地及坡地开发大增,林地及农业用地大量转化为建设用地,破坏了原有的林木植被及地形,造成蓄水能力减弱,雨水滞留时间缩短,径流增加,还易于导致水土流失淤积于下游河床,使中、下游洪水泛滥。此外,城市低洼行水区等滨水空间的开发增加了洪涝灾害潜在受灾区域;季节性河道内部及周边的大量建筑使自然河道相应窄化,河流水文特征、泥沙输送堆积方式变化,增大河岸护理难度,影响城市地表水和地下水的时空分布,从而增大了城市洪涝灾害风险。

(2) 建筑及公共开放空间的构成及布局

随着城市化的进程,城市道路网络和建筑布局日益密集,土壤和植被逐渐被混凝土道路和建筑替代,这些透水性较差的地表硬质覆盖物在城市空间中分布过多,改变了城市下垫面的水文性质,减少了通过土壤渗透到地下和通过植物截留、蒸发进入空气的水量,使地表径流的流量相应增大。城市中不同地区由于建筑、道路等硬质地面的分布差异而具有不同的径流系数。据估算,来自于分布大量硬质铺装和建筑的城市区域的地表径流占降水总量的 85% 以上,只有不足 15% 的降水被建筑、街道和土壤、植被等截留[1]。而且,下渗水量的减少直接导致地下水的减少,加剧了地面沉降,也成为城市内涝频发的重要因素。

一定区域内的地表径流由来自于各个局部的众多细小水流汇集而成,再逐级汇入溪、河等城市水系,构成体系化的自然排水网络。城市中的水体、湿地具有重要的缓洪和调蓄作用,加之具有原始地形特征的绿地、空地等开放空间,能够通过地表入渗、植物截留及水体储蓄等作用调节地表径流的汇集速度和流量。城市建设使池塘、湖泊、溪流、湿地等自然水体和具有裸露地表、植被的绿地不断减少、分布不均,还通过平整土地、抬高挖低等方式对地形进行大规模改造,削弱了洼地等自然地形对地表径流的拦蓄、滞留作用,同时阻断了原有自然排水路线和排水过程,使暴雨地表径流的流量分配异常,汇流速度加快,提高了洪涝灾害风险。例如,南京市原有护城河、秦淮河、金川河为主导的三大水系和众多支流水系,加之以玄武湖为主导的三百多个湖泊水塘,形成具有水运、排涝、蓄洪作用的城市水系。到 20 世纪 90 年代后,随着城市的开发和建设,支流水系和湖泊大量消失,最为重要的玄武湖面积大减,且与长江等水系联系日渐微弱,其防洪调蓄功能基本丧失。在城市自然水体锐减、地面硬化、绿地减少等因素的综合作用下,市区内地表径流汇流时间缩短,致使南京市区雨季内涝灾害频发,每逢雨季就有多处大面积淹水,仅 1991 年夏季降雨期间较大面积的内涝区域就多达 44 处。而且,长江上游区域外部因素和南京城市区域地表径流的变化导致长江南京段洪水洪峰增大,水位上升。原长江新济洲的警戒水位于 1999 年上升至 11.10 m,超过原先 9.5 m 警戒水位近 1.6 m,每年用于防洪的资金达 5 000 万元,超过当地

---

① Michile Hough. City Form and Natural Process[M]. New York: Routledge, 1995: 39.

年国民生产总值,2001年南京市政府不得不迁出岛上居民①。

此外,城市人工环境中暴雨雨水主要经过道路逐级汇流后排入雨水管道。道路是人工排水网络的一部分,道路的长度、坡度、断面形式、分布密度及其与排水设施的分布关系对于相应区域内地表径流的汇流和排泄速度具有重要影响。通常,道路排水坡度越大,分布密度越高,一定区域内地表径流的排泄、汇流速度就越快,汇流时间越短。

（3）管道化排水方式的负面影响

城市中的暴雨水排放通常以管道化排水方式为主。管道化的城市雨水排放系统将流经道路、建筑等区域的地表径流,利用重力作用经过沟渠、地下排水管道和污水管等渠道逐级汇流并最终排泄到河道之中。密集的排水管道在总体上抑制了自然排泄过程中的渗透、滞留、蒸发等作用的分流,其排泄速度远大于其自然排泄速度,还将绿地等径流速度较低的区域与沟渠系统相连接,使其失去对地表径流的调节作用,使城市内输入排洪河道中的水量增加,排放速度加快,不仅导致过高的洪峰频率和洪峰流量,还易于造成河道侵蚀加快和泄洪能力降低。研究表明,在完全城市化的地区,管道化排水方式及不透水地面等因素的作用使河道洪水的发生频率增加近6倍②,洪涝灾害风险大大增加(图7-8)。

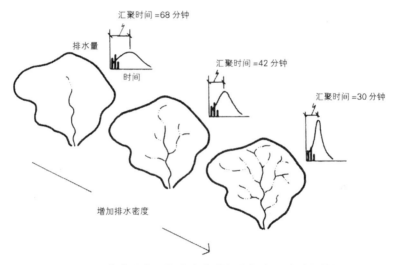

图7-8　管道排水网络密度的增加使径流汇流时间缩短

3）设计策略

缓解城市洪涝灾害的设计策略主要在于发挥绿地、水体等开放空间的调蓄作用,同时结合道路、建筑、景观设施等要素,建立地表径流的层次化排泄网络系统,恢复、保护和促进城市水文循环的自然过程,在逐级排泄的过程中降低地表径流流量,延缓地表径流汇流速度,从而减少洪涝灾害致灾因素。

（1）宏观策略

公共开放空间及城市总体自然排水网络

① 杨冬辉.城市空间拓展对河流自然演进的影响——因循自然的城市规划方法初探[J].城市规划,2001(11):39-43.

② 威廉·M.马什.景观规划的环境学途径[M].4版.朱强,黄丽玲,俞孔坚,等译.北京:中国建筑工业出版社,2006:175.

· 合理选择建设用地,严格限制洪泛区、低洼地和自然排水廊道等区域的建设开发。

· 最大限度地保留城市环境中原有池塘、溪流、湖泊、河道、河漫滩、湿地等主要集水区和原有植被、裸露土壤地表,同时适当增加人工湿地、水体和绿地系统,优化城市水文环境。

· 根据城市地形地貌、主要自然排水路线及集水区分布特征,合理确定绿地、水体、湿地等开放空间及建筑布局,形成城市级暴雨径流排泄廊道,连接主要集水区,完善城市总体层面的暴雨径流自然排水网络。

（2）中观策略

a. 公共开放空间及分区级自然排水网络

· 通过分区内绿地、水体、道路、建筑布局、景观要素的布局组织,形成分区级暴雨径流排水网络,并与城市级自然排水网络及主要集水区相连接,使暴雨径流在从建筑→场地→道路→公共开放空间的排泄过程中,经过各个层次上的雨水保持、滞留、渗透、蒸发等自然作用,调节来自建筑及其场地的暴雨径流的运送和流泻过程,降低向城市级暴雨径流排水网络及集水区排泄的径流流量及汇流速度。

· 根据分区内自然排水路线的原有地形、地貌特征,于地势较低的地点设置较大规模的自然及人工水体、湿地等开放空间,形成分区内主要暴雨径流调蓄空间及集水区。

· 根据分区内地形地貌、主要自然排水路线及集水区分布特征,利用道路、绿地、水体、湿地等开放空间形成分区级暴雨径流排泄廊道,连接各个建筑场地、分区级径流调蓄空间及集水区、城市级暴雨径流自然排水网络,形成层级分明的分区级暴雨径流自然排水网络。

· 作为分区级暴雨径流自然排水网络的公共开放空间应形成点、线、面联系通畅、均衡布局的形态布局,使分区内各个建筑场地内的暴雨径流通过分区级暴雨径流排泄廊道逐级排入水体、湿地等分区级暴雨径流调蓄空间及集水区（图 7 - 9）。

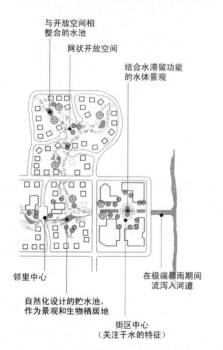

图 7 - 9 与雨水调蓄设施结合的分区公共开放空间及自然排水网络平面示例

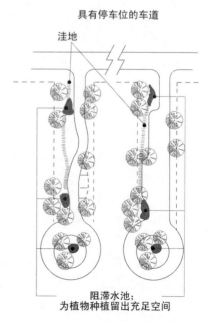

图 7 - 10 与雨水调蓄设施结合的道路平面

·道路、停车场、绿地、水体、湿地等开放空间应结合阻滞水池、植被洼地等开放式、生态化雨水调蓄设施，通过地形及高程处理，促进暴雨径流在运送、转移过程中的蒸发、过滤、渗透、滞留、储存等作用，并通过雨水收集处理设施促进暴雨雨水再利用，以延缓径流汇流时间，减小径流流量（图7-10）。

·道路应尽可能平行于等高线布置，避免破坏自然排水路线。

·通过减少交通流量较小的道路和适当设置尽端路等方式，减小路面透水性较差的道路分布密度，缩短其总长度和面积。

b. 建筑布局

·分区内建筑布局应尽可能利于留设规模较大的集中水体、湿地、绿地等暴雨径流调蓄空间及集水区。

·严格控制建筑退让水体、湿地、绿地、道路等公共开放空间的距离，以保护分区内主要的集水区、暴雨径流排泄廊道和自然排水网络。

·建筑布局应避免对于地形的大规模改造，避免阻断分区内主要的暴雨径流自然排水路线和排水廊道。

·建筑布局应利于各个建筑地块分别设置通向分区级集中集水区的自然排水路线和排水廊道，尽量减少较大规模的集中排水沟渠和管道，建立分散化排水路线，增大排水路线总长度，加强暴雨径流排泄过程中蒸发、渗透等作用的分流和阻滞效果（图7-11）。

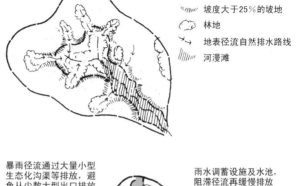

坡度大于25%的坡地
林地
地表径流自然排水路线
河漫滩

（3）微观策略

a. 建筑场地设计

·最大限度地降低建筑开发对于局部水文环境的影响，从源头上降低建筑场地向外排放的暴雨径流流量、速度。

·尽可能保持场地内的洼地等地形条件及绿化植被，设置场地内蓄

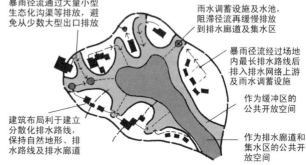

暴雨径流通过大量小型生态化沟渠等排放，避免从少数大型出口排放

雨水调蓄设施及水池，阻滞径流再缓慢排放到排水廊道及集水区

暴雨径流经过场地内最长排水路线后排入排水网络上游及雨水调蓄设施

作为缓冲区的公共开放空间

建筑布局利于建立分散化排水路线，保持自然地形、排水路线及排水廊道

作为排水廊道和集水区的公共开放空间

图7-11 结合自然排水网络的分区建筑布局

水池等暴雨径流调蓄空间和雨水调蓄设施，结合排水路线的组织，建立场地内排水网络，将来自建筑的暴雨径流临时储存、滞留在场地内部或附近的暴雨径流调蓄空间和雨水调蓄设施，再缓慢排出。

·结合场地内的暴雨径流排水网络设置场地内的雨水收集和处理设施，促进场地内暴雨雨水在灌溉绿化及清洗场地等方面的再利用。

·建筑布局应避免对场地内自然地形及排水路线的破坏，确保场地内暴雨径流调蓄空间及自然排水网络的建立。

·结合建筑设计设置屋顶花园、水池等暴雨雨水调蓄设施，并与场地内自然排水路线相连接。

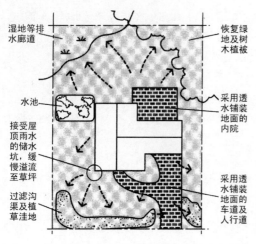

图 7 - 12　建筑场地内的暴雨径流调节设计措施

左侧标注（从上到下）：
湿地等排水廊道
水池
接受屋顶雨水的储水坑，缓慢溢流至草坪
过滤沟渠及植草洼地

右侧标注（从上到下）：
恢复绿地及树木植被
采用透水铺装地面的内院
采用透水铺装地面的车道及人行道

·建筑场地内宜采用尽端路等道路形态，结合建筑布局，尽量减小场地内透水性较差的道路总长度及面积（图 7 - 12）。

b. 公共开放空间详细设计

·尽量减少不透水地面比例，在满足负荷强度要求前提下，机动车道、人行道、广场、游戏场、停车场及货物装卸场等空间的地面尽量采用植草砖、碎石、鹅卵石、天然石材等透水性较好的地面铺装材料。

·道路、停车场及广场的断面、坡度等处理应利于暴雨径流汇入内部及边缘的生态化雨水调蓄设施（图 7 - 13）。

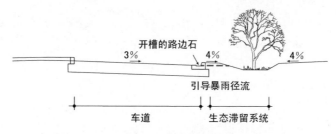

开槽的路边石　　3%　　4%　　4%
引导暴雨径流
车道　　　生态滞留系统

图 7 - 13　结合雨水调蓄设施的道路断面设计

·保持和增加绿化植被，绿地中植物配置应优先选择草、灌木、地被植物等本土植物及对水质、水量要求近似的树种。

·保护自然水体，增设蓄水池等人工水体设施。

·生态化暴雨调蓄设施应选用适宜的材料及构造形式，并与穿孔管道等排水管道相结合（表 7 - 1）。

表 7 - 1　主要生态化雨水调蓄设施及应用

类型	作　用	地　点	示　意　图
植草洼地和缓冲带	通过植被、土壤的吸附和渗透暂时储存、滞留、运送和处理暴雨径流，降低径流流量和汇流流速	主要应用于道路边缘及中央分隔岛、建筑退让距离内以及广场、停车场等空间中	过滤介质 土工织物 穿孔管道

类　型	作　用	地　点	示　意　图
过滤沟渠和生态保持装置	通过沙、有机物和生物过滤装置滞留、运送和处理暴雨径流,降低径流流量和汇流流速	主要应用于道路边缘及中央分隔岛和广场、停车场等空间中	
透水铺装	促进暴雨径流通过透水性材料的渗透,降低径流流量和汇流流速	应用于车流量较小和荷载较小的机动车道、停车场及广场等步行区域	

7.1.3　城市风环境调节及缓解空气污染、风灾设计策略

1) 城市空气污染形成机制

从物质流动角度,城市空气污染致灾的成因在于大气污染物在局部空间范围内过度集聚,超过浓度限值而造成危害。一定区域内空气污染物的浓度是污染程度的主要指标。城市空气污染物主要来自于工农业生产、交通、居民生活等污染源排放。城市空气污染的程度除受到污染源的数量、性质、排放方式、强度、类型和分布状况的影响,还与城市大气循环过程及净化机制密切相关。城市大气循环是连续的动态过程,具有自净化机能。通过大气自身的循环,空气污染物以平流输送、湍流扩散、干湿沉降等方式被稀释、扩散和清洗,浓度不断降低。通常情况下,来自城市内部及外部的空气污染物经过大气流动发生转移和扩散,其浓度逐渐减小,不会产生危害。在特定情况下,城市大气流动过程受到干扰,空气污染物的扩散和稀释过程受阻,城市大气环境的自净化机能降低甚至失效,空气污染物在局部空间范围内过度集聚,浓度过大,引发空气污染灾害。

2) 城市风灾形成机制

城市强风致灾的原因在于风力、风速及其动能过高,超过城市建筑物、基础设施、树木、车辆和行人的抗风能力。对城市造成威胁的强风通常包括来自于外部的季风、台风、龙卷风,是城市风灾的外部诱因。城市空间环境的总体防风、抗风能力对城市风灾的形成及其灾害严重程度具有重要影响。同样风力等级的强风对不同城市及城市内的不同区域所造成的危害也存在差异。在局部空间中,城市建筑对风环境的不利影响还会造成相应区域内的风速及风荷载增加,尤其是在近地面高度,局部强风及多变风向不仅阻碍行人活动,还会

表 7 - 2　HUNT 氏提出的风评价标准

风速（m/s）	人的表现行为
0—6	行动无障碍
6—9	大多数人行动不受影响
9—15	还可以按照本人的意愿行动
15—20	步行的安全界限

使建筑附属设施坠落和树木倒伏，直接或间接危及行人及车辆安全。风的速度等级是人对风的安全评价的主要依据。通常，步行的安全界限为风速小于 15—20 m/s（表 7 - 2），也有研究认为速度 8.0—10.7 m/s 以上的风就会使人感到威胁。美国波士顿市政当局规定新建建筑不能引起风速超过 14 m/s 的建筑风；当建设用地已经有 14 m/s 的建筑风，新建建筑如果加剧风速提高，就会被禁止建设。旧金山规定新建建筑不能在步行者腰部以下引起超过 5 m/s 的风速，而任何建筑引起 12 m/s 的风速达 1 小时以上也是不允许的[①]。

3）城市风环境对空气污染及风灾的影响

城市风环境中的空间流动主要有风和大气湍流两种形式。风通常是指空气的水平运动，对污染物具有输送作用，使污染物向下风向迁移和扩散，同时促使空气水平交换，对污染物具有稀释作用。风向决定污染物的迁移方向，风速决定污染物迁移、扩散、稀释的速度和距离。一般情况下，风速越大，带来的外界洁净空气越多，污染物浓度越低[②]。监测表明，当风速高于 6 m/s 时，空气污染物的浓度会大大降低，风速低于 2 m/s 时，污染程度会急剧增加[③④]。通风不畅是空气污染致灾的主要因素。

大气湍流是指大气不同尺度的不规则运动，表现为空气流动速度和方向的不断变化。大气湍流使污染物向各个方向上扩散和稀释。湍流越强，污染物的扩散速度越快，浓度越低。湍流强度主要受到气温的垂直分布及大气稳定度的影响。气温的垂直分布是指气温随垂直高度的变化而呈现的分布状态。通常，随着高度上升，气温的垂直分布具有递减、均匀不变和递增三种情况。由于受重力作用，温度较低的大气下降，温度较高的大气相应上升，因而气温的垂直分布决定大气的稳定程度和垂直运动强度，继而影响大气湍流的强弱。大气温度垂直递减率越大，大气越不稳定，垂直运动及湍流强度越高，对于空气污染物的扩散越为有利。气温随高度递增即所谓逆温现象，会导致大气垂直运动受到抑制，近地面大气中污染物集聚，易于造成空气污染致灾（表 7 - 3）。

表 7 - 3　气温垂直分布、大气稳定度对空气污染物扩散的影响

类　　型	分布状态	气象条件	大气稳定度	污染物扩散影响
递　减	气温随高度递减	一般出现在风速不大的晴朗白天	不稳定，大气垂直运动频繁	有　利
均　匀	气温基本不随高度而变化	一般出现在阴天和风速较大的天气	较不稳定，大气垂直运动较弱	较为不利
递增（逆温）	气温随高度递增	一般出现在风速较小的晴天夜间	稳定，大气垂直运动停滞	不　利

①　关滨蓉，马国馨.建筑设计和风环境[J].建筑学报，1995(11)：44 - 48.
②　沈清基.城市生态与城市环境[M].上海：同济大学出版社，1998：246.
③　黄晓鸾，王书耕.城市生存环境绿色量值群的研究(3)[J].中国园林，1998，14(3)：55 - 57.
④　王绍增，李敏.城市开敞空间规划的生态机理研究(上)[J].中国园林，2001(4)：5 - 9.

地形、地貌等地理条件的差异造成下垫面性状和热学性质的不同,影响空气流动。凸凹过多和较为粗糙的地面使气流流经地表时因摩擦作用而减速,不利于污染物扩散。山体、盆地等地形及城市建筑等地表突出物对空气流动具有阻滞作用,并导致方向偏转、局部气压变化,在背风面易于形成涡流和污染物聚集。而且,地表不同物质热学性质的差异会导致水陆风、山谷风和热岛环流等局地环流(图 7 - 14),若污染源分布不当,会造成空气污染物在局部区域之间往返运动,使污染物长时间无法扩散,提高空气污染灾害风险。若污染源与绿地等具有调节作用的开放空间分布合理,热岛环流等局地环流能够将洁净空气带入市区,降低空气污染灾害风险。

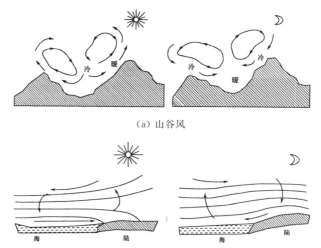

(a) 山谷风

(b) 水陆风

图 7 - 14　山谷风及水陆风示意图

总体上,风速和湍流强度越大,空气污染物扩散和稀释的速度越快,空气污染灾害风险越低。而对于城市风灾,风速较高,湍流强度较大,会造成相应空间内风力过强,风灾风险越高。

4)空间要素对城市风环境、空气污染及风灾的影响

(1)城市总体形态布局

城市所处地理位置及周边水陆分布、山体形态等地形地貌条件决定区域环境的气候条件及大气条件,是城市风环境的外部环境因素。风在流动过程中,处于上风向的山体、丘陵等地形和林带能够阻滞而减缓风速,而山体之间的谷地等宽广区域易于形成风口地带,使风速加快、风力加强。在地形平坦的平原地区,由于缺乏障碍物,风在流动过程中一般风速变化不大。

城市区域内部建筑密集、高层建筑较多,增加了城市环境下垫面的粗糙程度,使风和湍流的速度及方向等特性改变。一般情况下,市区比郊区的风速要慢 30%—40%,风力也大大降低,利于防风,但对空气污染物的扩散过程具有抑制作用,加之城市区域内湍流交换强度明显增大,局部地区风向多变,不利于预防空气污染灾害。

(2)公共开放空间、建筑的形态及布局

道路、广场、绿地等公共开放空间是城市近地面气流流动的主要通道,建筑是城市空间的实体要素,对风具有阻挡作用,能够使风速减小并使其发生方向偏转。公共开放空间及建筑的走向、布局与风向的关系与城市风环境密切相关,从而对空气污染和风灾产生影响。

a. 公共开放空间布局

研究表明,局部范围内,当道路、广场等公共开放空间及周边建筑长轴与风向平行或小于 30 度夹角时,具有狭管效应,流经开放空间内的风基本不受影响,风力、风向及风速基本不变。当公共开放空间及周边建筑长轴与风向垂直或大于 30 度夹角时,产生峡谷效应,公共开放空间内的风速和风力明显减小,易于造成污染物集聚。就整体而言,规则格网的道路、广场等开放空间网络对风向及风速影响不大,不规则格网的布局易于导致局部区域空

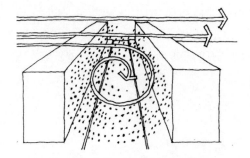

图 7 – 15 建筑及道路布局产生的
峡谷效应使污染物集聚

气方向多变,产生乱流和局部通风不畅①。道路中的机动车排放是城市主要的空气污染源,道路也是主要的通风廊道,道路、周边建筑与风向的布局关系不当,易于造成道路及其周边区域中空气污染物的集聚和相应灾害风险的提高(图 7 – 15)。

b. 公共开放空间尺度比例

道路、广场等公共开放空间的尺度和比例主要取决于自身形状特征、周边建筑高度与公共开放空间宽度的比值,直接影响公共开放空间中的空气流动特征。如前文所述,与风向平行或小于30 度夹角时,狭长道路两侧线性排列的建构筑物形成的狭管效应导致风速提高,若两侧建筑分布使道路呈漏斗状,风流经道路后风速增幅更大。在风向与建筑物长轴夹角在 60—90 度之间的情况下,当公共开放空间宽度与周边建筑高度比例大于 2 时,表现为隔离的粗糙气流(Isolated Roughness Flow),气流场之间几乎没有相互影响,大部分风进入建筑之间的公共开放空间,利于空气污染物扩散,但不利于防风。当公共开放空间宽度与周边建筑高度比例小于 1.5 时,表现为轻掠过的气流(Skimming Flow),风轻微掠过而不进入公共开放空间,并在其内部形成涡流,不利于空气污染物扩散,但利于防风(图 7 – 16)。

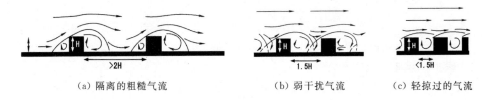

(a) 隔离的粗糙气流　　　　(b) 弱干扰气流　　　　(c) 轻掠过的气流

图 7 – 16　公共开放空间与建筑尺度比例对空气流动的影响

c. 公共开放空间围合度

公共开放空间周边建筑的间距和位置决定公共开放空间的开启大小及其与风向的关系。一般情况下,在上风向的周边建筑围合度越高,致灾强风进入公共开放空间内部的可能性越小,而公共开放空间内部污染物越易于集聚。

d. 建筑形体及布局

当风吹向建筑物时,由于建筑对风的阻挡,风从建筑两侧和上部绕过,在建筑背风面会形成负压区,负压区内气压较低,空气与外界的流通交换较弱,容易造成污染物聚集,但利于防风。建筑背风面负压区的大小与建筑平面形状、宽度、高度有关。通常建筑越长、高度越高,背风面负压区越大。此外,风的分流会导致建筑特定部位风速增加,体形较长的多层建筑使气流主要从建筑顶部翻越,建筑上部的风速最大,体形细高的高层建筑使气流主要从建筑两侧绕行,建筑两侧的风速最大。这一现象在临近高层建筑底层的道路和广场中更为明显,不仅风速大增,还会形成强力的下行风和风向多变的旋风。由于建筑对风的影响,

①　Department of Architecture Chinese University of Hong Kong. Urban Climatic Map and Standards for Wind Environment-Feasibility Study Working Paper 2A:Methodologies of Area Selection for Benchmarking[EB/OL]. (2006 – 10)[2012 – 06 – 05] http://www.pland. gov. hk/pland_en/p_study/prog_s/ucmapweb/ucmap_project/content/reports/wp2a. pdf.

两幢高层建筑之间的风速甚至会比正常风速增强数倍,威胁建构筑物、行人及车辆的安全(图7-17,图7-18)。

不同形体的建筑通过组合布局,形成与风向、公共开放空间的不同分布关系,决定公共开放空间的尺度比例和围合程度,都会使一定空间范围内的风向、风力及风压分布产生差异,形成局部风环境,从而对防风和空气污染产生影响。据国内学者张伯寅的研究,北京崇文门和宣武门一带空气污染较重,原因就在于沿街两排东西走向的板楼阻挡北京常见的南北风,并形成局部涡流,造成污染物无法及时扩散①。

（3）环境设施

公共开放空间周边、内部的树木、灌木等绿化,以及围墙、栅栏等环境设施能够阻滞气流、降低风速和风力。其中围墙是实体性要素,对于风的影响与建筑类似。树木林带因树干和枝叶的阻挡作用

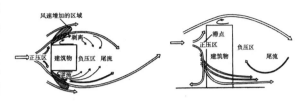

图7-17 建筑物周围的气流状况

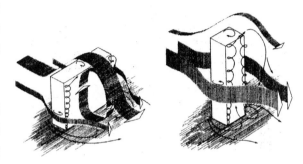

图7-18 横长和细高不同形体的建筑周围气流状况

能够减慢风速,且不易产生乱流。通常宽度较大、树木行数较多、中等郁蔽度、均匀分布的林带透风系数较低,防风效果较好。此外,道路、广场等空间中与风向垂直分布的横向、密集的大型广告牌等环境标识会减弱通风,有时还易于被致灾强风吹落、掀翻,危及行人及车辆安全。

5）缓解空气污染灾害的设计策略

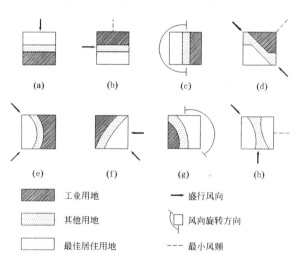

图7-19 主导风向与城市工业污染源及生活用地布局的关系

缓解城市空气污染灾害的设计策略除加强步行空间建设、建立可持续的交通模式、减少私人小汽车使用和汽车尾气污染物排放之外,主要在于根据主导风向,利用城市道路、绿地、广场公共开放空间建立城市通风廊道,促进通风及空气污染物的扩散和稀释,充分发挥城市大气环境的自净化能力,并结合城市工业污染源及具有净化作用的绿地等空间的合理布局,降低城市区域内空气污染物的浓度。

（1）宏观策略

公共开放空间及城市总体空间形态

·城市工业污染源应根据城市风向频率和平均风速的具体情况,布局于城市主导风向的下风向(图7-19)。

---

① 和玲,阳虹霞.避免高层楼群风速大,CBD"风环境"规划先行[EB/OL].(2002-09-20)[2008-10-25] http://house.sina.com.cn/n/b/2002-09-20/14649.html.

·城市总体空间形态应注重与城市主导风向及地形、地貌等地理环境的关系,保持和引导自然气流,充分利用水陆风、山谷风和热岛环流等局地环流,增加通风,促进污染物随城市大气流动的扩散和净化作用。

·城市周边及城市主导风向上风向区域设置对空气具有净化作用的绿地,为空气污染风险较高的市区提供洁净空气。

·在市域范围内,利用城市主要道路、绿带等线性开放空间,形成城市主要通风廊道,其走向应与主导风向平行或夹角不超过30度。

·道路、绿带等通风廊道应贯穿城市中心区等空气污染风险较高的区域,并沿主导风向延伸至城市周边,加强市区与城市周边区域之间的空气交换。

·适当降低城市建筑平均高度及建筑密度,建筑适度分散布局,避免建筑对风的阻滞和减缓作用。

·密集的高层建筑群应布置于城市主导风向及水陆风、山谷风等自然风的下风向,并应与城市主要通风廊道保持相应距离,确保其通风效果。

(2)中观策略

a.公共开放空间布局

·通过适当连接景观绿带、城市道路、建筑退让区域、广场等开放空间,形成连续的分区级通风廊道,其走向应与主导风向平行或夹角不超过30度,均衡分布于分区范围内,以引导主导风及水陆风、山谷风等自然风进入分区内部,促进分区内通风(图7-20)。

·分区内道路等公共开放空间网络宜采用规则格网形态,避免主导风的过度分流导致风力、风速下降及乱流等对空气污染物扩散的不利影响。

·在不影响通风廊道通风效果的前提下,在主导风及水陆风、山谷风等自然风上风向及建筑区域之间设置具有净化空气作用的绿地、水体等开放空间,为分区内提供洁净空气(图7-21)。

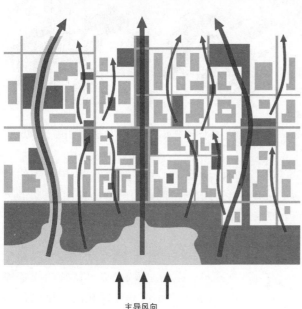

主导风向

绿地 ▮ 湖泊 河道 建筑 —— 道路 通风廊道 ↑

图7-20 城市及分区主要通风廊道设置

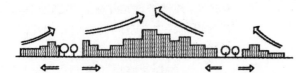

绿地过滤、净化空气污染物,为周边建设地带输送洁净空气

图7-21 绿地与建筑及污染源的间隙分布缓解空气污染

·通过扩大建筑退让距离、拓宽道路等方式,确保通风廊道的宽度和通风效果。

·分区内应尽量缩短和减少与主导风向垂直或成60度以上夹角的道路、绿地、广场等开放空间,减少空气污染物易于滞留、集聚的区域。

b. 建筑布局

·分区内建筑布局应确保作为通风廊道的公共开放空间形态布局及其与主导风向的分布关系。建筑走向应与主导风向平行或夹角不超过 30 度,尽量避免与主导风向垂直或夹角超过 60 度(图 7－22)。

·分区内通风廊道两侧的建筑布局应确保通风廊道宽度及其空间实体界面的平整性,避免因建筑平面凹凹等形体变化过多而导致的局部乱流。

·避免在分区通风廊道内部及主导风向上风向设置密集的高层建筑群及体量过大的板式建筑(图 7－23)。

·分区内通风廊道之间的建筑的长轴与主导风向垂直或夹角超过 60 度时,宜错落排列,以增强建筑之间的通风。

·控制分区内建筑总体密度、高度及不同密度、高度的分布。适当降低分区内建筑平均密度、高度,不同高度的建筑群体应沿主导风向逐级升高,不同密度的建筑群体应沿主导风向逐级升高,密度及高度较高的建筑群体应设置于主导风向下风向,并错落排列,促进分区内的通风。

(3)微观策略

a. 公共开放空间方位及尺度

·道路、广场等开放空间走向应与主导风向平行或夹角不超过 30 度。

·对于与主导风向垂直或成 60 度以上夹角的道路、绿地等开放空间,应结合建筑退让距离调整其比例尺度,使其宽度与周边建筑高度比例大于 2,促进局部环境中的通风(图 7－24)。

b. 建筑走向及形体处理

·建筑长轴应与主导风向平行或夹角不超过 30 度。

·公共开放空间周边建筑应结合场地出入口、建筑间距控制等方式在主导

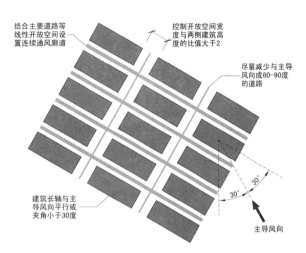

图 7－22　利于通风及缓解空气污染灾害的道路等公共开放空间与建筑布局

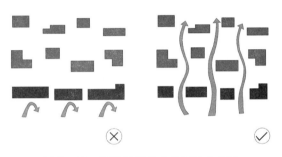

图 7－23　促进通风的主导风及水陆风等上风向建筑布局

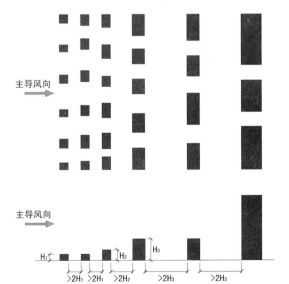

图 7－24　利于通风及缓解空气污染灾害的建筑布局及公共开放空间尺度比例控制

风向上风向设置通风出入口,并结合建筑布局组织局部环境内的通风路线。

·垂直于主导风向的建筑应避免过长过高的板式高层。在无法避免时宜采用设置建筑架空层或开启洞口等手法,促进道路等公共开放空间的通风(图 7 – 25)。

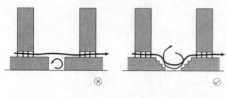

图 7 – 25　通过建筑形体处理加强局部
通风及空气污染物扩散

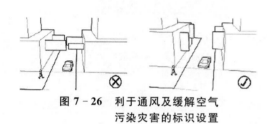

图 7 – 26　利于通风及缓解空气
污染灾害的标识设置

c. 环境设施布局

·局部通风不畅的地点设置梧桐、女贞、大叶黄杨、桑树、悬铃木、樟树、夹竹桃、刺槐合欢、桃树、榆树等具有空气净化作用的绿化植栽,以及采用对空气污染具有较强抗性的树种,减少局部环境中的空气污染物。

·减少道路、广场等公共开放空间中与主导风向垂直或夹角超过 60 度分布的封闭架空步道,尽量采用开放式架空步道,减少对风的遮挡和阻滞作用。

·作为通风廊道的街道、广场等公共开放空间中独立设置及周边建筑的外伸广告牌等环境标识应采用竖向形态,分散分布,避免过于密集的大面积横向标识对风的阻挡(图 7 – 26)。

·绿化、景观处理、建筑小品等环境设施应避免对于局部环境通风的不利影响。在主导风向的上风向,不宜设置连续而高大的景观墙、建筑小品等妨碍空气流通的实体性环境设施和过于密集的林带。

6)缓解风灾设计策略

缓解风灾的设计策略主要根据城市致灾强风风向,通过城市形态及空间构成要素的组织,合理布局建筑及开放空间,并利用地形、林带、建筑等要素的防风作用,减小城市环境尤其是公共开放空间中的风速和风力,降低城市强风致灾的风险和危害。

(1)宏观策略

公共开放空间布局及城市总体空间形态

·城市建设选址应根据致灾强风风向,利用山体等地形条件形成防风屏障,尽量选择山体等自然地形的背风面,避开山体之间的风口地带。

·在城市周边致灾强风风向上风向设置城市级防风林带。

·城市主要道路、绿带等城市级线性开放空间走向应与致灾强风风向垂直或夹角不小于 60 度,避免强风通过公共开放空间形成的风道进入城市内部区域。

·适当提高城市建筑总体高度及密度,建筑适度集中布局,利用建筑相互遮风。

·在满足建筑防风前提下,致灾强风的上风向应布置较为密集的建筑群,阻挡强风。

(2)中观策略

a. 公共开放空间布局

·在分区内致灾强风上风向设置连续的防风林带。

·分区内主要道路、广场、绿地等开放空间走向应避开致灾强风的方向,与致灾强风风向垂直或夹角大于 60 度。

·尽量减少与致灾强风风向平行或夹角小于 30 度的道路、绿地等开放空间,无法避免时应通过方向偏转等方式缩短其长度,避免致灾强风进入分区内部。

·应尽量避免将主要道路、广场、绿地等主要公共活动空间设置于高于周边建筑平均高度的高层建筑附近,防止高层建筑形成的底部局部强风及乱流危及公共空间中的活动人群。

·使用人群较多的广场、绿地等公共开放空间应避免设置于较长的道路尽端或与其他道路的交叉口处,防止街道强风危及公共空间中的活动人群。

b. 建筑布局及高度控制

·控制分区内建筑总体密度、高度及不同密度、高度建筑的分布。适当提高分区内建筑平均密度、高度,建筑群体的高度及密度应沿致灾强风风向逐级降低,密度及高度较高的建筑群体应设置于致灾强风风向上风向,利用建筑遮挡强风。

·分区内各建筑群之间的高度差异不宜过大,并避免将高层建筑独立设置于空旷地带。

·分区内建筑布局应确保道路等风道与致灾强风风向的适宜关系。在满足建筑防风前提下,建筑长轴应与致灾强风风向垂直或夹角超过60度。

·在与致灾风向夹角呈0—30度的道路等公共开放空间的两侧,连续的建筑界面不宜过长,并避免形成漏斗状围合界面。

·在满足建筑防风要求前提下,在分区内与致灾强风风向夹角呈0—30度的道路等风道的上风向形成连续的建筑围合界面,利用建筑遮挡强风,减小风力(图7-27)。

(3)微观策略

a. 公共开放空间方位及尺度

·道路、广场、绿地等公共活动空间应尽可能设置于致灾强风下风向及建筑的背风面。

·道路、广场、绿地等公共活动空间走向应尽可能与灾害性强风风向成60—90度夹角,并应控制建筑高度及退让距离,将公共开放空间宽度与周边建筑高度的比值控制在1.5以下,以防止致灾强风进入公共空间内部(图7-28)。

·对于规模较大的广场、室外停车场等开放空间,应利用地形、树木绿化及景观要素进行内部划分,避免

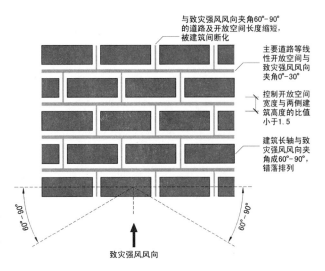

图7-27 利于缓解风灾的道路等公共开放空间与建筑布局

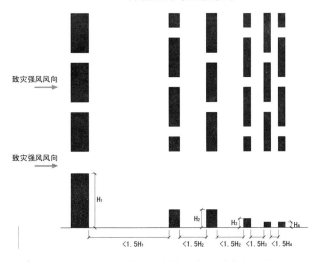

图7-28 利于缓解风灾的公共开放空间尺度比例及建筑高度分布控制

过于空旷形成局部大风。

    b. 建筑走向及形体处理

    ·在满足建筑防风前提下，在公共开放空间周边致灾强风上风向设置连续的建筑，并尽可能与致灾风向垂直，以遮挡强风。

    ·建筑形体除满足自身抗风性能要求外，建筑高度变化及形体组合应利于阻挡大风，避免对于近地面高度街道、广场等空间的不利影响。高层建筑应在临近开放空间的位置设置多层裙房，塔楼退让裙房相应距离，或在适宜高度设置雨篷等突出物，以减小对于地面层风环境的不利影响（图 7 - 29）。

    ·公共开放空间周边建筑间距及开口应避开致灾强风的上风向，避免强风进入公共开放空间内部。

    c. 环境设施

    ·在道路、广场等公共开放空间周边致灾强风上风向，垂直于致灾强风设置具有防风作用的林带、景观墙及栅栏等设施，并根据公共开放空间尺度确保其具有适宜的宽度及高度。

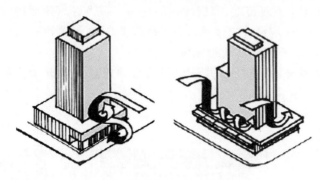

图 7 - 29 通过建筑形体处理避免高层建筑使地面层风力加大

    ·防风绿化带应形成乔木、灌木等多种植物类型的复合结构，利用不同树种的高度差异使绿带在整个高度上具有相近的遮风效果，并尽可能选用常绿、多叶及抗风力强的树种。

    ·结合建筑形体处理设置骑楼、门廊和封闭步行廊道，为行人遮风。

    ·适当增加道路、广场等公共开放空间中与致灾强风垂直或超过 60 度夹角的封闭架空步道，阻挡强风。

7.2 灾害缓冲隔离设计策略

7.2.1 公共开放空间灾害缓冲隔离职能的作用机制

    根据能量意外转移的事故致因理论及灾害系统论，灾害的发生具有完整的过程。灾害源通过能量及物质的释放，形成致灾因素，致灾因素经过一定途径进行转移和传播，接近并作用于承灾体，能量和物质一旦超过承灾体的承受能力，则导致灾害后果。致灾因素的转移和传播基本以空间及空间中的物质要素作为主要媒介。通常情况下，随着空间范围的扩大，致灾因素自身具有的能量及物质逐渐衰减和释放，其危害也相应减弱，降至一定水平时，低于承载体的抗受能力，灾害后果较轻，甚至不发生灾害。从这一角度，灾害具有一定的空间领域性。一定强度的灾害具有一定的空间影响范围，形成相应的受害区域。比如城市河湖水体、山坡地、工业污染源、电力设施、燃气燃油供应站等潜在灾害源周边的相应区域是城市洪涝灾害、滑坡及泥石流等地质灾害、环境污染灾害、爆炸、火灾等灾害的高风险区域，而在这些受害区域之外则相对安全。因此，一方面，城市公共开放空间是各类致灾因素作用于建筑、人等承灾体的主要空间媒介；另一方面，在灾害源与承灾体之间、具有适宜特性的公共开放空间具有灾害缓冲、隔离作用，能够减小致灾因素的强度，阻断灾害蔓延及传播途径,限制灾害规模,甚至使潜在的承灾体避开致灾因素。绿地等开放空间具有净化空气和杀菌作用,能够降低空气中的污染物、病毒、细菌浓度,有效抑制传染性疫病和空气污染的扩散。在大规模火灾中,火势的扩散主要通过辐射热、火焰接续和明火飞散三种方式进行。其中,辐射热随距离的增大而快速衰减,火焰接续依赖于易燃物质,而火球、火花等明火飞散的距离受到风向及风速影响,有时会飞落至火源周边数百米之外,方向及距离具有不确定性。城市中较为宽阔的道路、广场、水体和以耐燃性植物构成的绿地及林带能够促使热量衰减,隔断火焰,遮挡明火飞散,防止大火延烧[①]。对于噪声污染,噪声由声源发出,经空气等环境要素进行传播、扩散,对受音体产生影响。噪声的传播实质上是一种能量的传播,随传播距离的增大而发生能量衰减,还会发生声波发射、折射、衍射、吸收、透射等物理现象,导致噪声强度的改变。因此,通过对中间传播环境的组织和设计能够降低噪声强度和其危害程度。

7.2.2 灾害缓冲隔离公共开放空间的构成类型及属性要求

1) 构成类型

根据物质构成和作用机制的差异,灾害缓冲隔离公共开放空间主要由缓冲隔离空间、缓冲隔离实体屏障和缓冲隔离绿化屏障构成。

缓冲隔离空间:主要包括各类灾害源及受害体建筑周边的开放空间。比如用于防洪调水的河漫滩地、分洪区,山地陡坡等地质灾害源周边的绿地、空地,以及用于泄爆、防火、疫病隔离的道路、广场、绿地、水体、空地等。

缓冲隔离实体屏障:主要包括各类防灾工程设施、建筑、墙体及地形等。比如针对洪涝灾害的防洪堤坝,针对泥石流灾害的拦砂坝,针对滑坡灾害的挡土墙,防火墙,防爆墙,隔音墙,用于滞洪、防爆、隔音的丘陵、山体、土堤等,以及耐燃性较好、遮挡噪声的建筑等均属于这一类型。

缓冲隔离绿化屏障:主要包括防火林带、防风林带和防噪、防疫等卫生防护林带等。

其中,缓冲隔离空间主要通过增大灾害源与承灾体之间的距离,促进火灾辐射热、噪声、洪水等致害因素的能量衰减和物质减少。缓冲隔离实体屏障和缓冲隔离绿化屏障主要通过直接阻断水、热、声等致灾因素的扩散途径,将致灾因素与承灾体进行空间隔离。实践中往往将缓冲隔离空间、缓冲隔离实体屏障和缓冲隔离绿化屏障综合运用,以提升其灾害缓冲隔离作用。

按照作用范围及层次不同,灾害缓冲隔离公共开放空间分为局部缓冲隔离空间及整体缓冲隔离空间。在城市环境中,局部范围内的缓冲隔离空间旨在保护特定建筑等承灾体或抑制特定灾害源对局部空间的危害,而整体缓冲隔离空间的作用在于抑制致灾因素在城市总体及不同区域之间的扩散,降低城市发生广域性灾害的风险。

2) 属性要求

完整性:灾害缓冲隔离公共开放空间应为潜在承灾体提供全面、完整的保护,而不应在某些特定地点有所缺漏。

实效性:灾害缓冲隔离公共开放空间的规模及物质构成应能够充分减小致灾因素的影响能力及范围,阻断其扩散途径。

---

① 李树华,李延明,任斌斌,等.浅谈园林植物的防火功能及配置方法[C]//北京园林学会.抓住2008年奥运机遇进一步提升北京城市园林绿化水平论文集.2005:437-443.

层次性：应依据不同区域内灾害源及承灾体分布情况、致灾因素强度及灾害风险水平，综合运用缓冲隔离空间、缓冲隔离实体屏障和缓冲隔离绿化屏障，形成多层次的灾害缓冲隔离公共开放空间，提高其防护作用。

均好性：缓冲隔离公共开放空间在潜在承灾体周边全长范围内应具有相同或相近的灾害缓冲隔离作用，其效果不应有所差异。

7.2.3 空间要素对公共开放空间灾害缓冲隔离职能的影响

除灾害类型、强度和承灾体适灾、抗灾能力等因素之外，公共开放空间的灾害缓冲隔离作用主要取决于自身形态特征、物质构成特征，及其与灾害源、承灾体之间的布局关系。

1) 公共开放空间与灾害源及承灾体的布局关系

（1）位置关系

公共开放空间应分布于潜在灾害源与承灾体之间、致灾因素扩散路径上，形成二者之间的空间间隔，才能发挥其缓冲隔离作用。根据灾害源及承灾体的不同，缓冲隔离公共开放空间的位置通常具有两种情况。在灾害源确定、集中分布时，缓冲隔离公共开放空间多分布于灾害源周边，避免灾害源对周边区域造成危害，比如河湖水体周边的滩涂、堤防，以及化工厂等工业污染源周边的绿地等；在灾害源不确定、分散分布，或建筑等承灾体设防等级较高时，缓冲隔离公共开放空间一般分布于承灾体周边，比如灾害避难救援空间周边的防火隔离带、防疫分区之间的防疫隔离带和城市综合防灾分区之间的缓冲隔离空间等。

（2）形态关系

a. 单一布局

在局部范围内，根据致灾因素扩散方式和路径的差异，灾害缓冲隔离公共开放空间与承灾体、灾害源之间的布局关系可以分为线状分隔和围合分隔两种状态。

线状分隔：灾害源呈线状分布，且致灾因素扩散途径确定、扩散方向单一或较少时，缓冲隔离公共开放空间一般呈线性分布，比如道路两侧的降噪林带、防风林带和河道两侧的行洪调水区等。

围合分隔：灾害源具有点状或面状形态特征，且致灾因素向四周辐射扩散或无确定的扩散路径，缓冲隔离公共开放空间一般应围合灾害源和承灾体，比如易于发生爆炸的燃油燃气供应站，易于发生滑坡和泥石流等地质灾害的山体陡坡周边的绿地、空地，以及防疫分区之间的防疫隔离带（图7-30）。

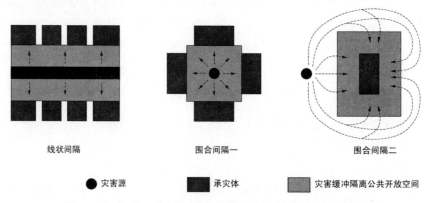

| 线状间隔 | 围合间隔一 | 围合间隔二 |

● 灾害源　　■ 承灾体　　■ 灾害缓冲隔离公共开放空间

图 7 - 30　公共开放空间与灾害源和承灾体的单一布局关系

b. 组合布局

在整体层面,城市中灾害源类型众多、分布广泛,建筑等承灾体的设防要求也不尽相同,不同类型的灾害缓冲隔离公共开放空间必然具有较为复杂的组合形态,形成线状与围合形态综合的网络化布局。实际上,根据灾害类型和风险水平的差异,可以对局部高风险区域及灾害源周边区域进行重点强化,从灾害源及承灾体两方面抑制灾害扩散,回避致灾因素。同时也应当注意到,城市灾害具有一定的连锁性、随机性等特征,而且一种灾害不仅会造成多种次生灾害,还会在城市内迅速蔓延,扩大受害区域及灾害规模。比如地震灾害造成房屋、道路和供水、供电、供气设施倒毁,引发局部火灾,而道路及供水设施的破坏造成消防作业无法正常进行,加之建筑密集、易燃材料密集和不利风向等气象条件的综合作用,极易造成火势蔓延,形成街区乃至城市大火。1923 年日本关东地震后引发的火灾使东京市内 2/3 的面积发生燃烧,大火直接或间接造成 12.6 万人丧生,占总死亡人数的 90%。1995 年 1 月 17 日发生的日本阪神大地震引发的火灾烧毁近 100 万 m² 的房屋[①]。因此,针对城市疫病、大规模火灾等广域性灾害,灾害缓冲隔离公共开放空间的网络化布局能够最大限度地抑制各类致灾因素在城市各区域之间的扩散,避免原生灾害及次生灾害的连锁影响,降低城市整体的灾害风险。

2) 公共开放空间形态及物质构成

(1) 宽度及空间规模

缓冲隔离公共开放空间的规模直接影响致灾因素所蕴含的能量及物质的衰减程度。空间规模的大小取决于宽度、长度、高度等要素,通常宽度是主要的控制要素。一般情况下,公共开放空间的宽度越大,其容积和容量越大,承灾体与灾害源之间的距离越大,其灾害缓冲隔离作用就越为显著。比如,洪涝灾害及泥石流、滑坡等地质灾害的缓冲隔离空间的长度、宽度、高度、容积越大,其容纳的水、砂石越多,流经缓冲隔离空间后水、砂石的总量越少,传播速度越慢,对致灾因素强度的弱化作用越好。对于火灾和爆炸形成的灾害,缓冲隔离空间的宽度决定承灾体与灾害源之间的间距,宽度越大,冲击波、热量等致灾因素的衰减程度越大。对于噪声污染导致的灾害,受音体与噪声源的距离增加 1 倍时,点声源的声压级降低 6 dB,线声源的声压级也会降低 3 dB。城市干道及其中行驶的车辆是城市主要噪声源之一,当受音体与干道距离大于 15 m 时,距离每增加一倍,噪声级大致降低 4 dB[②]。因此,针对城市洪涝、火灾、爆炸、地质灾害、噪声污染、传染性疫病等灾害,确保灾害缓冲隔离公共开放空间具有适宜的宽度是确保潜在承灾体安全的前提。通常情况下,在我国规划建设实践中,多根据致灾因素总量、强度、传播方式、传播特性、建筑等承灾体设防等级、灾害风险水平、历史受害地图等要素,针对洪涝、地质等灾害在相应的安全规划中划定灾害缓冲隔离空间的宽度及范围,控制建筑等承灾体的退让距离。而针对城市局部火灾、爆炸等灾害,在我国城市规划及建筑设计相关防火、防爆规范中对建筑防火、防爆间距也进行了相应规定。

(2) 物质构成

公共开放空间的灾害缓冲隔离职能与其物质构成及材料特性密切相关。比如,针对洪涝、泥石流、滑坡等灾害的缓冲隔离带中应具有渗水性较好的粗糙地面,以及根系深广、吸

---

① 王国权,马宗晋,周锡元,等.国外几次震后火灾的对比研究[J].自然灾害学报,1999,8(3):72-79.
② 柳孝图.建筑物理环境与设计[M].北京:中国建筑工业出版社,2008:275-276,342.

水截雨能力强、郁蔽度好的乔木和灌木，以缓解砂石、水流的强度和速度。对于爆炸和火灾，道路、广场采用的材料和绿地中的树种具有较高的耐燃性是防火隔离带的基本要求，而具有不燃性的天然及人工水体的防火隔离效果更好。不同的地面材质具有不同的降噪作用，坚硬光滑的混凝土地面因对声波的反射作用而使噪声增强，草坪、多孔材料等粗糙度较高的地面具有一定的吸声、降噪作用。

3）缓冲隔离屏障形态及物质构成

（1）缓冲隔离实体屏障形态及物质构成

缓冲隔离实体屏障通常必须具有一定的高度。作为洪涝灾害、泥石流灾害的主要致灾因素，水和砂石的运动主要受重力作用的影响，防洪堤坝及拦砂坝等防灾工程的高度决定其对洪水和砂石的拦蓄能力。通常，用于防火、防爆、防风、防噪的实体屏障的高度越高，其缓冲隔离效果越好。在具体设计中，最为常见的是用于防风和隔音降噪的墙体、建筑和结合地形修建的土堤。以噪声污染为例，声波传播过程中经过墙体、坡地、建筑等实体屏障后，会在屏障后形成音影区，音影区内噪声强度大大减弱（图 7-31）。通常隔音屏障越高，

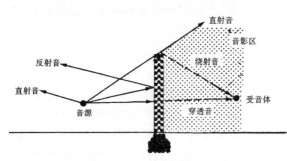

图 7-31 音影区的形成

音影区面积越大，隔音效果越好。隔音墙是大量使用的实体隔音屏障，国内外研究认为从隔音效果出发，结合视觉、景观等其他要求，高度在 2—4 m 范围之内的隔音墙可以使音影区内的受音体免受噪声的直接干扰，但隔音墙对受音体与噪声源之间的距离要求较高。而结合地形形成的隔音土堤将噪声向天空反射，建筑退后距离要求较小。实践表明，结合坡地修筑宽度达到 20 m 的土堤，就可使噪声衰减 5—6 dB。此外，隔音屏障的材料也应达到一定要求，由密度较大（大于 20 kg/m³）、无缝隙孔洞和表面粗糙的砖墙、混凝土砌筑的隔音墙和隔音土堤防噪效果较好[①]。

（2）缓冲隔离绿化屏障形态及物质构成

用于灾害缓冲隔离的绿化屏障主要包括用于减缓噪声、空气污染、传染性疫病的卫生防护林带和防火、防风等林带，林带的宽度、高度、树种构成、郁蔽度、种植结构等要素是影响其缓冲隔离职能的主要要素。

a. 防火林带

树木因自身蕴含水分而能够降低温度、减少辐射热、抑制燃烧。树冠枝叶能够有效遮断辐射热，减小局部风力，减弱火焰倾斜、重叠造成的火势蔓延。通常宽度大于 10—15 m、高度大于 10 m 的防火林带可以防止火焰与易燃物质直接接触，使火源热量随距离增大而衰减，同时还能够遮挡火球、火花等明火飞散及辐射热的传播，抑制火势蔓延。

林带的防火隔离作用还受到树木耐燃性、遮蔽率等因素的影响。在火源及间距一定的情况下，耐火临界温度高的树木较难着火。实验证明，常绿阔叶林的耐火临界温度为 455 摄氏度，高于落叶阔叶林和针叶林，防火性能较好。树木含水率越高其耐燃性越好，含油率较高的树木易于发生燃烧。珊瑚树、银杏等树种含水率可达到 70% 以上，且含油率较低，

---

① 黄世孟. 场地规划[M]. 沈阳：辽宁科学技术出版社，2002：257-258.

160 安全城市设计

适于用作防火林带;樟树、桂花、香柏等树脂较多的树木含油率较高,耐燃性较差,不利于防火。遮蔽率高的林带能够有效遮断辐射热和火苗的扩散途径。防火林带的遮蔽率与构成树种的树冠尺寸、形状、高度、林带宽度、构成配置及种植密度等因素密切相关。常绿阔叶林遮热率一般能够达到40%,落叶阔叶林为30%。高度不足的低矮树木便于火苗从顶部越过,枝叶稀疏的树冠使辐射热和火苗易于穿过,不利于防火。高大乔木与低矮灌木相结合、排间交互种植和加密种植能够增大防火林带的密实性,提升其遮蔽作用。研究表明,一般3排树木交互种植,遮热率可达95%以上,基本能够达到防火隔离的要求[①]。总体上,树木越高、树冠越大、枝叶越密、错落密植的防火林带遮断火势的效果越好。

b. 防风林带

树木林带对风具有阻滞作用,能够减慢风速,降低风力。根据透风能力和防风作用的差异,防风林带可以分为透风林、半透风林和不透风林。林带两侧及内部种植灌木、郁蔽度较高的不透风林可有效降低风速,但易于产生涡流,且风速恢复较快。只在林带两侧种植灌木、中等郁蔽度的半透风林,既可有效降低风速,也不易导致涡流,较为适用于防风。林带的透风能力和防风作用与林带的树种、宽度、高度、种植结构、郁蔽度等因素有关。杨树、柳树、榆树白蜡、马尾松、黑松、圆柏等树种抗风能力较强,枝叶茂盛,适合用于防风林带。通常,防风林带的有效防风降速距离约为林带高度的20倍。由宽度不小于10 m的多排林带构成且按照致灾强风来向依次布置透风林、半透风林和不透风林的组合林带防风效果较好[②]。

c. 防噪林带

树木的树干和枝叶能够使声波在传播过程中发生反射、衍射、透射等物理现象,促使噪声能量衰减和强度降低。与实体性隔音屏障相似,其隔音效果与宽度、高度有关。研究表明,散布的树木对声波传播影响不大,基本不具有隔音降噪功能。宽度大于10—15 m、高度大于10 m的林带隔音效果较为明显[③]。常绿树木为主、灌木与乔木结合、种植密度较高、多行排列的林带隔音降噪效果较好。

d. 缓解空气污染的林带和防疫林带

用于缓解空气污染和卫生防疫的缓冲隔离空间除要求通风良好外,还多设置卫生防疫林带。通常,以灭菌、降尘作用显著的树种构成的宽阔林带效果较好,宽度大于10 m的林带能够有效减少空气污染物,宽度15—30 m的林带具有一定的减少病菌、抑制疫病蔓延的作用。

此外,从长期看,用于灾害缓冲隔离的林带的职能和作用与生长态势密切相关。光、热、水等环境条件直接影响植物的生长发育,缺少适宜的阳光、水分、气温、生长空间和良好的管理维护,都会使植物的生理特性和林带的郁蔽度等因素发生变化,降低其缓冲隔离作用。

7.2.4　设计策略

灾害缓冲隔离设计主要通过道路、广场、绿地、水体等空间和缓冲隔离实体屏障、绿化

---

①　李树华,李延明,任斌斌,等.浅谈园林植物的防火功能及配置方法[C]//北京园林学会.抓住2008年奥运机遇进一步提升北京城市园林绿化水平论文集.2005:437-443.

②　谭纵波.城市规划[M].北京:清华大学出版社,2005:329-330.

③　柳孝图.建筑物理环境与设计[M].北京:中国建筑工业出版社,2008:351.

屏障的综合设置和形态组合,形成连续、多层次的灾害缓冲隔离公共开放空间,抑制空间整体范围内的灾害扩散,降低城市总体灾害风险,并对主要灾害源及受害风险较高的建筑等承灾体周边进行局部重点强化,以保护潜在的承灾体和受害区域。

1) 宏观策略

灾害缓冲隔离公共开放空间及城市总体形态

·结合城市安全规划中的综合防灾规划及防洪涝、防地质灾害、防火防爆、防噪、防疫等各专项规划,根据灾害区域、安全区域、建设选址及缓冲隔离区划定及相关要求,在城市主要灾害源周边及潜在受害区域周边,利用较大规模的绿地、水体、林带、滨水空间等开放空间,结合相应的防灾工程措施,设置城市级主要灾害缓冲隔离区(图 7-32)。

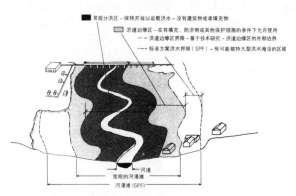

图 7-32　根据洪水水位与淹没区关系确定的滨水防洪缓冲隔离公共开放空间

·结合城市安全规划划定的综合防灾分区,充分利用山体、水体等地形地貌特征,以城市中较为宽阔的主干道、绿带、林带、河道水体等公共开放空间在城市各分区之间设置城市级灾害缓冲隔离带,将城市级主要灾害缓冲隔离区相连接,形成连续化、均衡化、网络化的灾害缓冲隔离公共开放空间总体布局,与城市各建筑区域间隙分布,为城市各分区提供有效防护,形成总体分散的城市形态及建筑布局,防止城市分区间灾害蔓延及灾害规模扩大,降低城市总体灾害风险。

·确保城市级灾害缓冲隔离公共开放空间的宽度及规模,以使居住、商业等主要受害建筑区域远离火灾、爆炸、热源等灾害源和低洼地、易于发生崩塌、地裂与滑坡等受害风险较高区域。通常,综合多种灾害的特征和要求,分区间的城市级缓冲隔离绿地等公共开放空间的宽度应不小于 500 m[①]。

2) 中观策略

(1) 分区灾害缓冲隔离公共开放空间形态布局

·在城市总体灾害缓冲隔离公共开放空间布局的基础上,进一步完善分区形态及分区内缓冲隔离公共开放空间布局。

·利用分区内道路、广场、绿地、水体等公共开放空间,在分区内主要灾害源、主要建筑及避难救援空间等重点设防区域周边设置分区级主要灾害缓冲隔离区。

·利用分区内主要道路、绿带、林带、河道水体在分区内各建筑区域之间设置连续的分区级灾害缓冲隔离带,将分区级主要灾害缓冲隔离区相连接,形成分区内灾害缓冲隔离公共开放空间的网络化布局,防止分区内各建筑区域间灾害蔓延(图 7-33)。

·分区级灾害缓冲隔离公共开放空间的宽度及规模应满足城市洪涝、地质灾害、防火、防爆等相关规划要求及规范要求,使分区内建筑等承灾体远离灾害源及受害风险较高的区域(表 7-4)。

---

① 　李敏.现代城市绿地系统规划[M].北京:中国建筑工业出版社,2002:12-14.

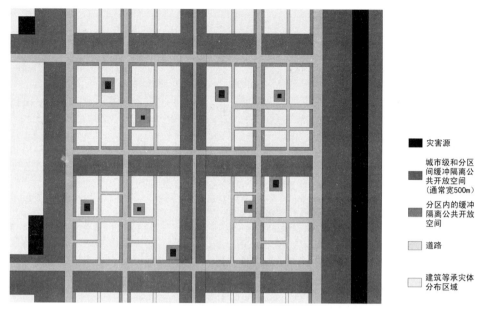

图例：
- 灾害源
- 城市级和分区间缓冲隔离公共开放空间（通常宽500m）
- 分区内的缓冲隔离公共开放空间
- 道路
- 建筑等承灾体分布区域

图7-33　城市级及分区级主要灾害缓冲隔离公共开放空间分布图示

表7-4　不同灾害类型的缓冲隔离公共开放空间的构成及要求

灾害类型	构成	设置地点	宽 度 及 规 模 要 求
洪涝灾害	· 绿地、广场、空地、河漫滩等 · 防洪抗涝堤坝等工程设施	· 城市河道、湖泊等水体周边； · 易受洪涝灾害的低洼地带周边及设防等级较高的建筑、设施、避难救援空间等周边	· 根据相应之防洪（工程）规划及具体设计确定； · 依据相关规范要求 （宽度间距等要求因洪涝灾害风险、建设项目地面标高、设防等级等因素而异，详细内容从略）
地质灾害	· 绿地、广场、空地等 · 拦砂坝等防灾工程设施	· 地质条件较差的山体、陡坡、地质塌陷区等地裂、塌陷、泥石流、滑坡等灾害源周边； · 易受地质灾害的低洼地带周边及设防等级较高的建筑、设施、避难空间等周边	· 根据相应之防地质灾害（工程）规划及具体设计确定； · 依据相关规范要求 （宽度间距等要求因地质灾害风险、建设项目地质条件、设防等级等因素而异，详细内容从略）
爆炸	· 绿地、广场、水体、空地、宽阔道路、山体、丘陵等 · 防爆墙、地形屏障等	· 易燃易爆物品生产工厂、仓库、燃气燃油供应站、高压输电线路等周边； · 设防等级较高的建筑、设施、避难救援空间等周边	· 根据相应防爆规划及具体设计确定； · 依据相关规范要求 （宽度间距等要求因易爆物容量及设防等级等因素而异，详细内容从略）

灾害类型	构成	设置地点	宽 度 及 规 模 要 求
火灾	· 绿地、广场、水体、空地、道路等 · 防火墙、耐燃建筑屏障、防火林带等	· 易燃易爆物品生产工厂、仓库、燃气燃油供应站、高压输电线路、易发火灾的民用建筑等周边; · 易于发生大面积火灾的历史文化街区、木构建筑密集区、工厂内部及周边; · 防火等级及要求较高的建筑、设施及避难空间等周边	· 城市级、分区级防火隔离带主要根据相应城市消防防火规划及具体设计确定; · 依据城市规划及建筑设计防火规范建筑间距要求; (宽度间距等要求因火源特性、防火等级等因素而异,防火林带宽度通常不小于10—15 m,高度不小于10 m,其余详细内容从略)
噪声污染	· 绿地、林带、广场、空地等 · 隔音墙、建筑隔音屏障、隔音地形及土堤、防噪林带等	城市主要道路、铁路、交通设施、工厂、商业娱乐等生活污染源周边	· 根据相应防噪声污染规划及设计确定; · 依据相关规范要求 (宽度间距等要求因噪声源等级及建筑防噪等级要求等因素而异,一般防噪林带通常宽度大于10 m,高度不小于10 m,城区铁路两侧的防噪林带不小于30 m,城区段高速公路两侧的防噪林带宽度在20—30 m,其余详细内容从略)
空气污染	绿地、林带、广场、水体、空地等	污染物排放较多的工厂、城市道路周边及附近区域	根据相应规划及具体设计确定 (宽度间距等要求因工业企业等污染源等级、污染物类型等因素而异,缓冲隔离绿带宽度一般在50—1 000 m之间,内部分别设置不同数量及宽度的林带,单列林带宽度不小于10 m,其余详细内容从略)
疫病	以绿地、林带为主	· 传染病医院、医疗机构、垃圾站等环境卫生公共设施周边; · 易于导致疫病大面积传播的建筑密集街区	· 城市级、分区级防疫隔离带根据相应规划及具体设计确定; · 依据城市规划及建筑设计相关规范要求 (宽度间距等要求因疫病特性等因素而异,通常传染病医院等主要疫病污染源周边缓冲隔离空间宽度为40—50 m,各地段及分区周边宽度不小于30 m,并应设置宽度15—30 m的缓冲隔离林带,其余详细内容从略)
风灾	山体地形屏障、防风林带、建筑、防风墙等	致灾强风的上风向	· 根据相应防风规划及具体设计确定 (宽度间距等要求因风力、防风等级等因素而异,通常防风林带宽度不小于10 m,高度不小于15 m,其余详细内容从略)

（2）建筑布局

·分区内建筑应相对总体分散、局部集中，与灾害缓冲隔离公共开放空间间隙分布，并处于其保护范围及安全区域之内。

·控制分区内灾害缓冲隔离公共开放空间周边建筑的退让间距，满足规划及规范要求，确保缓冲隔离开放空间的宽度及规模。

·按照不同灾害设防等级确定建筑等承灾体、灾害源与缓冲隔离公共开放空间的布局关系，设防等级较高的医院、学校、公共设施及避难救援空间等应远离灾害源，并处于分区级缓冲隔离公共开放空间的保护范围之内。

3）微观策略

（1）建筑场地设计

·利用场地内的绿地、停车场、广场等开放空间在场地内易于引发灾害的锅炉房、仓库等灾害源周边及场地周边设置灾害缓冲隔离空间。

·按照不同灾害设防等级确定场地内建筑与灾害源和缓冲隔离公共开放空间的布局关系，设防等级较高的建筑应远离灾害源和缓冲隔离公共开放空间。

·场地内不同建筑之间的间距及退让场地周边灾害源的间距应满足相关规划设计及建筑防火、防爆等规范要求，确保灾害缓冲隔离开放空间的宽度及规模。

（2）灾害缓冲隔离公共开放空间详细设计

·灾害缓冲隔离公共开放空间应设置于灾害源及建筑等承灾体之间、致灾因素传播和扩散路径上，在灾害源及建筑等承灾体周边连续分布。

·在灾害缓冲隔离公共开放空间内部，宜将灾害设防要求相对较低的空间区域接近灾害源设置，使设防等级较高、使用人群较多的空间区域相对远离灾害源。比如，防火、防爆缓冲隔离公共开放空间中应将水体等不燃物构成的空间临近火灾源头设置，防噪缓冲隔离空间中应将对防噪要求相对较低的绿地、儿童游戏场、运动场、停车场等空间临近城市道路等主要噪声污染源分布。

·灾害缓冲隔离公共开放空间内的地面、设施、绿化等物质要素应满足其相应缓冲隔离职能的要求，避免不利影响。防火、防爆缓冲隔离空间中不应分布易燃易爆物质，而防噪缓冲隔离空间中应尽量采用吸声性能较好的草坪及多孔铺装材料。

·灾害缓冲隔离公共开放空间内应综合利用地形、墙体、林带等缓冲隔离实体屏障和绿化屏障，其高度、宽度、材料、物质构成、配置应满足相应要求。

·防洪涝、泥石流等灾害的缓冲隔离屏障应利用矮墙、台地、绿篱、林带等景观处理形成拦水及拦砂屏障，绿化植物应选择树冠宽大、枝叶浓密、根系深广、不易倒伏、能够截留雨水、耐阴、易于生长的树种，常用的乔木有水杉、云杉、冷杉、柳树、枫杨、橡树、胡桃、圆柏等，灌木主要有夹竹桃、胡枝子、紫穗槐等。

·防火缓冲隔离屏障可将水体、防火林带及耐燃性建筑结合分布。防火林带布局、宽度、高度、断面等应根据火源分布及火灾风险等因素确定。防火林带应与火源及受害体保持相应距离，避免树木自身燃烧损害其防火隔离功能。一般防火林带宽度不小于 10—15 m，高度应不低于可能的火苗高度，通常不小于 10 m。此外，由于风力风向和明火飞散等因素的不确定性，在重点防火对象周边，防火林带与保护对象的间距、林带自身宽度和高度应进一步增大。防火林带应选择银杏、橡树、夹竹桃、枹木、铁冬青、山茶、木荷、杜英、女贞等耐燃性好、含水率高、含油率低、树冠较大、遮蔽性高的常绿树种。林带内部应尽可能以高大乔木和低矮灌木穿插种植,灌木分布于林带外侧,乔木种植于林带内侧,并在确保树木正常生长的前提下,适度加大种植密度(图 7－34)。

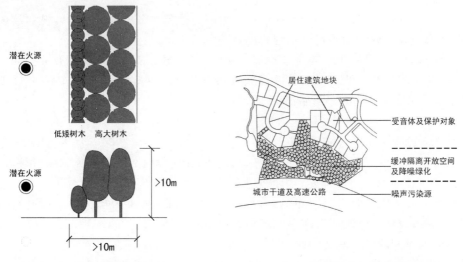

图 7－34　防火林带高宽控制
　　　　　及树木配置

图 7－35　缓冲隔离开放空间与绿化
　　　　　林带结合降低噪声

·防噪缓冲隔离屏障应根据噪声源及受音体性质及分布条件,综合运用地形、建筑、隔音墙、防噪林带等多种隔音屏障,其长度、高度及宽度应确保建筑等受音体处于音影区范围之内。一般隔音墙高度不应低于 2—4 m,隔音地形及土堤不低于 4—5 m。防噪林带宽度不小于 10 m,林带中心的树木高度不小于 10 m。隔音墙材料的密度应大于20 kg/m³,并选择表面粗糙、密实的砖墙、混凝土、木材、金属板等材料,其砌筑和拼接方式应确保隔音墙无缝隙和孔洞。防噪林带应选择树冠较大、枝叶繁茂、郁蔽度高的常绿树种,乔木与灌木交错布置,在不影响植物生长前提下,适当减小单株及行间间距,增大种植密度(图 7－35,7－36)。

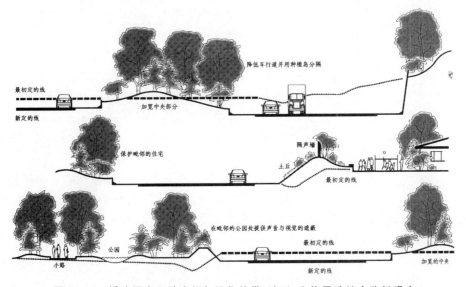

图 7－36　缓冲隔离开放空间与绿化林带、地形、实体屏障结合降低噪声

·防风屏障应设置于致灾强风的上风向,其长度、高度及宽度应确保建筑等承灾体处于风影区范围之内。防风林带应选用杨树、柳树、榆树、桑树、白蜡、马尾松、黑松、圆柏、乌柏等常绿多叶及抗风力强的树种,形成乔木、灌木交错布置的复合结构,通常宽度不小于10 m,高度不小于15 m。单列防风林带以林带两侧种植灌木、中等郁蔽度的半透风林为宜,多列组合的防风林带应按照致灾强风来向依次布置透风林、半透风林和不透风林。适合用于防风林带的树种主要包括女贞、珊瑚树、黑松、水杉、落羽杉、樟树、合欢、朴树、紫穗槐、臭椿、银杏、白榆等。

·防疫林带应处于通风较好的地点,通常宽度不小于15 m,选用具有减少细菌、净化空气的树种,主要有悬铃木、木棉、广玉兰、枇杷、女贞、侧柏、圆柏、大叶黄杨、合欢、雪松、刺槐等①。

7.3 灾害避难救援设计策略

7.3.1 灾害避难救援公共开放空间的构成及相关设施

1)灾害避难救援道路

道路是灾害避难救援空间的重要组成部分。按照灾害发生后的避难行为时序变化,建筑场地内部及周边道路是最先发挥作用的紧急逃生避难空间。随着避难救援行动的展开,道路也是连接各个层次避难救援空间的主要通道和纽带。根据其所承载的不同功能,避难救援道路主要有避难疏散道路和救援消防道路。其中,避难疏散道路是灾时紧急避难、疏散、远离险境,继而中转、迁移、进入安全空间及避难救援场所的主要通道。救援、消防道路保障消防车辆、救援车辆和救援人员顺利进入受灾现场,展开灭火、营救受灾人员、运送救灾物资和伤亡人员等救援行动。

2)灾害避难救援场所

城市公园、绿地、广场等公共开放空间是主要的避难救援场所。避难救援场所具有多种类型。根据功能的不同,日本将避难救援场所分为收容型、转运型和活动型避难救援场所。我国台湾地区根据避难救援行动展开时序及对应功能将其分为紧急避难场所、临时避难场所、临时收容场所和中长期收容场所②。其中,紧急避难场所多为受害建筑周边及局部区域内的道路和临近空地、广场和绿地,主要承载灾害发生后的自发性避难救援行动。临时避难场所主要用于临时疏散和避难,并经过等待后自行或在有组织的引导下进入收容场所。临时收容场所提供大规模的避难停留空间,待灾害稳定后,再进行必要的避难生活,多发生于灾后半日到灾后2—3周内。中长期收容场所主要支持灾害后的临时生活,活动时间一般可从灾后2—3周持续数月,甚至更长。按照空间层次范围的差异,日本又将避难救援场所分为广域防灾据点、广域避难场所、紧急避难场所和临近避难场所③。根据国内外的功能和层次划分,结合我国规划体系,对应城市设计的层次范围,在此将避难救援场所

---

① 缓冲隔离林带适宜树种参见:陈有民.园林树木学[M].北京:中国林业出版社,1990;李树华,李延明,任斌斌,等.浅谈园林植物的防火功能及配置方法[C]//北京园林学会.抓住2008年奥运遇进一步提升北京城市园林绿化水平论文集.2005:437-443;章美玲.城市绿地防灾减灾功能探讨——以上海市浦东新区为例[D].[硕士学位论文].长沙:中南林学院,2005:82-85.

② 李繁彦.台北市防灾空间规划[J].城市发展研究,2001,8(6):1-8.

③ 雷芸.阪神·淡路大地震后日本城市防灾公园的规划与建设[J].中国园林,2007,23(7):13-15.

分为城市级、分区级和地段级三种类型,分别服务和涵盖从城市整体到局部的各个空间层次,不同层次的避难救援场所承载相应的职能(表7-5)。

表7-5 灾害避难救援场所的层次类型、构成及相应职能

层 次 类 型	职 能	主 要 构 成
城市级避难救援场所	城市整体中长期避难生活、灾时救援、恢复重建活动据点	城市级大型公园、绿地、大专院校校园、大型体育场馆附属空间等
分区级避难救援场所	灾害发生时的临时避难救援及生活	分区级公园、绿地、广场、学校校园、体育运动场等
地段级避难救援场所	灾害发生时紧急疏散、避难	建筑场地和建筑邻近的公园、绿地、广场、停车场、空地等

3)附属空间及设施

与避难救援公共开放空间密切相关的防灾空间及设施主要包括警察、医疗、消防、物资运输、防灾工程设施等。避难救援场所内部的附属设施主要包括避难疏散场地、临时避难生活场地及房屋、避难救援场地、内部道路、出入口、物资临时储备及装卸场地、临时医疗救助点、灾害缓冲隔离空间,以及临时应急能源、照明、供水、灾情信息收集传达等用途的设施(表7-6)。

表7-6 灾害避难救援场所主要配套设施及其功能

功 能	配 套 设 施	说 明
避难支持	· 用于避难救援的内部道路、场地、林带及外围避难通道	· 除避难救援据点之外的应急避难救援场所可以只考虑避难支持、灾害防护及缓冲、信息收集及传达功能 · 设置直升机起降场地(耐压值为4 t/m²) · 防火林带至少宽度10—15 m,视避难救援场所等级规模及周边环境情况而定 · 主要用水设施包括: ——防火水槽(容量40 t,2—3处) ——饮用水耐震贮水槽(与供水管道直接,容量一般100 t以上) ——地表水池、溪流、水井等 ——紧急用水槽(容量20—25 t,2处) · 能源及照明设施包括自行发电机、风力和太阳能发电及其附属照明等 · 物资储备仓库及装卸场地视具体情况而定
灾害防护及减缓	· 防火林带及其他灾害缓冲隔离区	
灾情信息收集及传达	· 广播、布告栏、避难标识等信息情报设施	
消防、医疗活动支持	· 消防通道、消防用水设施 · 临时医疗点、急救点、卫生用水设施	
临时避难生活支持	· 临时避难生活房屋、场地 · 临时搭建帐篷及住所构架(花架、树木等) · 能源及照明设施 · 临时生活用水及饮用水设施 · 临时炊饮设施	
防疫及清洁活动支持	· 清扫用水设施 · 垃圾废物回收设施及运送通道	
恢复重建活动支持		
各类物资集散、输送支持	· 物资储备仓库及管理设施 · 物资装卸场地	

7.3.2　灾害避难救援活动的基本特征

1）过程

灾害发生后的避难、救援行动是一个连续过程。避难行为一般经过灾害发生、危险状态判断、紧急逃生疏散、临时避难、中长期避难生活等阶段。救援行动一般包括灾害发生、确定受灾状况及地点、紧急救援行动、中长期救援行动。因而,避难、救援行动具有阶段性和时序性,随着灾害发生、延续而依序展开。

2）方式

避难救援行动具有多种方式。城市道路是主要的避难救援通道,避难救援多以步行及车行方式展开,但在特定情况下也往往结合其他交通方式。地震灾害导致城市道路严重受损及洪涝灾害淹没道路,致使避难救援道路阻断,可依靠舟船、飞机以水运、空运方式进行避难及救援行动。灾时第一阶段应急避难以受灾居民的自发性行为为主,主要以步行方式展开。

3）目的地及路线选择

（1）趋向安全空间

灾害发生时要求受害灾民回避、远离危险,向安全空间避难。洪涝灾害时人们一般选择地势较高的地点,滑坡、泥石流等地质灾害发生时应尽量远离山体等灾害源。在灾害发生时的安全性是人们选择避难疏散场所的首要因素,也是灾后救援行动顺利实施的重要前提。

（2）趋向开放空间

开放空间是城市空间环境中宝贵的开敞区域,在地震、火灾等灾害中可免受建筑物倒塌和火灾威胁,具有较高安全性,一般为应急避难的首选地点。在5·12汶川地震中,成都及都江堰市内广大市民多以广场、绿地等开放空间为避难场所。而且,开放空间的地面开敞,建筑物及设施较少,进出便利,便于灾后避难救援行动的组织,人员分配和救援机械、设备进行作业。

（3）就近性

应急避难疏散多以步行方式展开,要求短时间内迅速转移,加之自身财产保护、环境归属感及相互救助等因素的影响,居民多选择住所周围附近、日常生活中经常使用、较为熟悉的道路和开放空间作为避难空间。国内外历次地震等灾害经验表明,大多数避难居民选择的避难空间均处于步行可及范围之内。而从救援角度,临近受灾区域的救援空间和设施便于展开及时、快速、直接的救援行动,取得理想的救援效果（图7-37）。

（4）从众性

避难路线及避难场所的选择还易于受到从众心理的影响,灾民多追随多数人选择的方向、路径和场所进行避难。

4）避难救援行动速度

步行是灾后第一时间应急避难的主要

图7-37　5·12汶川地震都江堰受灾居民以自家附近沿街空地为临时避难住所

方式。通常第一时间的应急避难以步行 10 分钟为极限时间。根据相关研究,灾时由于建筑物倒塌、道路破坏、危险物爆炸等因素,加之老人、儿童、伤员等人员行动速度的限制,灾时步行速度的极限值为 2 km/h,步行时间的极限值为 1 小时①。对于步行方式的救援行动,由于一般需携带救援物资,因而其行进速度与避难行动相比较慢,依靠车辆的救援行动速度较快,但易于受到救援道路条件的影响,多需耗费时间排除路障。

总体上,避难救援行动是人在灾害发生时对于灾害和空间的总体认知后的应急反应,避难救援行动的时间、路线及空间的选择、避难救援行动的效率受到灾害因素、空间因素、个人心理生理因素、社会因素、防灾应急教育及防灾应急反应机制等因素的综合影响。其中,避难救援空间是避难救援行动顺利展开的物质性基础。

7.3.3 灾害避难救援公共开放空间的属性要求

避难救援行动是具有明确目的性的特定行为,城市绿地、广场、道路等公共开放空间是避难救援空间系统的主体,应具备与灾害避难救援行为相适应的基本属性。

1)可达性

可达性是避难救援空间的基本属性,体现避难救援行为和其目的地之间的联系程度。可达性越强,受害区域与安全避难救援空间之间以及各避难救援空间之间的联系越为紧密,灾害疏散、避难及救援行动就越为便捷。应急避难场所是否处于步行可达范围,直接决定避难救援行动的效力和灾害后果的严重性。避难救援场所的分布区位及相关避难救援道路网络的形态布局对可达性具有重要影响。

2)连续性

避难救援行动具有时空连续性。避难行动多为从受害区域—紧急避难空间—避难转移空间—应急避难场所的单向移动,表现为从建筑—建筑场地—避难救援道路—避难救援场所的过程。救援行动则多为双向移动过程。这一完整的时空转移过程要求避难救援公共开放空间必须连续和完整,避难救援空间中的任何阻断都将导致避难救援行为过程的间断、时间的拖延和灾情的扩大。

3)层次性

避难救援空间的层次性与其连续性相关联,与避难救援行动的阶段性和时序性相对应。随着避难救援行动的时空转移,避难救援公共开放空间在局部与整体之间亦具有相应的空间梯度,因而具有层次化的分布特征。

4)安全性和稳定性

在灾害发生时,避难救援公共开放空间本身能够避免受到灾害侵袭是避难救援行动顺利、有效展开的基本前提。避难救援公共开放空间应远离各类灾害源,对原生灾害及次生灾害都具有较强的抵御能力。此外,避难救援公共开放空间周边建筑倒塌、树木倒伏,不仅危及避难救援空间的安全,还造成避难救援空间有效宽度和面积减小,引发人流车流拥堵、避难救援功能减弱等不利影响。因而避难救援道路及避难救援场所应确保自身规模及形态在灾害发生前后的稳定不变。

5)可识别性

避难救援行动是灾害发生时的应急反应,易于发生混乱。对空间环境的认知与熟悉程

---

① 齐藤庸平,沈悦.日本都市绿地防灾系统规划的思路[J].中国园林,2007,23(7):1-5.

度直接影响避难救援人员的行动效率。易于识别和熟悉的空间环境便于人们选择正确的避难方向及避难路径,缩短避难时间。而在灾害发生时,往往会出现建构筑物受到破坏、空间环境发生巨大变化的现象,为避难救援行动过程中的空间定位及定向造成困难,甚至会导致避难救援行进方向的盲目和路线的错误,增大受害风险。因此,避难救援公共开放空间应避免灾害前后的环境视觉特征变化过大,确保在灾害发生后仍然清晰可辨、易于认知。

6)可选择性

由于地震、火灾等灾害的强度、灾害源分布等因素均难以预测,因而单一的避难救援道路及避难救援场所也存在受到灾害侵袭而失效的可能。因此,在一定空间范围内,避难救援公共开放空间应具有相应的应急备用空间、应急替代道路,以及水运、空运等多种避难救援通道,确保相应的受害区域具有至少两个不同的避难救援方向,加强避难救援空间的可选择性。

7)适应性

不论是作为避难救援场所的大规模绿地、公园、广场,还是避难救援道路,其宽度、面积等都必须与其所承载的人流、车流流量相适应,并满足老人、儿童等特定人群的要求。道路布局及设置应充分考虑避难和救援的不同要求,避免相互干扰。而且,城市灾害具有突发性和不可预知性,危害程度、发生时间、使用活动等因素导致受害人数的时空分布均存在一定程度的不确定性。因此避难救援公共开放空间应具有一定的冗余度和弹性,以适应外部条件的相应变化,保证避难救援行动的有序展开。此外,避难救援公共开放空间的设计还应适应灾时和平时的不同需求。

7.3.4 空间要素对公共开放空间灾害避难救援职能的影响

1)灾害避难救援公共开放空间的形态布局模式

避难救援公共开放空间总体形态布局具有多种模式类型,对于灾害避难救援活动,不同的布局模式也具有各自的优点和缺点。

(1)基本形态布局模式

分散模式:基本特征是各类避难救援开放空间点状散布于城市用地范围内。这种模式一般由于用地紧张等现状条件限制或是缺乏统一规划的自发性建设而逐渐形成。分散的公共开放空间在自身功能完备的前提下虽能满足城市局部区域的避难救援要求,但由于相互间缺乏联系,整体灾害避难救援功能较差。

环形模式:基本特征是建成区内部用地相对集中布局,外围以避难救援公共开放空间包围,形成环状避难救援带。这种模式利于限制环状避难救援带以内城市用地及人口的扩张,使避难救援公共开放空间的面积规模、空间容量与相应的人口规模相适应。环状避难救援带还利于内部区域从多个方向向外部疏散,避难救援道路疏散和联系的效果较好,但中心区域的避难救援道路及所需的避难救援时间较长,避难疏散及救援压力较大。

中心模式:基本特征是避难救援公共开放空间分布于城市中心,各功能用地及建筑区域环绕中心避难救援空间分布。与环形模式相对,中心模式的优点在于分布于中心的避难救援空间与周边的城市分区能够直接联系,避难救援行动效率较高,而缺点在于一旦相应分区用地扩大、人口规模增加则无法满足相应的人口容量等要求,而且各个城市分区向内疏散,易于造成人群及物资的过度集中,对从城市外部向内部进行救援有所干扰,不利于避难救援活动展开。

楔形放射模式:基本特征是避难救援公共开放空间一般沿山体、河道、主要道路、分区间绿地及闲置空地,以楔形插入城市各建筑区域之间,从城市中心向外部辐射分布,将城市建成区划分为多个组团,每一组团两侧紧密结合避难救援空间,较为有利。相对而言,楔形避难救援空间附近区域避难救援行动较为便捷,组团内部相对缓慢,若楔形避难救援空间间距和组团规模过大,难以确保组团内部避难救援行动的效率。

带状模式:带状模式多与带状城市形态相伴而生。避难救援公共开放空间呈带状平行分布于建筑区域一侧或两侧,延伸发展,与受灾区域相邻分布,重合边界较长,相互间联系紧密,利于避难救援。若避难救援公共开放空间分布于建筑区域两侧,避难救援空间带之间的联系较弱,虽通过道路连接可以提高相互联系,但需穿越受灾的建筑区域,安全性及行动效率难以保证。而且,同一避难救援空间带内部的各个空间距离相对较远,联系不便,对一定时段的避难救援活动具有不利影响。

网状模式:网状模式多存在于格网城市之中,其基本特征是避难救援场所通过避难救援道路相互联系,形成网络状分布。网状形态的避难救援公共开放空间系统分布较为均衡,相互之间联系较好,网络经外向延伸拓展和内部细化可以涵盖城市建成区的各个空间层次,各个用地分区的疏散、避难、救援的距离及方向等性质基本一致,但避难救援公共开放空间系统的层次性和较大规模的避难救援空间相对缺乏,对于临时避难、灾后临时生活及中长期救援活动的展开较为不利。

(2) 组合形态模式

环形+楔形模式:环形+楔形模式为环形模式与楔形模式的组合,根据环形避难带的数量又可分为单环+楔形模式和多环+楔形模式两种类型。单环+楔形模式中,避难救援空间带状环绕分布于城市建成区外部。多环+楔形模式则从城市中心区到城市建成区外围间隔分布多个环状避难救援空间带,而楔形避难救援空间呈放射状嵌入城市建成区之间,连接城市中心区与外围区域各圈层的环形避难救援空间带。从避难救援角度,其综合了环形及楔形模式的特征,使二者相互互补,是较为理想的避难救援开放空间形态模式。但是,环状避难救援带的圈层式分布易于造成中心极化,中心区避难救援压力仍然较大。此外,环形+楔形布局模式缺乏灵活性,难以适应复杂的城市空间环境。

核—轴—楔—网复合模式:核—轴—楔—网复合模式的特征在于,避难救援公共开放空间系统具有一个或多个避难救援核心场所,并以宽度各异的线状、带形或楔状避难救援空间及道路建立避难救援核心之间的相互联系,从而形成复合化网状形态。这种形态模式使避难救援空间分布具有集中与分散相结合的特点。在城市总体层面上,避难救援空间与各个组团及分区间隔分布,城市组团相对独立和分散,利于防灾管理和避难救援的分区化,便于疏解避难救援压力、分散灾害风险、降低因局部空间及节点的失效而造成避难救援公共开放空间系统整体瘫痪的可能;而在各组团分区内部则相对集中,利于提高避难救援公共开放空间的功能效率。在城市各个空间层面上,各个避难救援核心节点均衡分布,并通过网状避难救援道路加强相互之间的联系,确保防灾避难救援空间系统的整体性、连续性、高效性。而且其网状结构的空间模式便于根据城市空间环境中人口、功能类型、灾害风险等因素的变化进行相应拓展和局部调整,对城市空间环境的复杂条件具有较强的适应性和弹性,是一种较为理想的避难救援公共开放空间的形态模式(表 7-7)。

表 7 - 7　避难救援公共开放空间总体形态布局模式及其影响

模式类型	特　征	对避难救援行动的影响	图　　示
分散模式	点状分布于城市各部	相互间缺乏联系,整体避难救援功能较差	
环形模式	环状分布于中心建成区外侧	利于限制建成区规模和适应避难救援空间容量要求,向外部疏散方向较多,但中心区避难疏散及救援压力较大	
中心模式	分布于城市建成区中心	优点在于中心避难救援空间与周边城市分区直接联系,效率较高,缺点在于规模及容量有限,向内疏散,易于造成人群及物资的过度集中	
楔形放射模式	以楔形插入城市各建成区之间,从城市中心向外部辐射分布,将城市建成区划分为多个组团	楔形避难空间附近区域避难较为迅速,组团内部则相对缓慢,若楔形避难救援空间间距和组团规模过大,则组团内部无法进行有效的避难救援	
带状模式	带状平行分布于建成区一侧或两侧,并延伸发展	与受害区域联系紧密,较为有利。但避难救援空间之间间距较远,若两侧分布则需穿越受灾区域,安全性及行动效率难以保证	
网状模式	避难救援道路等线性空间与避难救援场所相互联系,形成网络状分布	分布较为均衡,相互联系较好,各受害区域避难救援的距离及方向等性质基本一致。但相对缺乏层级关系和较大规模的避难救援空间	

模式类型	特　征	对避难救援行动的影响	图　示
环形＋楔形模式	具有单环＋楔形和多环＋楔形模式两种类型，间隔分布一个或多个环状避难救援空间带，楔形避难救援空间放射状嵌入，连接各环形避难救援空间圈层	优点在于使环形及楔形模式优势互补，但圈层式分布易于造成中心极化，中心区避难救援压力仍然较大，且布局模式缺乏灵活性，难以适应复杂的城市空间环境	
核—轴—楔—网复合模式	复合化网状形态，具有一个或多个避难救援核心，并以宽度各异的线状、带形或楔状避难救援空间建立相互联系	总体分散与分区集中独立相结合，疏解避难救援压力、分散总体灾害风险与提高功能效率兼顾；避难救援空间分布均衡、联系紧密、整体连续、适应性和弹性均较强，较为理想	

2）避难救援道路形态布局

规则的方格网道路布局结构明确，便于定向及定位，道路间距基本一致，平直道路之间联系便捷，便于避难救援行动。不规则形态和曲折较多的路网易于造成方向错乱、定向困难、通行不畅、局部拥堵和避难救援行动速度的降低。

避难救援道路的分布间距和分布密度与区域整体的避难救援行动的效率密切相关。适宜的分布间距和分布密度能够使区域内各个部分具有良好的避难救援能力；若密度过小、间距过大，会超出步行避难救援的能力范围，造成区域中心等局部空间难以快速疏散和救援。而且，避难救援道路应建立受害区域和避难救援场所之间的直接联系，并分别设置避难疏散道路、消防救援道路、替代性道路、出入口，才能够确保避难救援行动的有序进行。我国城市道路交通规划设计相关规范中，就规定"分片区开发的城市，各相邻片区之间至少应由两条道路相贯通"，"城市主要出入口每个方向应有两条对外放射的道路。7度地震设防的城市每个方向应有不少于两条对外放射的道路[①]"。

就局部而言，平直的道路利于通行，曲折过多的道路会减缓行动速度。消防等救援行动往往需要使用大型车辆，道路转角的转弯半径过小会造成进出不便和形成难以到达的救援死角。此外，避难救援道路的宽度包括通道宽度和缓冲区宽度的总和。避难救援通道宽度应满足避难救援人流车流容量要求，不同层级的避难救援通道具有相应的宽度（表7-8），而且各级道路中是否具有专用的人行道，与步行避难救援行动的效率密切相关。

---

① 金磊.城市安全之道——城市防灾减灾知识十六讲［M］.北京:机械工业出版社,2007:116.

表 7 - 8　各级灾害避难救援通道宽度及设计要求

层　　级	宽　　度	设　计　要　求
城市级避难救援通道	20 m 以上	· 城市对外联系干道、桥梁等； · 连接各分区； · 连接各城市级主要避难救援场所
分区级避难救援通道	主要通道 15 m 以上	· 与城市级避难救援通道相连； · 连接分区内各避难救援场所； · 连接各建筑场地
	次要通道 8 m 以上	
地段级紧急避难救援通道	6—8 m	· 与分区级避难救援通道相连； · 连接地段内避难救援场所； · 连接各个建筑

3）避难救援场所形态布局

与避难救援道路类似，各级灾害避难救援场所在相应区域内均衡分布、与避难救援行动方式相适应是其基本要求，这与避难救援场所的服务半径及分布间距密切相关。以灾时步行速度极限值 2 km/h、步行时间极限值 1 h 推算，避难救援场所的最大服务半径为 2 km，因此城市级避难救援场所分布间距应确保其处于各建筑区域周边半径 2 km 范围之内。按照从受害区域到应急避难疏散场所步行不超过 10 min 推算，由于初期应急避难疏散的步行速度相对较快，分区级避难救援场所的最大服务半径为 500—600 m，其分布间距应确保其处于建筑区域周边半径 500—600 m 的范围内。

避难救援场所的面积规模包括有效避难疏散面积和灾害缓冲隔离区面积，通常在规划阶段依据服务人口数量、人均避难与生活空间面积（通常为 1—2.5 m²/人）及震后火灾等次生灾害来向、性质等综合确定。城市不同层级的避难救援场所和避难救援据点具有不同的面积和规模要求。综合日本及我国台湾地区的研究成果，一般城市级恢复重建据点应不小于 50 ha，城市级避难救援场所不小于 10 ha，而分区级避难救援场所在 1—2 ha 的范围内，地段及局部区域内避难救援场所应在 0.3—0.5 ha 的范围内[①]。

在面积规模一定的条件下，形状方整的空间其边界周长较短，与外部环境发生物质及能量交换的界面较少，受外部环境致灾因素的危害较少，利于保证避难救援场所的安全性。就内部空间环境而言，形状方整的空间利于保证避难救援活动所需的有效面积，避难救援场所内部的场地、道路和避难救援设施的配置、布局和组合较为灵活。相对的，形状曲折、过于狭长的公共开放空间不仅易于受到外部灾害环境的影响，其内部空间和设施的组织均受到限制，不利于实施避难救援行动。

此外，复杂的地形和高差变化也会使避难救援场所的内部组织不便，地形平坦开阔的绿地、广场等空间对于避难救援行动较为有利。

4）建筑相关要素的影响

除建筑自身安全、使用状况等因素之外，建筑布局、高度、形体特征等对避难救援公共开放空间均具有不同程度的影响。

---

① 齐藤庸平，沈悦. 日本都市绿地防灾系统规划的思路[J]. 中国园林，2007，23（7）：1-5.

作为地震、火灾、洪灾、地质灾害等城市灾害的主要承灾体，建筑中的人员和财产向外部安全空间进行疏散和转移，同时建筑中的人员和财产也是主要的救援对象。一定区域内建筑密度越大、人口越多，周边避难救援道路及场所的规模要求也就越高。而且，建筑必须与避难救援道路及避难场所紧密连接，才能确保避难救援行动的效率。

作为避难救援公共开放空间的空间界面，避难救援公共开放空间周边建筑的布局不仅影响其空间景观特征及可识别性，还会对避难救援公共开放空间的安全性和稳定性产生影响。在地震等灾害中，建筑自身受损及坍塌，大量的瓦砾不仅会危及避难救援空间中的人员安全，还会减小道路及避难场所的有效宽度和面积。据研究，在地震灾害中建筑物倒塌后形成的瓦砾堆积宽度一般为其高度的1/2[①]。从日本阪神地震的教训中可以发现，毗邻道路的房屋、高架道路等建构筑物的倒塌和损坏是造成避难救援道路阻断的主要因素。而且，地震、空袭等灾害常引发火灾等次生灾害，避难救援开放空间周边的木构建筑、易于出火的餐饮建筑，均可能危及避难救援空间的安全。

建筑对于灾害避难救援也具有积极作用。具有较好的防火、防水及抗震性能的建筑本身即可作为暂时躲避灾害、等待救援的安全岛，比如洪灾发生时的地势较高的建筑、建筑的上部楼层和屋顶平台等。而与避难救援场所相结合的具有较大开敞场地的学校、展览馆、体育馆等公共建筑还可作为避难临时生活、急救、物资储备场所和防救灾指挥中心。5·12汶川地震中绵阳的九州体育馆及其周边活动场地就临时收容了数千的受灾居民，对灾害避难救援具有重要的支持作用。

5）环境设施的灾害避难救援功能

环境设施是公共开放空间的有机组成部分。从灾害避难救援角度，环境设施的设计和组织不仅有助于塑造空间特色和可识别性，强化避难救援空间引导，还可以界定空间领域，细化空间划分，明确避难救援人流、车流、物流的使用和集聚空间。此外，不同类型的环境设施和建筑小品具有相应的避难救援功能。

（1）绿化植栽[②]

空间指示及引导：不论是高大乔木还是低矮灌木均具有较高的稳定性，在地震等灾害发生时大多不致倒伏，在周边建筑物倒塌、破坏，空间环境发生巨大变化时，存留的树木具有地标指示作用，有助于避难人群和救援人员定位及定向（图7-38）。

防火隔离：避难救援道路及场所周边的防火林带能够保护避难救援空间不受火灾侵害。

阻挡坠落物：道路两侧及避难救援广场、绿地周边的绿化树木能够阻挡、承载一部分建筑物倒塌、毁坏时掉落的构件和材料，在保护避难救援公共开放空间的同时，能够确保避难救援道路的通畅和避难救援据点的有效面积，

图7-38 地震后存活的树木成为地标

---

① 黄东宏.利用地下空间建立城市综合防灾空间体系[D].[硕士学位论文].北京:清华大学,1995:73.

② 王小璘.由减灾避难观点探讨防灾公园绿地系统之构建与规划设计[EB/OL].(2008-09-28)[2008-10-04]http://www.chla.com.cn/html/2008-09/19457p2.html.

减少清理路障的工作量,为避难、救援生命财产赢得宝贵时间(图7-39)。

避难生活支持:较为高大的树木的树干可作为灾时避难生活搭设帐篷所需的构件,对避难生活具有支持作用。

心理恢复:绿化植栽的视觉美化对于避难灾民的心理治愈及恢复具有一定作用。

（2）水体设施

公共开放空间中的喷泉、水池、瀑布、涌泉、沟渠等人工水体设施和河、湖、溪等自然水体对于避难救援行动的支持作用主要在于:

图7-39　日本阪神地震后实景——树木绿化减缓断墙对道路的冲击

应急储水功能:在灾时供水系统受到破坏、供水中断时,避难救援空间所需用水依赖于外部水车运送和输入,对地震等灾害具有较强抵抗能力的大型水池及地下储水槽等设施可作为储水设施,以备应急水源的临时储存。

临时避难生活及消防救援应急水源:充足的供水是灾时避难、生活的必要条件。而在灾害发生时,城市供水系统可能因受到冲击而导致破坏,避难生活用水在一定时间内严重不足,甚至会因争夺水源导致严重社会危害。此时,人工水体设施及自然水体中的蓄水成为重要的应急水源,通过结合水质净化处理技术,可以维持避难生活中饮用、煮食及洗涤卫生用水的基本需求,还可作为消防栓等消防设施的补充和备用水源,用于灭火和冷却、喷洒防火林带及避难救援场所。

防火隔离:分布于避难救援空间周边的一定宽度及规模的水体具有天然的火势延烧遮断功能,对避难救援公共开放空间具有防护作用。

（3）环境标识

环境标识通过视觉、听觉等感知方式传达空间位置、方向、功能等相关信息,明确的环境标识系统能够使人们及时、快速地进入安全空间和使用避难救援设施。

避难空间指示及引导:主要通过地图、路牌、方向路标等形式表明避难者所处空间及其与避难救援空间的位置关系,指示避难救援路径。

避难救援设施名称及功能说明:以说明文字及示意图示等方式阐明避难救援设施的名称、功能、使用步骤和方法,便于避难人群和救援人员加以使用。

灾情及避难救援相关信息播报:电子显示装置、布告栏等设施可以动态即时发布受灾区域、受灾程度、避难空间安全及使用状况等灾情预警及相关信息。

（4）照明

照明系统的防灾避难救援功能主要体现于支持防灾避难救援公共开放空间的夜间使用。夜间发生的地震、洪涝等灾害往往比白天具有更大的危害性。夜间黑暗环境使疏散、避难、救援行动无法顺利展开,从而加剧灾害后果。充分的照明是保证公共开放空间中夜间避难救援行动顺利实施的基本前提,不仅要求照明灯具自身安全、牢固和具有较强的抗灾能力,在灾害发生时不会失效、倒毁、阻塞道路、危及人员安全,还应与避难救援行为特点相结合,满足相应的照度、范围及角度等要求。

（5）其他环境设施

公共开放空间中,通过平时与灾时的功能转化和综合利用,休息活动设施、服务设施、卫生设施、拦阻诱导设施等环境设施对避难救援具有相应的支持作用(表7-9)。

表7-9 主要环境设施的灾害避难救援功能

类 别	构 成	灾害避难救援功能
休息活动设施	亭、楼、廊、架等建筑小品	· 临时避难、休息、整备空间; · 作为搭建避难生活所需帐篷的框架及支撑物
	座椅、桌凳等	疏散避难过程中的休息、整备
	儿童游乐场、老人活动场地等	· 疏散避难过程中的休息、整备; · 应急避难场所
服务设施	电话亭、售货亭、医疗救助点等具有服务功能的小型建构筑物等	· 报警及避难生活讯息通讯; · 灾时问讯、讯息发布点; · 灾时临时医疗救助点
卫生设施	废物箱	收集避难生活产生废物
	饮水器	提供避难生活饮用水
	公共厕所	避难生活应急厕所
拦阻诱导设施	围栏、护柱、护岸等	避难行动安全维护
绿化植栽	以树木绿化为主	· 空间指示及引导; · 防火隔离; · 阻挡坠落物; · 避难生活空间搭建支持; · 心理恢复
水体设施	喷泉、水池、瀑布、涌泉、沟渠等人工设施和河、湖、溪等自然水体	· 应急储水功能; · 避难生活及救援应急水源 ——生活用水:饮用、做饭等 ——卫生用水:个人洗涤、清扫避难场地等 ——消防用水:冷却、喷洒防火植栽及避难场地等; · 防火隔离
环境标识	地图、路牌、方向路标	避难空间指示及引导
	避难救援设施说明文字及示意图	避难救援设施名称及功能说明
	布告栏及电子显示屏等	灾情及避难救援相关信息播报
照明设施	灯具等	夜间避难救援行动及临时生活照明

7.3.5 设计策略

灾害避难救援设计应依据城市防灾规划所确定的避难救援公共开放空间的容量要求和分布原则,完善避难救援公共开放空间的形态布局和层级分布,建立连续、安全、高效、便捷的避难救援公共开放空间体系,为灾害避难救援行动的顺利实施提供空间保障,以减小灾害损失。

1)宏观策略

避难救援公共开放空间及城市总体形态

·利用城市、分区、地段各个层次的公园、绿地及广场等公共开放空间,综合设置各层级的避难救援场所,使其均衡分布于城市各个区域,并通过避难救援道路相互连接,建立避难救援公共开放空间层级分明、整体连续、联系紧密的核—轴—楔—网复合网络化布局,与城市各建筑区域间隙分布,形成适度分散的城市总体空间形态。

·城市级灾害避难救援场所和道路应与城市主要警察、医疗、物资集散等防灾功能空间和设施紧密结合,并选址于地势较高、不易积水、地形平坦的地点,同时远离火灾、爆炸、热辐射源等各类城市主要灾害源,避开易发生塌陷、地裂、滑坡、泥石流等灾害的区域。

·城市级避难救援场所应满足城市安全规划确定的容量及规模要求,一般城市级避难救援场所不小于 10 ha,作为城市级恢复重建据点的避难救援场所不小于 50 ha。

·在城市中心区、大型居住区等人群密集区域应适当增大避难救援场所的面积和规模。

·城市级避难救援场所分布间距应确保其处于各建筑区域周边半径 2 km 范围之内。

·城市级避难救援场所与恢复重建据点周边应结合地形、绿化等要素设置连续的防火、防风等灾害缓冲隔离空间及屏障。

·城市主要避难救援道路应将各城市及分区级避难救援场所直接联系,从多个方向加强城市对外联系,以利于城市区域内部向外部的避难疏散和城市外部向内部的救援行动,并尽量与城市主干道分别设置,其宽度应确保避难救援通道宽度不小于 20 m。

·城市级避难救援公共开放空间应结合河道、铁路、直升机起降场地等综合设置水上、陆上及空中避难救援通道,建立立体化、多元化的避难救援通道系统。

2)中观策略

(1)分区级避难救援公共开放空间形态布局

·分区级避难救援公共开放空间应根据其层级定位及容量规模等要求,与城市级避难救援公共开放空间总体形态相互衔接,确保分区级避难救援公共开放空间的连续性、层次性及安全性等属性要求,与各建筑场地及区域间隙分布,提高分区整体避难救援能力。

·与城市总体层次一致,分区级避难救援场所及道路应设置于远离分区内各类灾害源及易受害区域的地形平坦、地势较高的区域,并紧密结合分区内警察、医疗、物资集散等防灾功能空间及设施。

·分区级避难救援公共开放空间周边应结合地形、绿化等要素设置连续的防火、防风等灾害缓冲隔离空间及屏障。

(2)避难救援场所设置及布局

·结合适当调整土地利用和建筑布局等方式,利用分区内绿地、广场、公园、学校、运动场、集中停车场等公共开放空间,集中设置分区级避难救援场所,其规模应满足相应规划要求,一般主要避难救援场所不小于 1 ha,次要避难场所不小于 0.3—0.5 ha(1 ha 即为 1 hm², 全书同),并在分区内建筑、人群密集区域适当增大其面积规模。

·分区级主要避难救援场所分布间距应满足步行避难的范围要求,处于分区内各建筑区域周边半径 500—600 m 范围之内。

（3）避难救援道路布局

·分区内避难救援道路应将各建筑场地、分区内避难救援场所与城市级避难救援通道直接连接，并设置避难救援替代性道路，确保分区内各主要避难救援场所及建筑场地具有至少两个不同的对外联系方向。

·分区内避难救援道路布局宜采用规则格网形态，分布间距及分布密度应均衡一致，与避难救援场所分布间距及步行避难要求相适应（图 7 - 40）。

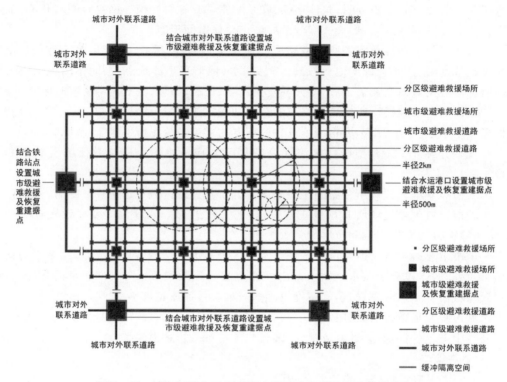

图 7 - 40 城市级和分区级主要灾害避难救援场所及道路分布

·分区内连接主要建筑场地及避难救援场所的避难救援道路应环通，尽量减少尽端路。

·分区内主要避难救援道路宜采用平直线型，避免过多的或突然的转折和曲线形态，道路交叉口转弯半径应满足消防救援大型车辆通行及规范要求。

·分区内主要避难及救援道路应尽可能分别设置。

·分区级避难救援道路宽度应满足避难救援人流及车流容量要求，一般主要避难救援通道宽度不小于 15 m，次要避难救援通道不小于 8 m，并应严格控制路边停车，避免其挤占避难救援通道的有效通行宽度。

·消防救援道路分布及细部设计应满足消防作业要求，其宽度应确保消防通道宽度不小于 4 m。

·分区内主要避难救援道路断面构造应满足避难救援的不同要求，道路中央绿化分隔岛及分隔带宜具有一定灵活性，便于灾害发生时临时转作避难救援通道（图 7 - 41）。

·避难救援道路中应设置连续的人行道，将车辆与步行人流相分离，并满足老人、儿童、残疾人等特殊人群避难行动的便捷性和安全性等要求。

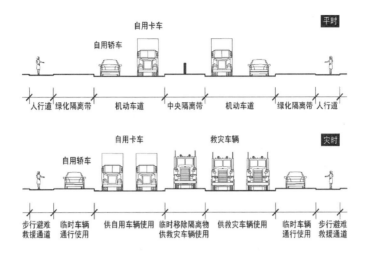

图 7-41　道路临时调整以满足灾时避难救援道路通行要求示意图

· 分区内宜结合步行街区、步行道、绿带、广场等空间设置连续的专用步行避难系统，步行避难系统应与各建筑区域及避难救援场所紧密联结。

（4）建筑布局及处理

· 分区内建筑布局应确保避难救援场所、道路及其周边缓冲隔离空间的面积规模、分布间距等基本要求，与避难救援公共开放空间间隙分布。

· 分区内建筑退让距离及建筑形体变化应满足消防救援作业及相应的防火规范等规范要求。

· 根据避难救援公共开放空间的等级要求和建筑灾害设防等级，严格控制避难救援场所周边及道路两侧的建筑高度及退让距离，在主要避难救援场所及道路周边的建筑退让距离原则上应不小于建筑高度的 1/2，高层建筑退让距离应适当加大。在退让距离无法满足要求时应提高建筑抗震、防火、防洪等灾害设防标准，加强建筑自身灾害抵御能力，最大限度地避免建筑损毁、倒塌而造成堵塞、缩减避难救援空间的有效面积、宽度及危及避难救援场所安全（图 7-42）。

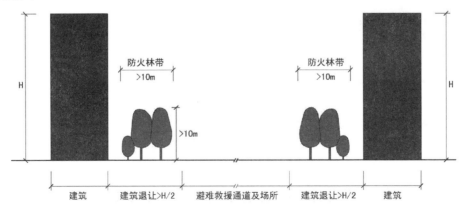

图 7-42　避难救援场所及道路周边建筑退让距离控制
注：避难救援场所及道路周边建筑应进行防火及不燃化处理

· 建筑布局应利于提升分区整体空间可识别性,标志性建筑物在加强自身安全的同时,应采用色彩明快的材料,形体组合应清晰可辨,以利于避难救援行动的空间定向及定位。

· 避难救援场所周边及避难救援道路两侧的建筑应对屋顶、外墙、开窗等易出火部位和材料进行不燃化设计,在避免建筑火灾危及避难救援空间安全的同时,形成建筑防火屏障。

· 避难救援场所周边及避难救援道路两侧的建筑内部应将餐饮、配电、锅炉等易于产生次生火灾、爆炸等灾害的功能空间远离避难救援场所及道路布置,避免危及避难救援空间的安全。

（5）环境设施设置及分布

a. 绿化植栽

· 避难救援道路、步行道等避难救援路线变化处应设置视觉形态特征明显的树木植物,引导避难救援人流车流,发挥其空间指示及路线引导作用。

· 在避难救援公共开放空间周边,以及在避难救援公共开放空间、建筑等主要承灾体和加油站、燃气站、易燃品仓库等灾害源之间设置连续的防火、防风等缓冲隔离林带。林带的树种构成、宽度、高度、种植密度、郁蔽度等应满足相应要求,并选用树冠较大、不易倒伏的常绿树种,以阻挡灾害发生时建筑倒塌、损毁掉落的材料及瓦砾,避免树木倒伏造成道路拥堵、危及安全等不利影响。

图7-43　避难应急指向标识示例

· 绿化植栽的分布和树木树冠、枝干高度等应避免对避难救援人员和车辆通行和视线的阻挡。

b. 避难救援应急标识系统

· 应根据避难救援行动要求和避难救援设施分布要求,综合设置避难路线引导标识、避难设施说明标识、灾情信息标识等避难救援应急标识系统（图7-43）。

· 避难救援应急标识应选用耐燃、难燃的材料,并通过结构强化、防火设计等方式加强自身安全性。

· 避难救援应急标识应依据避难救援行进路线分布,间距一致,并在道路转弯或交叉路口等路线变化处设置明确的指向标识。

· 避难救援应急标识的文字、符号、色彩、形式等设计应易于识别、便于理解,并综合利用声、光电等多种信息传达方式,满足视觉、听觉等多种感知方式的要求。

· 避难救援应急标识的位置、高度及形式应避免阻挡视线、光线和对行人及车辆通行的不利影响。

· 避难救援应急标识的高度、材料等细部设计应满足老人、儿童及残疾人等特殊人群的需求。

· 避难救援应急标识应充分结合照明,保证夜间正常使用。

c. 避难救援应急照明系统

· 避难救援道路及场所内的照明灯具应充分利用蓄电池、太阳能、风能等能源类型形成应急备用照明,确保灾害发生及供电中断时的正常使用(图 7 – 44)。

·控制避难救援应急照明灯具的照度、光照范围、高度及分布间距,使避难救援道路及场所内具有充分、均匀的照度,并避免眩光、光线遮挡、形成阴影等不利影响。

·避难救援路线变化、转折的地点应加强避难救援应急照明,利用向光性等行为规律加强避难救援路线的引导。

·避难救援应急照明应结合避难救援应急标识及相关设施设置。

·避难救援应急照明应结合其他照明灯具分布和组合,并利用色彩、亮度等方面的变化,强化空间环境夜间可识别性。

图 7 – 44　内附风力及太阳能发电装置的应急照明灯

d. 其他设施

结合灾害避难救援要求和平时日常公共活动要求,综合设置建筑小品、水池、饮水器、座椅、电话亭、废物箱等环境设施及公共服务设施,加强其抗灾性能,满足避难救援、灾后临时生活需搭建临时帐篷、消防及生活应急备用水源等方面的要求,充分发挥其对避难救援行动的支持功能。

3)微观策略

(1)建筑场地设计

·场地内应通过建筑布局的调整,结合场地内道路、步行广场、绿地、卸货场、出入口等设置场地内应急疏散救援场所、道路及出入口。

·场地内建筑、道路及开放空间布局应满足防火间距等消防和防火规范要求,确保消防救援行动作业空间的宽度、规模及布局等要求。

·场地内避难救援道路、开放空间及出入口应避开配电设施、锅炉房、厨房、危险品储存库房等潜在的灾害源。

·建筑场地内应急疏散救援道路应直接连接建筑应急疏散出入口、场地内应急疏散救援场所、场地应急疏散救援出入口和场地周边分区级避难救援道路。其宽度应满足疏散救援车辆及行人的基本通行要求和相应规范要求,一般应确保疏散救援通道宽度不小于 6 m(具有最小 4 m 的消防通道宽度和 2 m 的人行道宽度)。

·设防等级较高的建筑场地应设置至少两个位置及方向不同的应急疏散救援出入口。

·场地应急疏散救援出入口应具有足够的宽度,便于车流及人流通行,并控制周边建筑退让间距,结合绿化植栽及水体设施形成防火缓冲隔离带,确保安全。

·场地应急疏散救援出入口的大门、隔离墩、桩柱等环境设施应具有灵活性和可移动性,便于灾时临时移除和调整,避免对疏散救援人流、车流的阻挡。

(2)避难救援场所设计

a. 功能分区及布局

·合理组织避难救援场所中的应急疏散避难区、避难救援区、物资装卸区、灾害缓冲隔离区、医疗救护站、消防所、派出所及指挥所等功能区域。

·避难救援场所内应集中设置较大面积的广场及草坪,作为应急疏散避难场地和避难救援场地,其有效面积规模应满足相应的规划人口容量要求及人均避难疏散面积要求。形态力求方整,地面应平坦开阔,避免较大的地面高差变化。

· 在避难救援场所周边设置连续的防火林带、防风林带等灾害缓冲隔离区,其宽度、高度、树种构成及内部构造应满足相应的防火、防风等要求。

· 物资装卸区、医疗救护站、消防所、派出所宜布置于避难救援场所外围,便于对外联系。

· 应急疏散避难区、避难救援区、物资装卸区应相对集中布局,便于根据不同时段避难救援和临时生活的要求进行相应的划分、合并等调整。

· 应急疏散避难区及避难救援区的地面铺装应避免采用易燃、易传热、易溶解和可能排放有毒气体的铺装材料,物资装卸区及车辆通行区域地面应满足抗压要求。

· 较大规模避难救援场所内的避难救援区应设置直升机停机坪。

· 避难救援场所及内部各功能区周边应尽可能开敞,不宜设置连续的围墙、栅栏等实体性要素,避免倒塌危及安全和对避难救援人流车流通行、出入的不利影响。

b. 道路、停车及出入口

· 避难救援场所内的道路应将内部各功能区以及避难救援场所与外部避难救援道路相互联系,其宽度应确保避难救援行动人流及车流的顺畅通行。

· 道路形态、线型、转弯半径、路面强度等应满足消防、大型运输车等特种车辆的通行要求,疏散避难道路应满足无障碍通行要求。

· 运送受灾人员、救援物资的车辆停车场应设置于避难救援场所外围,便于与外部避难救援通道联系,并应结合物资储备仓库、医疗救护站、消防所、派出所及指挥所设置。

· 根据灾时疏散避难及救援行动的主要人流、车流来向,设置避难救援场所出入口,各个主要来向上的出入口数量、规模及分布距离应均衡一致。

· 应急疏散避难区、避难救援区与其他的物资装卸区、医疗救护站、消防所、派出所及指挥所等功能分区的出入口宜分别设置,避难疏散步行出入口应与机动车出入口分别设置。

· 避难救援场所出入口的视觉形象应易于辨识,并采用可灵活拆卸的大门和可移动的隔离墩柱等设施,以利于临时调整和移除。

· 避难救援场所出入口地面应采用坡道形式,与外部避难救援道路之间应留设相应的缓冲空间,以利于大量人流、车流的出入。

· 避难救援场所出入口应远离建构筑物、易倒伏和易燃树木、通风排风设施等潜在的灾害源,避免危及其安全和造成拥堵。

c. 建筑及避难救援相关设施

· 避难救援场所内用于临时避难收容、医疗救护、指挥、物资集散、灾情收集等的建筑应提高其抗震、防火、防风等防灾设防标准和抗灾能力,并确保其与内部道路、出入口、应急疏散场地、避难救援场地等之间的建筑退让间距。

· 避难救援场所内的环境设施应避免对避难救援行动的不利影响,并通过防灾化设计,将平时功能与灾时功能相结合,发挥其对于避难救援行动的支持作用。

· 避难救援场所内的环境设施及景观要素应确保自身牢固和安全,并减少不必要的固定设施,尽可能采用非固定或可移动的环境设施,便于临时移动和局部调整。

· 除防火林带等灾害缓冲绿化屏障外,避难救援场所内的绿化应以草地、灌木为主,不宜种植高大的乔木,并应选用不易倒伏、耐燃、抗风等性能较好的常绿树木及绿化,应急疏散避难场地、避难救援场地内应避免种植树木。

· 构架、亭榭等设施及建筑小品的尺寸、材料等设计应满足临时搭建帐篷等生活设施的要求。

· 在应急疏散避难场地、避难救援场地内部及附近,结合饮水器和喷泉、池塘、游泳池等水体景观设置防灾抗震蓄水池、雨水收集处理系统等应急消防、生活储水供水设施。

· 结合废物箱、公厕在应急疏散避难场地、避难救援场地内附近设置应急卫生设施。

· 结合内部道路、相关设施、各功能分区等设置避难救援应急标识系统和避难救援应急照明系统。

· 避难救援设施应尽量满足老人、儿童及残疾人等特定人群的使用要求(图7-45)。

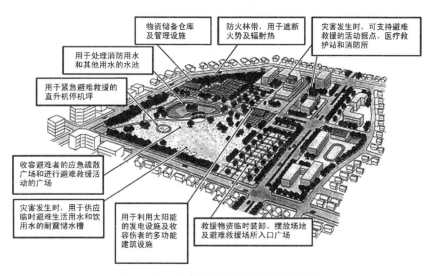

图7-45 灾害避难救援场所设计示例

7.4 相关案例评介

7.4.1 宜兴团氿滨水区城市设计热岛效应及空气污染调节策略探讨

1)项目背景

宜兴历史悠久,风景秀丽,城市水网丰富,城区的东西两侧分别分布大型湖泊团氿和东氿,其间有宜北河、太渑河、大溪河、南虹河、城南河呈指状穿越城市区域,构成独特的城市水体景观。随着城市发展和城市形态结构的演变,原先的团氿滨水区和车站地段逐步成为城市中心区域的组成部分,区内拥挤的交通状况和陈旧的居住区难以适应城市发展的需求。为了整合空间和景观资源,进一步提高环境品质和改善城市面貌,宜兴市城市建设部门决定对氿滨中路临团氿地段进行开发改造,宜兴团氿滨水区城市设计正是在这一背景下展开。

设计项目的基地位于宜兴城市西北部的宜城区,属团氿东侧的滨水地段,在团氿与市区腹地之间,并通过太渑路、解放路、迎宾路、通贞观路等东西向干道与城市中心区相连。根据相关规划,氿滨中路南北贯穿基地,西侧主要为建筑区域,东侧的滨湖绿地广场区是以绿地为主、结合公共休憩娱乐活动空间的城市公园。笔者参与的设计小组在满足相关城市设计目标及要求的同时，还初步探讨了缓解城市热岛效应和空气污染灾害的设计策略。

2）设计要点

为缓解城市热岛效应和空气污染灾害而采取的设计要点包括：

·将易于形成环境热源、空气污染源的两个汽车站、污染较重的工厂和交通流量较大的过境城市干道外迁，对原先较为凌乱的餐饮建筑重新调整，以减少机动车、工业生产、日常生活排放的热量及空气污染物。

·根据区位分布及环境条件，充分认识该区域对于城市总体环境的影响和价值，在最大限度地保护团氿水体的同时，充分利用团氿大型水面对于城市总体的生态效益和对热岛效应、空气污染的调节作用。

·利用自然河道、绿地、道路等公共开放空间，结合主导风向，在团氿与城市内部腹地之间建立多条绿色通风廊道，确保水陆风能够进入城市内部区域，增强市区通风效果，为市区提供清凉、洁净的空气，促进市区通风散热和空气污染物的净化稀释。

·对沿河街道进行拓宽，增加道路两侧的绿化，结合建筑布局增加各街区内部的公共绿地，尽量减少广场、道路等硬质地面。

·建筑布局与通风廊道和水陆风风向基本平行或呈较小的夹角，避免建筑阻碍、抑制通风的不利影响，并通过合理的建筑布局，组织各街区内部的通风路线，促进局部空间内的热量及空气污染物的散发（图7-46）。

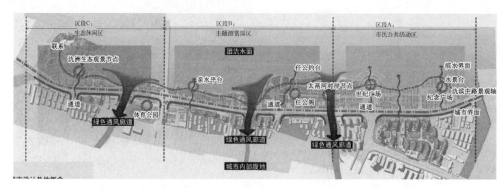

图7-46　宜兴团氿滨水区城市设计总平面及绿色通风廊道设置

7.4.2　澳大利亚墨尔本林恩布鲁克居住区规划洪涝灾害调节设计

1）项目背景

林恩布鲁克居住区位于墨尔本东南约35 km处，共有1 700个地块。1999年7月开始的分期开发包括271个建筑地块，用地面积约55 ha。为了缓解和处理暴雨雨水的影响，降低整体的洪涝灾害风险，同时对水环境进行保护，规划设计将公共开放空间、道路、景观要素、建筑设计与排水系统相结合，形成分层次的暴雨排泄廊道，调节暴雨径流的逐层汇流、运送及排泄过程，加强渗透、蒸发等自然作用，降低各个建筑场地及整个居住区向外排泄的暴雨径流流量和速度，延缓其汇流、排泄的时间。

2）设计要点

设计要点主要在于建立初级、二级和三级的分级暴雨水排泄廊道系统。

（1）初级处理

在每户住宅宅前绿地和入口道路设置植草洼地和深 0.6 m 的砂砾沟渠,形成绿化过渡带,收集、过滤和运送来自建筑屋顶和场地内的暴雨径流,再通过直径 150 mm 的 PVC 排水管道,将暴雨径流沿宅前小路引向区内主要道路中的二级排泄廊道。

（2）二级处理

区内主要道路宽度 16 m,中央绿岛两侧道路横向坡度向中央倾斜,取消道路缘石和排水沟,使径流向中央绿岛汇集,中央绿岛中设有砂砾沟渠等生态化暴雨径流调蓄及处理设施,形成二级暴雨径流排泄廊道,在滞留来自于建筑屋顶和场地内的部分暴雨径流之后,将其余暴雨径流继续运送到绿地、水体构成的三级暴雨排泄廊道和集水区。

（3）三级处理

在主要道路的暴雨径流调蓄系统下游较低处设置绿地、人工湖等公共开放空间,通过其中的绿化和暴雨径流调蓄系统,对暴雨径流进行进一步处理,再排泄到人工湖之中,继而经过重力自流沟渠收集暴雨径流,并用于景观绿化的浇灌,减少开发项目向外部排泄的暴雨径流(图 7 - 47)。

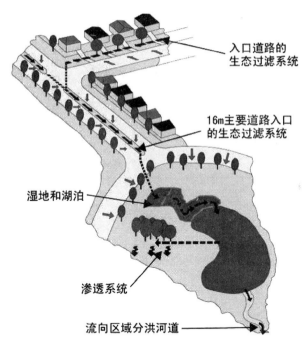

图 7 - 47　林恩布鲁克居住区规划设计
分级暴雨水排泄廊道系统

3）成本估算

经估算,与传统方式的暴雨排水管道系统相比,该项目在排水管道网络及水处理方面的成本增加了 5%。由于排水管道网络及水处理的成本仅占整个开发项目总成本的 10%,因而项目开发总成本增加了 0.5%,在经济上具有一定的可行性。

4）成效

2000 年 8 月建成之后,与先期开发相比,新的设计减小了开发项目对城市水文环境的影响,不仅减少了当地暴雨径流排泄的数量和速度,降低了区域整体在暴雨后形成洪涝灾害的风险,还减少了进入当地河流、溪流和菲利普湾的污染物总量。在向外排泄的径流中,磷、氮和固体悬浮物分别减少80%、60%和90%。在2000年和2001年,该项目先后获得澳大利亚城市开发学会颁发的优秀奖和合作研究中心联合会技术变革奖[①]。

7.4.3 法国瓦勒德瓦兹省新社区规划设计灾害调节和缓冲隔离策略整合

1)项目背景

该项目为法国瓦勒德瓦兹省(Val d'Oise)一个计划容纳4万居民的新城镇社区规划设计,由理查德·罗杰斯事务所完成。设计从总体及分区层面,整合一系列生态学原则,通过总体布局、道路交通、绿地系统、建筑布局的组织,充分利用绿地开放空间的灾害调节和缓冲隔离职能,在缓解热岛效应、空气污染、防止噪声污染及节约能源等方面取得了显著效果。

2)设计要点

(1)总体布局

总体布局主要采用功能组团与绿地系统间隙分布的模式。轻工业厂房设置于两侧的外围地带,居住区和中心区设置于内部。其中居住区主要形成四个居住组团,社区中心设置公共建筑及设施,结合运河、绿化,呈带状分布于居住组团之间,并通过内部道路、步行系统及绿带连成整体,相互联系便捷。

(2)道路交通

道路及步行系统组织方面,规划设计在居住区周边及其与轻工业厂区之间设置环路,并向外部延伸,加强对外联系;在环路与中心区道路交叉点及中心区道路中部均衡分布公共交通节点;公共交通节点通过轻轨及隧道直接联系,并与绿地、公共设施紧密结合。步行系统结合公交节点及公共活动空间,形成分层次的步行网络。社区内部及组团内的步行系统相互联系,一直延伸至组团内部的各个建筑,并与通向社区外部的人行道及自行车道主干线连接,建立以公共交通结合步行为主的交通模式,以限制和减少私人小汽车的使用,减少其排放的热量、空气污染物和产生的噪声。

(3)绿地系统

设计在中心区设置主干绿带,为两侧的建筑提供良好的自然通风,并在外围城市主干道两侧、内部道路两侧、步行道两侧、轻工业区周边、居住组团周边及各区域内部设置各级公共绿地,形成均衡、连续、层次明确的绿地空间整体分布形态,还通过引进对二氧化碳等空气污染物具有净化作用的山楂等树种,形成具有降温、防噪、净化空气等综合性灾害调节及缓冲隔离作用的绿地系统,有效缓解热岛效应、空气污染和噪声污染。

(4)建筑布局及处理

结合组团式布局模式,建筑布局形成总体分散、局部相对集中的形态。居住单元及社

---

① Sara D. Lloyd. WATER SENSITIVE URBAN DESIGN IN THE AUSTRALIAN CONTEXT[EB/OL]. (2001 -09-07)[2008-02-25] http://melbournewater. com. au/content/library/wsud/conferences/melb_1999/wsud_in_the_australian_context. pdf. ;Melbourne Water. Lynbrook Estate-a demonstration[EB/OL]. (2004-10)[2012-06-07] http://wsud. melbournewater. com. au/download/water_sensitive_urban_design. pdf.

区中心的建筑沿绿化主干及步行道路线型排列,进深较小,设有内院,充分满足日照、采光、通风要求,减少照明、空调设施的能耗及热量、污染物的排放[①](图 7 - 48)。

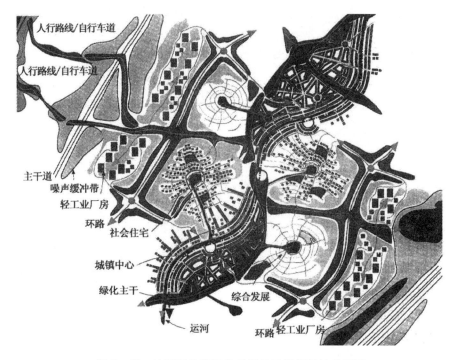

图 7 - 48　法国瓦勒德瓦兹省新社区规划设计总平面

7.4.4　日本建筑密集街区更新灾害避难救援设计示例

1)项目背景

日本某街区内分布大量以木构建筑为主的普通住宅,建筑物密集,道路狭窄,缺乏广场、绿地等开放空间,相应的防火缓冲隔离公共开放空间和灾害避难救援公共开放空间严重不足,不论是在日常生活中还是在发生大地震时,易于发生因局部失火,建筑物倒塌和电、气管线等设施破坏而引发的大规模火灾,而且使灾害疏散、避难和消防救援行动的开展极为困难。这种状况在日本较为常见,居住区用地相对狭小,用地及建筑权属错综复杂,城市居民老龄化使居住区内老年人增多,城市建筑改造更新进程缓慢,缺乏对相应防灾空间及设施的考虑,都是其产生的原因。日本是一个地震频发的国家,一旦发生地震,造成整个街区发生严重灾情的风险较高,因而急需在街区的更新改造中改变这一不利局面,以提高街区整体的防灾能力(图 7 - 49)。

2)设计要点

规划设计中从街区更新的实际出发,充分考虑各种不利因素和分期建设的要求,分别从近期的阶段性整治和远期的全面建设两方面确定设计的基本措施。

(1)近期的阶段性整治

近期的阶段性整治强调局部的调整和短期的可行性,旨在满足灾害避难救援等防灾安

---

① 昆·斯蒂摩.可持续城市设计:议题、研究和项目[J].世界建筑,2004(8):34 - 39.

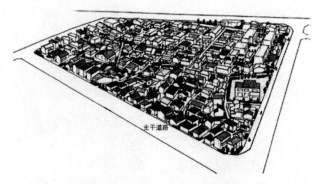

图 7 - 49　建筑密集街区原状

全的基本要求。设计中综合利用公共开放空间的防火隔离、延烧遮断职能和避难救援职能,其要点包括:

·对原有学校的建筑及场地布局进行调整,结合操场提供为学校自身和街区使用的主要防灾避难救援场所,并通过局部拆除建筑在街区内部增设公园、广场等开放空间,设置避难救援场所。

·以原有道路布局形态为基础,建立街区内避难救援道路基本骨架,拓宽原有狭窄道路,并连接街区内部及周边的避难救援场所,确保灾害发生时疏散、避难、救援行动的交通畅通,并形成防火隔离空间,抑制火势蔓延。

·在避难救援道路及场所周边,通过设置防火林带,并以经过不燃化处理的建筑替代原有建筑,为其提供防火隔离和缓冲屏障,确保避难救援公共开放空间的安全性。

·结合避难救援道路和场所设置相应的消防站、卫生医疗点等避难救援功能单元及设施,提高其避难救援职能。

（2）远期的全面建设

远期的规划设计从防灾安全的角度综合组织道路、公园、广场和建筑等空间要素,并与街区更新改造的远景整合,在确保灾害避难救援能力的同时,营造品质优良、舒适宜人的街区环境。设计要点包括:

·从防灾避难救援的角度全面整备街区道路系统,形成结构明确、形态规整、交通便捷的道路网络。

·进一步增加街区内的广场、公园等公共开放空间的数量及面积规模,加强相关防灾设施的建设及其与道路网络的联系。

·对个别原有建筑进行改造,并以新的公共建筑和住宅替换原有建筑,进一步加强建筑抗震、防火能力。

·适当提高局部建筑开发强度及高度,减小建筑密度,扩大建筑退让避难救援道路及广场等避难救援场所的间距,使其满足防火要求及避难救援公共开放空间的安全要求①（图 7 - 50）。

---

① 日本国土交通省. これからの都市防災対策:密集市街地の再整備[EB/OL]. [2009 - 03 - 23] http://www. mlit. go. jp/crd/city/sigaiti/tobou/saisei. htm.

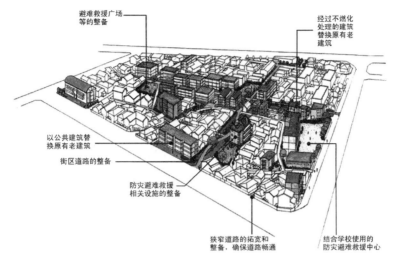

（a）近期的阶段性整治

（b)远期的全面建设

图 7－50　建筑密集街区更新灾害避难救援设计要点图示

7.4.5　日本千叶县市川市大洲防灾避难救援公园设计

1）项目背景

大洲防灾公园位于日本千叶县市川市内,占地面积约 3 ha。1999 年秋,日本"都市再生机构"创设"防灾公园街区建设事业",大洲防灾公园是其首个实践项目。在建设之初,当地居民就广泛参与公园的规划设计,提出多种设想和修正建议,后经当地政府作出决策,建设事业获得许可,直到最终建成开放,前后共 4 年时间。公园周边为大量旧式单栋住宅构成的居住区,建筑及人口较为密集。大洲防灾公园建设的主要目的是在地震等灾害发生时,为周边街区受灾民众提供临时应急疏散、避难、临时生活、灾后救援、救灾物资中转的场所,同时为周边居民提供日常生活中休憩娱乐活动的公共空间(图7-51)。

图7-51　大洲防灾公园及周边街区鸟瞰

2)设计要点

(1)功能分区及设计

按照灾害避难救援场所的相关要求及周边环境条件,大洲防灾公园主要设置应急避难区、避难救援区、防火林带、救援物资集散区,以及急诊所、派出所和消防署等区域。

a.应急避难区和避难救援区

应急避难区和避难救援区是公园的主体,位于公园北部,地面开阔平坦,周边无阻碍和遮挡。两个区域紧邻设置,又相对独立,在灾害发生3天内,供受灾民众应急避难。在灾害发生3天后,避难救援区主要转化为救援空间。其中,应急避难区包括避难广场和避难草坪。避难广场可容纳1万人避难,地面铺装材料强度可满足20 t消防车通行要求,还设置了野餐区和运动器具,供平时使用,也可作为防灾训练场地用于灾害避难救援教育所。避难救援区为大面积的开阔草坪。

b.救援物资集散区

救援物资集散区主要包括物资堆积区、物资装卸区和物资存储仓库,设置于公园南面边界中部,紧邻公园外街区主要避难救援道路,与应急避难区和避难救援区联系紧密。

c.急诊所、派出所和消防署

急诊所、派出所和消防署设置于公园外围南面与东面边界交角处,紧邻南侧街区主要避难救援道路,出入便利,为公园内部及外部街区的避难救援行动提供服务。

d.防火林带

防火林带的分布根据周边建筑及道路环境确定。公园南面道路较为宽阔,可形成公园与南面街区之间的有效防火隔离,而北、东、西面的居住区建筑密集,与公园间距较小。因此,防火林带主要设置于公园东面和北面边界,以及南边和西边边界的一部分。防火林带宽10—15 m,选用防火性能较好的常绿阔叶树种,2—3列交错种植,并结合急诊所、派出所和消防署等建筑的不燃化处理,为防灾公园提供完整、连续的周边防火隔离带。

(2)道路

公园内人行道和机动车道路将园内各功能分区与出入口之间、公园与周边街区避难救援道路之间紧密联系,并同时考虑步行和机动车行驶的不同要求。应急避难区、避难救援区、救援物资集散区及急诊所、派出所、消防署周边形成环路,便于从多个方向疏散和出入。供大型救援车辆使用的道路主要连接外部街区避难救援道路和园内救援物资集散区,必要时也可直接到达应急避难区和避难救援区。

(3)出入口设置

大型机动车出入口主要设置于救援物资集散区,直接开口于南侧街区主要避难救援道路。急诊所、派出所和消防署所需机动车出入口设置于南侧及东侧外围道路上。

人行出入口是周边街区受灾民众进入公园的主要出入口。公园在北、西、东侧边界分别设置多个人行出入口,便于周边街区的受灾民众从多个方向进入公园(图7-52)。

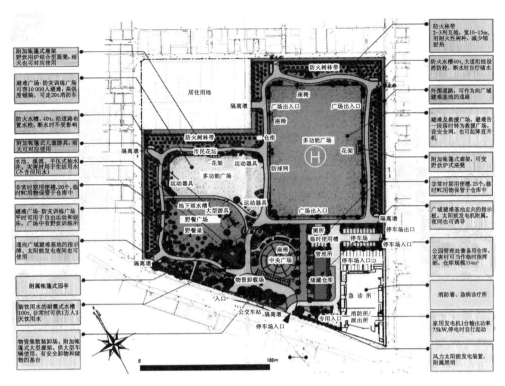

图 7-52　大洲防灾公园总平面

（4）环境设施及避难救援设施

公园内的环境设施和防灾救援设施首先满足灾时功能，并兼顾平时的支持活动和景观功能，具体设计内容包括：

·耐震性储水槽设置于避难区南侧，可储存 100 t 饮用水，可供应 1 万人 3 天的用水（图 7-53）。

·装配风力、太阳能发电装置的照明灯具，用于灾时供电管线发生破坏时的应急照明。

·发电机 1 台，输出功率 75 kW，停电时自动启用，临近急诊所、派出所和消防署设置。

·公园管理处 334 m²，在灾时可作为物资存储仓库和救灾指挥所。

·公园主要出入口和公园内部设置指路标识，多为标示公园内道路、各类场地及公园周边更高层级避难救援场所及道路方向的标识板，夜间可利用太阳能储电装置发光、亮显。

图 7-53　设于地下的耐震性储水槽

·应急避难区和避难救援区周边分别设置应急厕所一座。

·避难救援区草坪中设置直升机起降场地。

·应急避难区和避难救援区内园亭、儿童游乐设施等建筑小品考虑灾时避难要求，便于灾时临时生活帐篷的搭建和使用。

·应急避难区和避难救援区的周边设置防火水槽，沿道路设置消防栓，且能够自行储水备用。

· 应急避难区设置水池、溪流、手压式抽水井,用于灾时避难生活饮用水之外的其他生活用水①(图7-54,图7-55)。

(a) 与管理处结合的物资存储仓库

(b) 可作为应急水源的水体景观

(c) 避难救援区中的直升机停机坪

图7-54 大洲防灾公园实景

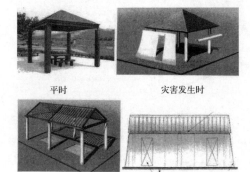

平时 灾害发生时

图7-55 大洲防灾公园内的建筑小品灾时用作帐篷等临时避难住所

3)评价

大洲防灾公园具有功能完备的防灾设施和避难救援场地,与周边街区和公共设施联系紧密,建立了安全、便捷、高效的灾害避难救援场所,并将城市公园平时的公共活动支持功能与灾害避难救援、防救灾训练教育等功能有机结合。大洲防灾公园的设计和建设过程中充分引入公众参与,并融入周边街区的更新改建过程,获得居民、政府及业界广泛认可,推动了日本防灾公园建设的开展,对于灾害避难救援公共开放空间的设计和实施均具有借鉴意义。

总括而论,针对城市热岛效应、空气污染、洪涝灾害、风灾、火灾、地质灾害、噪声污染、疫病及地震等主要灾害,对应公共开放空间的防灾减灾职能,灾害安全设计策略主要通过优化公共开放空间的物质构成和形态布局,结合土地利用、建筑布局及环境设施等空间要素的综合组织,从灾害调节设计、灾害缓冲隔离设计和灾害避难救援设计三个方面展开。灾害调节设计在减少环境热源、空气污染源等灾害源的同时,充分发挥绿地、水体等开放空间的降温、蓄水等调节作用,并通过建立自然通风廊道和自然排水廊道,保护和促进热、水、风、空气污染物等城市环境要素的自然循环过程和平衡机制,从而减少致灾因素。灾害缓冲隔离设计主要通过缓冲隔离公共开放空间的整体均衡布局和局部重点强化,降低致灾因素的强度,阻断致灾因素的传播途径,从而保护建筑等承灾体,抑制灾害蔓延。灾害避难救援设计主要通过建立层级分明、整体连续、均衡分布的网络化避难救援公共开放空间系统,确保灾害避难救援行动的安全高效,以减少灾害损失(表7-10)。

① 沈悦,齐藤庸平.日本公共绿地防灾的启示[J].中国园林,2007,23(7):6-12.

表 7 － 10　以公共开放空间为对象的灾害安全设计策略

内容构成	目的	主要空间要素					备注
		城市总体形态	公共开放空间		绿化植栽及环境景设施	建筑布局及特征	
			道路网络及停车	广场、绿地、水体等开放空间			
灾害调节设计　热环境调节及缓解应对高温气象灾害	・发挥城市绿地及水体的降温调节作用 ・减少环境热源 ・促进通风散热	适度分散，步行和公共交通优先，减少机动车排放热量和环境热源	・减少道路数量，长度及宽度，适当曲折； ・减少硬质路面，选用色彩较浅，反射率较高的路面材料	・减少广场等硬质地面； ・增加绿地、水体，与建筑均衡布局，与热源间隙等分布，环境热源密集区域增加绿地、水体	・增加水体景观； ・增加多层次立体绿化； ・增加树木，减少草坪	・低密度分散化布局； ・结合日照利用建筑遮阳； ・避免复杂体形，选用蓄热系数低和浅色材料	通风散热环境调节及缓解空气污染设计参考
城市水环境调节及缓解洪涝灾害	发挥水体、湿地、绿地等的蓄水调节作用，促进雨水滞留、渗透、蒸发及水文循环自然过程，逐级排泄、分流暴雨径流量，降低汇流流速	—	・结合地形联系建筑地及水体、绿地等开放空间； ・平行等高线布局，地面采用透水铺装材料； ・道路及停车场等构造设计结合雨水调蓄设施	・限制洪泛区、滨水区、低洼地和自然的建筑道路等的建设； ・保留增加水体、湿地、植被； ・结合地形、自然排水路线，建立从建筑→场地→水体等开放空间的网络化分级及暴雨排泄廊道及排水网络； ・广场减少不透水地面	结合绿地、湿地、道路、停车场设置水池、雨水花园，植草洼地等渗透沟渠等生态化雨水调蓄设施及雨水收集、净化及循环利用设施	・布局应利于建立分散化自然排水路线及暴雨调蓄开放空间； ・控制建筑退让水体，绿地等雨水自然排泄通道的距离； ・避免大规模改造地形和对自然排水路线网络的破坏	—

内容构成		目的	主要空间要素					备注
			城市总体形态	公共开放空间		绿化植栽及环境设施	建筑布局及特征	
				道路网络及停车	广场、绿地、水体等开放空间			
城市风环境调节及空气污染缓解设计	缓解空气污染	保护城市大气循环过程的自然通风及大气环境的自净机制,促进通风及空气污染物扩散稀释,降低污染物浓度	• 建立步行和公共交通优先的交通模式,减少汽车尾气污染物排放; • 工业污染源布局于城市主导下风向	• 城市周边道路及主导上风向设置净化绿地及林带; • 以道路及平行街道夹角或风向不超过30度,与主导风向平行的建筑区域内布局,均衡分布,规则格网布局,确保宽度; • 减少与主导风向上夹角的开放空间,无法避免时确保其宽度与周边建筑高度比例大于2,并种植净化林带		• 减少与主导风向垂直或夹角分布的封闭架空步道; • 竖向标识,分散分布,避免标识密集的横向通风影响识别	• 低密度分散化布局; • 长轴与主导风向夹角0~30度,以长轴与主导风向超过60度直或建筑群错落排列,沿主导通风廊道,逐级升高,高建筑向下风向; • 底层架空或开洞	—
灾害调节设计	缓解风灾	降低城市区域尤其公共步行活动等公共开放空间的风力及风速	• 适度紧凑密集; • 建设选址选择山体等自然地形背面,避开山体之间的风口地带及旷地带	• 城市主要道路,绿带等线性开放空间走向与灾害强风垂直或夹角不小于60度夹角,宽度与周边建筑高度比值小于1.5; • 公共活动空间尽量临近高层建筑,较长的街道尽端或道路交叉口等区域		• 致灾强风上风向设置林带等围墙、栅栏等防灾屏障; • 设置封闭架空步道	• 低层高密度布局; • 满足建筑防风前提下,建筑长轴与致灾风夹角为60~90度,较高建筑位于致灾底层开洞,近地面设置裙房,雨遮等为行人遮风	—
灾害缓冲隔离设计	主要针对火灾、爆炸、风灾、噪声污染、地震、地质、洪涝、疫病等灾害	促使致灾因素能量衰减及物质减少,降低致灾因素传播途径,阻断致灾因素,使建筑等承灾体远离,使灾害回避致灾因素,抑制灾害蔓延,限制灾害规模	总体分散,间隙分布	• 在灾害源与建筑等承灾体及周边区域之间设置缓冲隔离公共开放空间;均衡化,网络化布局,与灾害及承灾区域间隔分布; • 确保缓冲隔离空间的宽度及规模,形成绿化带,地形及绿化隔离、防火隔离、防风屏障、隔音屏障、噪声屏障、卫生防疫隔离等缓冲隔离设施,结合防灾工程形成多层次的缓冲隔离区		缓冲隔离屏障及绿化林带的高度、宽度、材料、树种构成,配置其相应要求	• 总体分散,局部可适当集中,建筑布局应确保受灾潜在受害建筑及区域周边具有足够开放空间; • 受灾保护建筑分布于缓冲隔离保护范围之内,远离灾害源; • 利用设有防灾要求较低的安全性建筑形成缓冲隔离屏障	安全分区满足规划及规范要求;与防灾规划相结合,防灾分区应相应规范要求

内容构成	目的	主要空间要素					备注
		城市总体形态	公共开放空间		绿化植栽及环境设施	建筑布局及特征	
			道路网络及停车	广场、绿地、水体等开放空间			
灾害避难救援设计	主要针对地震、火灾、洪灾等灾害，提升避难救援开放空间的可达性、连续性、层次性、可识别性、可替代性、适应性及安全性，为灾害避难救援行动提供物质保障，减少灾害损失	· 间隙化城市空间形态； · 清晰的结构形态及景观特色	· 规则路网，平直线型，连接避难救援场所出入口； · 分别设置主要避难及救援道路； · 设置替代避难及救援道路； · 建立水、陆、空多元避难救援通道； · 分布间距密度均衡一致； · 设置步行避难救援通道	· 连续、层次化的网块形态，均衡布局，与建筑及受灾区域间隙分布； · 选址于地势较高、地形平坦的区域，远离灾害源和易受灾害区域； · 周边设置灾害缓冲隔离开放空间及屏障； · 结合消防、警察、医疗、物资集散等防灾功能空间 · 以绿地、广场设置各级避难救援场所，分布间距满足步行尺度，城市级避难救援场所服务半径在2 km之内，分区级避难救援场服务半径500—600 m； · 避难救援场所平面方正、平坦、开阔，内部疏散避难、集散区、救援区、物资分区等分区明确，避难生活及救援设施齐备	· 加强标识等设施的自身安全； · 发挥环境设施避难救援支持功能； · 设置灾害应急避难救援标识系统； · 设置灾害应急照明系统，确保夜间避难救援行动，利用太阳能等替代能源设置形成备用照明； · 建筑救援地及避难救援场地及出入口环境设施要灵活可拆卸	· 避难救援空间周边建筑不燃化处理，移除餐饮、配电等潜在灾害源； · 建筑退离避难救援空间距离不小于建筑高度1/2，并确保缓冲隔离宽区度； · 提高标志性建筑灾害设防等级； · 建筑布局及体形满足消防等救援作业要求	· 避难救援道路及场所有效面积满足规划规范要求； · 避难救援空间进行无障碍通行设计，满足老人、儿童、残疾人等特殊人群避难行动要求

8

结　语

8.1　研究结论

本书研究的结论和启示包括以下方面：

1）基于公共安全的城市设计（即安全城市设计）是在城市公共安全局面日益紧迫、城市安全规划及建设急需完善的背景下提出的。安全城市设计立足于城市设计学科，对城市公共安全问题展开研究，其基本内涵是为建立安全的城市空间环境而对城市外部空间和形体环境的设计和组织。历史上的城市设计充分考虑城市公共安全的需求，并体现于城市空间形态的形成与演变过程。现代城市面临更为复杂的安全环境，现代城市公共安全的建设依赖于物质空间、工程技术、社会组织等多种因素的综合协调。安全城市设计从物质空间的各个层面渗透于与城市公共安全相关的城市规划建筑体系之中。安全城市设计以城市安全规划确定的土地利用、总体布局、防灾工程设施等空间资源的综合配置原则及城市空间形态的二维基底为前提和基础，从空间物质形态角度完善和落实城市安全规划的结构性框架，与各个层级和阶段的城市安全规划紧密结合，并从整体性视角为建筑安全设计提供适宜的外部条件和合理的控制、引导，是将城市安全规划和建筑安全设计相互联系的重要线索和联结环节。

2）安全城市设计是建立在跨学科平台之上的综合性空间安全设计，涉及的相关学科及理论众多。安全科学中的事故致因理论、安全行为理论、安全风险理论，环境行为学中的环境认知理论、行为场景理论、环境应激理论，可防卫空间理论、情境预防理论等综合性通过环境设计预防犯罪理论，灾害系统论、环境灾害理论、城市防灾空间理念等灾害学及城市防灾相关理论，以及安全城市理念，共同构成安全城市设计的基础理论，并为认识行为事故、犯罪、恐怖袭击、灾害等公共安全威胁要素的形成机制和作用过程，分析城市空间环境与城市公共安全威胁要素的关系，探索空间环境设计层面的防控手段，提供理论依据和研究方法。

3）城市道路、广场、绿地、水体等公共开放空间是城市空间环境的重要组成部分，具有重要的公共安全属性，主要体现在两个方面。一方面在于公共开放空间自身的安全性。公共开放空间不仅是城市生活中发生跌倒、跌落及溺水、高空坠物、步行交通等行为事故和城市犯罪的主要场所，其自身也应具备抵御各类灾害威胁的能力。另一方面在于公共开放空间的安全职能，即公共开放空间对于建筑、设施等主要受害体的保护作用及对城市空间环境整体安全的影响。公共开放空间是实施汽车炸弹恐怖袭击的主要空间媒介，并对汽车炸弹恐怖袭击具有预防、隔离、缓冲、疏散等防控职能。而且，公共开放空间是城市环境中的主要通风廊道、自然排水廊道，绿地、水体还具有重要的生态调节功能，能够调节热、风、污染物、水等要素的集聚、扩散过程和与之相关的灾害形成机制,减少城市空间环境中的致灾因素;公共开放空间能够促使致灾因素的物质能量衰减,降低其危害程度,保护建筑等承灾体,并抑制灾害蔓延,减小灾害规模;公共开放空间是灾时逃生、疏散、避难生活、救援、灾后重建的主要空间载体。对应热岛效应、空气污染、洪涝、风灾、火灾、地震等城市主要灾害,公共开放空间具有灾害调节、灾害缓冲隔离及灾害避难救援的防灾减灾职能。

4)公共开放空间是安全城市设计的主要研究对象。以公共开放空间为对象的安全城市设计针对公共安全威胁要素、人的安全需求、人的心理行为要素、自然环境要素及城市空间要素等基本要素展开研究;主要内容由针对公共开放空间中行为事故的行为安全设计、针对公共开放空间中的犯罪及城市恐怖袭击的防卫安全设计、针对城市灾害的灾害安全设计构成;分为宏观尺度的城市总体、中观尺度的分区、微观尺度的地段三个层次;其目标在于通过对公共开放空间和相关空间要素的组织,提升自身安全性,发挥其安全职能,建构安全的城市空间环境;各类公共安全威胁要素的发生率及危害的降低程度是其最终的评价标准;在实践中,首要关注人的安全和公共的安全利益,注重关系组合和整体协调,强调适应变化和富有弹性的原则。

5)公共开放空间自身的物质构成、形态要素及其与建筑等空间要素的布局和组织关系对公共开放空间的安全属性和城市公共安全具有重要影响。在行为安全方面,其影响主要体现在对行为事故致害物数量及分布、人与致害物的接触频率及机会、人对致害物及安全隐患的识别与应对、人等受害体空间防护程度的影响。在公共开放空间犯罪防卫安全方面,其影响主要在于对自然监控等犯罪干预力量及与之相关的空间可达性、可识别性、领域性、视觉可见性、归属感、使用活动、管理维护的影响。在汽车炸弹恐怖袭击防卫安全方面,其影响主要在于对建筑等攻击目标与道路停车等恐怖袭击空间源头的安全间距、建筑等攻击目标周边公共开放空间防护作用的影响。在灾害安全方面,其影响主要在于三个方面:对热、水、风、空气污染物等物质能量流动过程及与之关联的城市热岛效应、洪涝灾害、空气污染、风灾等灾害形成机制的影响,以及对公共开放空间相应灾害调节职能的影响;对建筑等承灾体、受灾区域、灾害源及公共开放空间的分布,公共开放空间的灾害缓冲隔离职能及与之相关的连续性、完整性、有效性的影响;对避难救援公共开放空间的可达性、连续性、层次性、可识别性、可替代性、适应性及安全性及其对避难救援行动支持作用的影响。

6)以公共开放空间为对象,安全城市设计的设计策略分别从行为安全设计、防卫安全设计、灾害安全设计三个方面展开。

行为安全设计策略主要通过改善步行及公共活动空间的环境质量,消除和减少空间环境中的行为事故致害因素,加强空间防护,避免人等受害体与致害因素的接触,提高人等受害体对致害因素的辨识和应对能力。

防卫安全设计中,公共空间犯罪防卫安全设计策略主要通过组织公共开放空间自身形态、布局及之相关的土地利用、建筑布局等空间要素,提升公共开放空间的领域性、可识别性、可达性、使用活动水平、归属感和管理维护,强化自然监控及机械监控等犯罪监控及干预能力,促使犯罪分子放弃犯罪行为,从而预防犯罪行为的发生。针对汽车炸弹恐怖袭击的设计策略主要通过消除不必要的机动车道、停车场等攻击源头,利用公共开放空间在建筑等攻击目标周边建立安全缓冲区及隔离屏障,以阻止携弹汽车接近攻击目标,促使爆炸能量衰减,降低汽车炸弹恐怖袭击的危害。

灾害安全设计中,灾害调节设计策略主要根据城市自然环境条件及热环境、风环境、水环境的特征,调整公共开放空间的物质构成,完善公共开放空间的形态布局,减少环境热源、空气污染源等灾害源,建立自然通风廊道及网络化的自然排水廊道,并结合绿地、水体等开放空间的降温、蓄水等调节作用,保护、促进和优化城市环境中的热、水、风、空气污染物的自然循环过程及净化平衡机制,以减少致灾因素。灾害缓冲隔离设计策略主要根据城市主要灾害源、建筑等承灾体、受灾区域的分布关系,建立连续化、层次化、网络化的灾害缓冲隔离公共开放空间,结合灾害缓冲隔离屏障的设置和组合,促进致灾因素的能量及强度衰减,阻断致灾因素的传播途径,为建筑等承灾体及受灾区域提供有效防护,从而抑制灾害蔓延,降低整体灾害风险。灾害避难救援设计策略通过对避难救援道路、避难救援场所、避难救援设施及建筑布局等空间要素的组织,提升避难救援公共开放空间的可达性、连续性、层次性、可识别性、可替代性、适应性及安全性,建立层级分明、整体连续、均衡分布、安全高效的网络化避难救援公共开放空间系统,为灾害避难救援行动的顺利实施提供空间保障,以减少灾害损失。

7) 以公共开放空间为对象的安全城市设计应根据公共开放空间的安全属性,合理配置不同类型的公共开放空间,加强公共开放空间安全职能的复合化利用,建立均衡化、层级化、连续化、网络化的公共开放空间总体形态布局,并合理组织土地利用、建筑、环境设施等空间要素,充分发挥公共开放空间的对应城市灾害及汽车炸弹恐怖袭击的安全职能,并通过改善公共开放空间的环境品质,预防公共开放空间中的犯罪和跌倒、跌落及溺水、高空坠物、步行交通事故等行为事故,以实现建立安全的城市空间环境的总体目标。

8) 安全城市设计是城市设计对公共安全问题展开的专项研究,是对传统城市设计的补充和深化,是城市设计理论及实践的重要组成部分。作为城市设计与城市公共安全相关学科理论相互融合的产物,与传统城市设计类似,安全城市设计以公共开放空间、空间形态及三维形体环境为主要研究对象,并依托传统城市设计的空间要素、对象层次等内容展开其研究框架。而在传统城市设计逐渐从对视觉品质和艺术美学的追求走向包含人、社会和自然在内的空间环境综合性设计的同时,安全城市设计通过空间组织,优化提升城市空间环境的整体安全品质,是实现城市设计综合性目标的前提。

与传统城市设计相比,安全城市设计具有指向明确、注重实效、强调理性的特征。传统城市设计更加关注空间美学和视觉艺术。安全城市设计从公共安全角度审视空间形态、形体环境,赋予功能、灵活性、可达性、可识别性、使用活动、场所内涵、视觉景观等空间属性以新的内涵。而且,安全城市设计关注城市空间最为本质的安全属性及人的基本安全需求,与传统城市设计相比更加注重空间环境的实际效用。此外,传统城市设计的应用学科以建筑学、社会学、行为心理学、美学等为主,采用感性与理性并重、以正向干预为主的思维方式。安全城市设计将安全科学、环境行为学、犯罪学、灾害学的基本原理应用于对城市物质空间环境的研究之中,广泛借鉴相关学科、理论、技术和实验的成果,更加强调理性原则,关注物质空间要素的组合关系对人、社会、环境及公共安全的负效应。安全城市设计研究的展开将使城市设计日益具有科学化、理性化的特征。

安全城市设计通过认识城市发展、城市物质空间建设对城市公共安全的影响,将城市设计对人—社会—环境关系的反思提升至公共安全的高度,是传统城市设计在新的城市发展形势和城市公共安全局面下的拓展。安全城市设计是城市设计支持城市生活、促进城市环境可持续发展的必然要求,也预示着城市设计新的发展方向。

9) 安全城市设计尽管不能从根源上完全消除城市空间环境中的各类行为事故、犯罪、恐怖袭击、灾害等城市公共安全威胁要素,但能够正面调控和干预各类威胁要素的形成、产生、发展过程,降低其实际危害。安全城市设计是从物质空间层面进行城市公共安全建设、建立安全城市的具有实效的思想方法和实践途径。

基于上述理解和认识,本书主要完成的工作包括:

1) 本书根据安全科学、环境行为学、通过环境设计预防犯罪、灾害学及城市防灾等基础理论和原理,对应行为事故、犯罪、恐怖袭击、灾害等城市主要公共安全威胁要素,从公共开放空间自身安全及其对于城市公共安全的安全职能论述公共开放空间的安全属性,分析公共开放空间物质构成、形态分布及土地利用、建筑布局等空间要素对公共开放空间安全属性及城市公共安全的作用和影响,深入阐明物质空间环境与城市公共安全的关系。

2) 本书提出并阐释基于公共安全的城市设计(即安全城市设计)的概念及内涵,回顾历史上城市设计对城市公共安全研究和实践的经验和发展历程,分析安全城市设计与城市安全规划及建筑安全设计的关系,并从基本要素、内容构成、层次范围、价值判断及目标评价等方面初步建构以公共开放空间为对象的安全城市设计理论研究框架,初步建立城市设计领域研究城市公共安全问题、完善城市公共安全建设的理论基础。

3) 本书以系统分析公共开放空间及其相关空间要素与城市公共安全威胁要素的形成作用机制的关系为基础,分别从行为安全设计、防卫安全设计及灾害安全设计三方面系统论述了以公共开放空间为对象的安全城市设计的基本策略,为基于公共安全的城市空间环境设计和建设提供了具有参考价值的指导原则和具体措施。

4) 本书研究弥补城市设计学科对城市公共安全问题研究的不足,从物质空间规划设计层面进一步完善城市公共安全规划的体系,同时也拓展城市安全规划及城市设计的研究领域,为城市安全规划及城市设计的学科发展开启了新的研究方向。

8.2　研究展望

本书以公共开放空间为对象,初步建立和阐释了基于公共安全的城市设计(即安全城市设计)的基本理论框架和设计策略,作为阶段性成果,为从城市设计学科研究城市公共安全问题提供了理论、实践的基础和分析框架,未来应从下列方面进一步展开深化研究:

1) 设计策略研究的深化

在以公共开放空间为对象的行为安全设计、防卫安全设计及灾害安全设计等各类不同指向的策略研究自身进一步深化、完善的同时,探索具有不同自然条件、社会条件和公共安全背景的城市及城市不同区域的设计策略,并逐步探讨能够综合协调各类不同指向的安全设计之间可能存在的矛盾、满足城市空间环境安全总体要求并兼顾城市设计其他固有目标的整体性设计策略。

2) 定量化研究的加强

进一步加强对公共安全威胁要素、公共开放空间安全属性、空间要素之间相互影响的量化分析,探讨安全城市设计系统化的量化分析方法,确定相应的量化指标,提升安全城市设计理论层面的科学性和实践层面的可操作性。

3) 理论及实践体系的完善

立足于城市设计自身学科特征,系统引入环境评估、风险评估等相关学科的分析、评价方法,借助计算机模拟技术和空间信息技术等技术手段,寻求安全城市设计的设计方法、分析技术和评价体系；依托城市设计的运作模式，探索安全城市设计的导则及成果编制、机构设置、激励手段及其与城市安全规划和建设管理决策体系的衔接措施；同时结合项目设计活动的展开，不断完善和深化，以推进安全城市设计理论及实践体系的整体建构。

随着研究的逐渐深入，我们日益体会到，作为城市设计领域对城市公共安全展开的系统研究，安全城市设计是一项庞杂的研究课题。本书的研究成果客观上仍处于初期阶段，其理论的科学性、方法的适宜性、策略的合理性、实践的实效性均有待于反复论证和探索。只有立足于多学科的交叉融合，通过专业设计人员与不同背景研究人员的共同努力，安全城市设计的研究和实践才能不断推进和发展。

附录:公共开放空间犯罪防卫安全性调查访谈提纲

(参考 United Nations Human Settlements Programme(UN-Habitat). WOMEN'S SAFETY AUDITS FOR A SAFER URBAN DESIGN〔EB/OL〕.(2007 - 10)〔2008 - 08 - 04〕. http://www. unhabitat. org/downloads/docs/5544_32059_WSA％20Centrum％20report. pdf 制定.)

填写(访谈)地点:＿＿＿＿＿＿＿

填写(访谈)日期:＿＿＿＿＿＿＿

1. 一般信息

调查对象基本情况:

性别＿＿＿＿　年龄＿＿＿＿　职业＿＿＿＿　使用空间目的＿＿＿＿　到达方式＿＿＿＿

居住地离此地的距离＿＿＿＿　工作地离此地的距离＿＿＿＿

2. 总体评价

1)您从总体上如何评价这里的安全性?

非常安全□　基本安全□　不安全□　非常不安全□

2)如您认为安全,主要原因在于:

＿＿＿＿＿＿＿＿＿＿＿＿＿＿＿＿＿＿＿＿＿＿＿＿＿＿＿＿＿＿＿＿＿＿＿＿＿

＿＿＿＿＿＿＿＿＿＿＿＿＿＿＿＿＿＿＿＿＿＿＿＿＿＿＿＿＿＿＿＿＿＿＿＿＿

3)如您认为不安全,主要原因在于:

＿＿＿＿＿＿＿＿＿＿＿＿＿＿＿＿＿＿＿＿＿＿＿＿＿＿＿＿＿＿＿＿＿＿＿＿＿

＿＿＿＿＿＿＿＿＿＿＿＿＿＿＿＿＿＿＿＿＿＿＿＿＿＿＿＿＿＿＿＿＿＿＿＿＿

4)您认为这里的哪些地点不安全?

空地□　小巷□　广场□　停车场□　绿地□　社区公园□　其他□

5)您认为这里易于发生哪些犯罪或不当行为?

抢劫□　行窃□　伤害□　性侵害□　故意杀人□　吸毒□　其他＿＿＿＿＿

6)您认为这里哪些时间不安全,原因在于:

＿＿＿＿＿＿＿＿＿＿＿＿＿＿＿＿＿＿＿＿＿＿＿＿＿＿＿＿＿＿＿＿＿＿＿＿＿

7)这里的周边和附近有:

商店□　办公楼□　饭店□　工厂□　住宅□　人少的道路□　人多的道路□　停车场□　河岸□

树林□　学校□　电影院□　酒吧□　舞厅□　其他＿＿＿＿＿

其中,哪些令您觉得不安全,原因在于:

＿＿＿＿＿＿＿＿＿＿＿＿＿＿＿＿＿＿＿＿＿＿＿＿＿＿＿＿＿＿＿＿＿＿＿＿＿

＿＿＿＿＿＿＿＿＿＿＿＿＿＿＿＿＿＿＿＿＿＿＿＿＿＿＿＿＿＿＿＿＿＿＿＿＿

其中,哪些令您觉得更安全,原因在于:

＿＿＿＿＿＿＿＿＿＿＿＿＿＿＿＿＿＿＿＿＿＿＿＿＿＿＿＿＿＿＿＿＿＿＿＿＿

＿＿＿＿＿＿＿＿＿＿＿＿＿＿＿＿＿＿＿＿＿＿＿＿＿＿＿＿＿＿＿＿＿＿＿＿＿

3. 视线

1）您是否能够清楚地看到前方的人和正在发生的事件？

是□　否□

2）如果不能看到前方的人和正在发生的事件，您认为是什么原因造成的？

形状曲折变化遮挡□　高度变化遮挡□　建筑物的遮挡□　树木的遮挡□

其他原因＿＿＿＿＿＿＿＿＿＿＿＿＿＿＿＿＿＿＿＿＿

3）如果能够看到前方的人和正在发生的事件，您认为是什么原因造成的？

＿＿＿＿＿＿＿＿＿＿＿＿＿＿＿＿＿＿＿＿＿＿＿＿＿＿＿＿＿＿＿＿＿＿

＿＿＿＿＿＿＿＿＿＿＿＿＿＿＿＿＿＿＿＿＿＿＿＿＿＿＿＿＿＿＿＿＿＿

4）您是否觉得周围的人能清楚地看到您？

是□　否□

5）如果您觉得周围的人不能清楚地看到您，您认为是什么原因造成的？

形状曲折变化遮挡□　高度变化遮挡□　建筑物的遮挡□　树木的遮挡□

其他原因＿＿＿＿＿＿＿＿＿＿＿＿＿＿＿＿＿＿＿＿＿

6）如果您觉得周围的人能清楚地看到您，您认为是什么原因造成的？

＿＿＿＿＿＿＿＿＿＿＿＿＿＿＿＿＿＿＿＿＿＿＿＿＿＿＿＿＿＿＿＿＿＿

＿＿＿＿＿＿＿＿＿＿＿＿＿＿＿＿＿＿＿＿＿＿＿＿＿＿＿＿＿＿＿＿＿＿

7）您认为这里在视线方面存在哪些问题，您有什么改进建议？

＿＿＿＿＿＿＿＿＿＿＿＿＿＿＿＿＿＿＿＿＿＿＿＿＿＿＿＿＿＿＿＿＿＿

＿＿＿＿＿＿＿＿＿＿＿＿＿＿＿＿＿＿＿＿＿＿＿＿＿＿＿＿＿＿＿＿＿＿

4. 照明

1）您对这里夜间照明的第一印象是：

非常好□　好□　基本满意□　不好□　非常不好□　过于黑暗□　过于明亮□

2）在这里，您能够在夜间发现多远处有人？

＿＿＿＿＿＿＿＿＿＿＿＿＿＿＿＿＿＿＿＿＿＿＿＿＿＿＿＿＿＿＿＿＿＿

3）步行道、人行道及活动场地的照明如何？

非常好□　好□　基本满意□　不好□　非常不好□

4）出入口、指向标识及地图的照明如何，是否使其清晰可见？

非常好□　好□　基本满意□　不好□　非常不好□

5）您认为这里照明不足的地点在哪里？

＿＿＿＿＿＿＿＿＿＿＿＿＿＿＿＿＿＿＿＿＿＿＿＿＿＿＿＿＿＿＿＿＿＿

6）您认为照明不足的原因是：

缺少灯具□　灯具不够亮□　灯具损坏□　光线被树木或其他物体遮挡□

其他原因＿＿＿＿＿＿＿＿＿＿＿＿＿＿＿＿＿＿＿＿＿

7）您认为这里的照明存在哪些问题，您有什么改进建议？

＿＿＿＿＿＿＿＿＿＿＿＿＿＿＿＿＿＿＿＿＿＿＿＿＿＿＿＿＿＿＿＿＿＿

＿＿＿＿＿＿＿＿＿＿＿＿＿＿＿＿＿＿＿＿＿＿＿＿＿＿＿＿＿＿＿＿＿＿

5. 行进路线及藏身空间

1）当您从这里到其他某个地点时，是否有两条及两条以上的道路能够到达？

是□　否□　不知道□

2) 如果只有一条路线,您觉得:

非常安全□　基本安全□　不安全□　有点害怕□　很害怕□

3) 您是否知道这条道路的终点通向哪里?

是□　否□

4) 您的行进路线上,是否觉得可能有人隐藏于某个地点?

是□　否□

5) 如果您认为行进路线上可能有人隐藏于某个地点,您觉得会在哪里?

空地□　废弃建筑物□　道路转角□　围墙等凹进□　树木后面□　其他_____

6) 经过上述这些地点,您觉得:

非常安全□　基本安全□　不安全□　有点害怕□　很害怕□

7) 如您觉得不安全,您认为应该采取哪些改进措施?

_____

_____

6. 他人存在及空间隔绝

1) 在您的周围有多少人?

非常多□　较多□　较少□　很少□　没有□

2) 哪些人的存在使您感到更安全?

_____

3) 哪些人的存在使您感到不安全?

_____

4) 您是否觉得与其他人相互隔绝?

是□　否□

5) 您认为与他人隔绝的原因在于:

视觉上看不到□　听觉上听不到□　其他原因_____

6) 您觉得与他人隔绝令您感到:

非常安全□　基本安全□　不安全□　非常不安全□

7) 如果您受到犯罪分子的攻击,您是否会向他人求救?

是□　否□

8) 如果您向他人呼喊求救,您觉得是否有人能够听到?

是□　否□

9) 如果您受到犯罪分子的攻击,您会向谁求救?

_____

10) 这里是否有安全人员巡逻?

是□　否□　不知道□

11) 您认为活动人数、您与他人的相互隔绝应怎样加以改善?

_____

_____

7. 标识

1) 您对这里的标识第一印象如何?

非常好□　好□　基本满意□　不好□　非常不好□

2）是否有路牌、地图等指向标识帮助您确定现在处于什么地点？

是□　否□　不知道□

3）是否有标识告知您到哪里寻求救助？

是□　否□　不知道□

4）是否有明确标示出入口的标识？

是□　否□　不知道□

5）如果您对这里并不熟悉，是否易于找到步行和活动的路线？

是□　否□

6）您觉得路牌、地图、出入口标识的缺少令您感到：

非常安全□　基本安全□　不安全□　非常不安全□　无影响□

7）您认为这里的标识存在哪些问题，您有什么改进建议？

_____

_____

8. 维护和管理

1）您是否觉得这里有人管理？

是□　否□　不知道□

原因在于：

_____

2）您对这里管理和维护的第一印象如何？

非常好□　好□　基本满意□　不好□　非常不好□

3）地上是否有垃圾和杂物？

是□　否□

4）这里周围的墙上是否有人乱涂乱画？

是□　否□

5）是否有人进行破坏后留下的印记？

是□　否□

6）这里的维护和管理令您觉得：

非常安全□　基本安全□　不安全□　非常不安全□　无影响□

7）您认为这里的维护和管理存在哪些问题，您有何改进建议？

_____

_____

9. 安全设施及人员

1）这里是否有安保巡逻人员及治安警亭？

是□　否□　不知道□

2）如果有安保巡逻人员及治安警亭，当您需要帮助时，您是否能够找到？

是□　否□

3）这里是否有监控设备？

是□　否□　不知道□

4）监控设备是否让您觉得更安全？

是□　否□　无所谓□

5）您认为这里的安全设施和人员存在哪些问题,您有何改进建议？

_____

_____

参考文献

中文纸质文献

[1] Matthew Carmona，Tim Heath，Taner Oc，等. 2005. 城市设计的维度：公共场所——城市空间[M]. 冯江，袁粤，万谦，等译. 南京：江苏科学技术出版社

[2] 阿而多·罗西. 2000. 城市建筑[M]. 施植明，译. 台北：田园城市文化事业有限公司

[3] 澳大利亚 Images 公司. 2001. T. R. 哈姆扎和杨经文建筑师事务所[M]. 宋晔皓，译. 北京：中国建筑工业出版社

[4] 白德懋. 1993. 居住区规划与环境设计[M]. 北京：中国建筑工业出版社

[5] 包志毅，陈波. 2004. 城市绿地系统建设与城市减灾防灾[J]. 自然灾害学报，13(2)：155－160

[6] 保罗·诺克斯，史蒂文·平奇. 2005. 城市社会地理学导论[M]. 柴彦威，张景秋，等译. 北京：商务印书馆

[7] 贝纳沃罗. 2000. 世界城市史[M]. 薛钟灵，余靖芝，等译. 北京：科学出版社

[8] 毕凌岚. 2007. 城市生态系统空间形态与规划[M]. 北京：中国建筑工业出版社

[9] 邴启亮，张鑫. 2009. 防灾减灾视角下的城市绿地系统规划探讨[M]//中国城市规划学会. 2008 年中国城市规划年会论文集. 大连：大连出版社

[10] 蔡果，刘江鸿，杨降勇，等. 2005. 城市道路交通中行人安全问题研究[J]. 华北科技学院学报，(4)：60－65

[11] 陈宝胜. 2001. 城市与建筑防灾[M]. 上海：同济大学出版社

[12] 陈波，包志毅. 2003. 城市景观规划中的防洪策略——以 2002 年欧洲特大洪灾为例[J]. 自然灾害学报，12(2)：147－151

[13] 陈有民. 1990. 园林树木学[M]. 北京：中国林业出版社

[14] 城市安全与防灾规划学术委员会(筹). 2004. 当代城市综合防灾规划的探讨和展望[C]//中国城市规划学会. 2004 年城市规划年会论文集：专业学术委员会专题报告：986－990

[15] 戴慎志，江毅，罗晓霞. 2002. 城市住区空间安全防卫规划与设计[J]. 规划师，18(2)：37－40

[16] 董鉴泓. 2004. 中国城市建设史[M]. 3 版. 北京：中国建筑工业出版社

[17] 段进，李志明，卢波. 2003. 论防范城市灾害的城市形态优化——由 SARS 引发的对当前城市建设中问题的思考[J]. 城市规划，27(7)：61－63

[18] 冯采芹. 1992. 绿化环境效应研究[M]. 北京：中国环境出版社

[19] 冯娴慧，魏清泉. 2006. 基于绿地生态机理的城市空间形态研究[J]. 热带地理，26(4)：344－348

[20] 傅小娇. 2007. 城市应急避难场所规划原则及程序研究[M]//中国城市规划学会. 2007 中国城市规划年会论文集. 哈尔滨：黑龙江科学技术出版社：1138－1143

[21] 高建国. 1999. 中国减灾史话[M]. 郑州：大象出版社

[22] 关滨蓉，马国馨. 1995. 建筑设计和风环境[J]. 建筑学报，(11)：44－48

[23] 关华. 2002. 安全城市——从都市计划论预防公共空间犯罪[D].[硕士学位论文]. 台北：台北大学

[24] 郭铭. 降低溺水对儿童的伤害[N]. 中国教育报，2005－12－01

[25] 何振德，金磊. 2005. 城市灾害概论[M]. 天津：天津大学出版社

[26] 黄大田.2002.全球变暖、热岛效应与城市规划及城市设计[J].城市规划,26(9):77-79

[27] 黄东宏.1995.利用地下空间建立城市综合防灾空间体系[D].[硕士学位论文].北京:清华大学

[28] 黄建中.2006.特大城市用地发展与客运交通模式[M].北京:中国建筑工业出版社

[29] 黄世孟.2002.场地规划[M].沈阳:辽宁科学技术出版社

[30] 黄晓鸾,王书耕.1998.城市生存环境绿色量值群的研究(3)[J].中国园林,14(3):55-57

[31] 季如漪,曾新春.2009.开放空间的安全性[M]//中国城市规划学会.2008年中国城市规划年会论文集.大连:大连出版社

[32] 简·雅各布斯.2005.美国大城市的死与生[M].金衡山,译.南京:译林出版社:35-40

[33] 金磊.2001.构造城市防灾空间——21世纪城市功能设计的关键[J].工程设计CAD与智能建筑,(8):6-12

[34] 金磊.2007.城市安全之道——城市防灾减灾知识十六讲[M].北京:机械工业出版社

[35] 金龙哲,宋存义.2004.安全科学原理[M].北京:化学工业出版社

[36] 卡门·哈斯克劳,英奇·诺尔德,格特·比科尔,等.2008.文明的街道——交通稳静化指南[M].郭志锋,陈秀娟,译.北京:中国建筑工业出版社

[37] 凯文·林奇.2001.城市意象[M].方益萍,何晓军,译.北京:华夏出版社

[38] 克莱尔·库珀·马库斯,卡罗琳·弗朗西斯.2001.人性场所——城市开放空间设计导则[M].2版.俞孔坚,孙鹏,王志芳,等译.北京:中国建筑工业出版社

[39] 昆·斯蒂摩.2004.可持续城市设计:议题、研究和项目[J].世界建筑,(8):34-39

[40] 雷芸.2007.阪神·淡路大地震后日本城市防灾公园的规划与建设[J].中国园林,23(7):13-15

[41] 李德华.2001.城市规划原理[M].3版.北京:中国建筑工业出版社

[42] 李繁彦.2001.台北市防灾空间规划[J].城市发展研究,8(6):1-8

[43] 李景奇,夏季.2007.城市防灾公园规划研究[J].中国园林,23(7):16-21

[44] 李敏.2002.现代城市绿地系统规划[M].北京:中国建筑工业出版社

[45] 李树华,李延明,任斌斌,等.2005.浅谈园林植物的防火功能及配置方法[C]//北京园林学会.抓住2008年奥运机遇进一步提升北京城市园林绿化水平论文集.

[46] 李延明,张济和,古润泽.2004.北京城市绿化与热岛效应的关系研究[J].中国园林,(1):72-75

[47] 李原,黄资慧.1999.20世纪灾祸志[M].2版.福州:福建教育出版社

[48] 林姚宇,王耀武,张昊哲.2007.论生态城市设计及其环境影响评价工具[J].华中建筑,25(7):78-81

[49] 林玉莲,胡正凡.2006.环境心理学[M].2版.北京:中国建筑工业出版社

[50] 刘海燕,武志东.2006.基于GIS的城市防灾公园规划研究——以西安市为例[J].规划师,(10):55-58

[51] 刘海燕.2005.基于城市综合防灾的城市形态优化研究[D].[硕士学位论文].西安:西安建筑科技大学

[52] 刘茂,赵国敏,王伟娜.2005.城市公共安全规划编制要点和规划目标的研究[J].中国公共安全(学术版),(Z1):10-18

[53] 刘易斯·芒福德.2005.城市发展史——起源、演变和前景[M].宋俊岭,倪文彦,译.北京:中国建筑工业出版社

[54] 柳孝图.2008.建筑物理环境与设计[M].北京:中国建筑工业出版社

[55] 伦纳德·J.霍珀,马莎·J.德罗格.2006.安全与场地设计[M].胡斌,吕元,熊瑛,译.北京:中国建筑工业出版社

[56] 吕元,胡斌.2004.城市防灾空间理念解析[J].低温建筑技术,(5):36-37

[57] 吕元.2005.城市防灾空间系统规划策略研究[D].[博士学位论文].北京:北京工业大学

[58] 毛媛媛,戴慎志.2008.国外城市空间环境与犯罪关系研究的剖析和借鉴[J].国际城市规划,23(4): 104-109

[59] 普林茨.1992.城市景观设计方法[M].李维荣,等译.天津:天津大学出版社

[60] 齐藤庸平,沈悦.2007.日本都市绿地防灾系统规划的思路[J].中国园林,23(7):1-5

[61] 浅见泰司.2006.居住环境评价方法与理论[M].高晓路,张文忠,李旭,等译.北京:清华大学出版社

[62] 全国城市规划执业制度管理委员会.2000.城市规划相关知识(上)[M].北京:中国建筑工业出版社

[63] 申绍杰.2003.城市热岛问题与城市设计[J].中外建筑,(5):20-22

[64] 沈清基.1998.城市生态与城市环境[M].上海:同济大学出版社

[65] 沈玉麟.1989.外国城市建设史[M].北京:中国建筑工业出版社

[66] 沈悦,齐藤庸平.2007.日本公共绿地防灾的启示[J].中国园林,23(7):6-12

[67] 施小斌.2006.城市防灾空间效能分析及优化选址研究[D].[硕士学位论文].西安:西安建筑科技大学

[68] 史培军.2002.三论灾害研究的理论与实践[J].自然灾害学报,11(3):1-9

[69] 斯皮罗·科斯托夫.2005.城市的形成——历史进程中的城市模式和城市意义[M].单皓,译.北京:中国建筑工业出版社

[70] 苏幼坡,刘瑞兴.2004.城市地震避难所的规划原则与要点[J].灾害学,19(1):87-91

[71] 孙晓春,郑曦.2009.城市绿地防灾规划建设和管理优化研究[M]//中国城市规划学会.2008年中国城市规划年会论文集.大连:大连出版社

[72] 谭纵波.2005.城市规划[M].北京:清华大学出版社

[73] 汪丽,王兴中.2003.对中国大城市安全空间的研究——以西安为例[J].现代城市研究,(5):1724

[74] 王发曾.2003.城市犯罪分析与空间防控[M].北京:群众出版社

[75] 王国权,马宗晋,苏桂武,等.1999.国外几次震后火灾的对比研究[J].自然灾害学报,8(3):72-79

[76] 王洪涛.2003.德国城市开放空间规划的规划思想和规划程序[J].城市规划,27(1):64-71

[77] 王建国.1997.生态原则与绿色城市设计[J].建筑学报,(7):8-12

[78] 王建国.2002.城市设计生态理念初探[J].规划师,(4):15-18

[79] 王建国.2004.城市设计[M].2版.南京:东南大学出版社

[80] 王建国.2005.21世纪初中国建筑和城市设计发展战略研究[J].建筑学报,(8):5-10

[81] 王鹏.2002.城市公共空间的系统化建设[M].南京:东南大学出版社

[82] 王其亨.2003.风水理论研究[M].天津:天津大学出版社

[83] 王绍增,李敏.2001.城市开敞空间规划的生态机理研究(上)[J].中国园林,(4):5-9

[84] 王紫雯,程伟平.2002.城市水涝灾害的生态机理分析和思考——以杭州市为主要研究对象[J].浙江大学学报,36(5):582-587

[85] 威廉·M.马什.2006.景观规划的环境学途径[M].4版.朱强,黄丽玲,俞孔坚,等译.北京:中国建筑工业出版社

[86] 吴庆洲.2007.建筑安全[M].北京:中国建筑工业出版社

[87] 奚江琳,王海龙,张涛.2005.地铁应对恐怖袭击的安全设计及建筑措施探讨[J].现代城市研究,(8):9-13

[88] 相马一朗,佐古顺彦.1986.环境心理学[M].周畅,李曼曼,译.北京:中国建筑工业出版社

[89] 肖大威.1995.中国古代城市防火减灾措施研究[J].灾害学,10(4):63-68

[90] 徐磊青,杨公侠.2002.环境心理学:环境、知觉和行为[M].上海:同济大学出版社

[91] 徐磊青.2003.以环境设计防止犯罪研究与实践30年[J].新建筑,(6):4-7

［92］ 徐小东,王建国.2009.绿色城市设计——基于生物气候条件的生态策略[M].南京:东南大学出版社

［93］ 徐小东.2005.基于生物气候条件的城市设计生态策略研究[D].[博士学位论文].南京:东南大学

［94］ 杨冬辉.2001.城市空间拓展对河流自然演进的影响——因循自然的城市规划方法初探[J].城市规划,(11):39－43

［95］ 杨士弘.1994.城市绿化树木的降温增湿效应研究[J].地理研究,(4):74－80

［96］ 叶光毅.2001.因应防灾之道路交通对策[J].科学发展月刊,29(7):504－510

［97］ 伊藤滋.1988.城市与犯罪[M].夏金池,郑光林,译.北京:群众出版社

［98］ 游璧菁.2004.从都市防灾探讨都市公园绿地体系规划[J].城市规划,28(5):74－79

［99］ 张翰卿,戴慎志.2005.城市安全规划研究综述[J].城市规划学刊,(2):38－44

［100］ 张浩,王祥荣.2002.城市绿地降低空气中含菌量的生态效应研究[J].环境污染与防治,(4):101－103

［101］ 张丽萍,张妙仙.2008.环境灾害学[M].北京:科学出版社

［102］ 张敏.2000.国外城市防灾减灾及我们的思考[J].国外城市规划,16(2):101－104

［103］ 张庭伟.2002.恐怖分子袭击后的美国规划建筑界[J].城市规划汇刊,(1):37－39

［104］ 张威杰.2004.以都市防灾观点探讨车站特定区都市设计规范之研究——以嘉义市火车站特定区为例[D].[硕士学位论文].台南:成功大学

［105］ 张驭寰.2003.中国城池史[M].天津:百花文艺出版社

［106］ 章家恩.2002.灾害生态学——生态学的一个重要发展方向[J].地球科学进展,17(3):452－456

［107］ 章美玲.2005.城市绿地防灾减灾功能探讨——以上海市浦东新区为例[D].[硕士学位论文].长沙:中南林学院

［108］ 章友德.2004.城市灾害学——一种社会学的视角[M].上海:上海大学出版社

［109］ 赵蔚.2000.城市公共空间及其建设的控制和引导[D].[硕士学位论文].上海:同济大学

［110］ 郑力鹏.1990.沿海城镇防潮灾的历史经验与对策[J].城市规划,(3):38－40

［111］ 周德定,李延红,卢伟.2007.社区老年人跌倒危险因素研究进展[J].环境与职业医学,24(1):87－91

［112］ 周进.2005.城市公共空间建设的规划控制与引导——塑造高品质城市公共空间的研究[M].北京:中国建筑工业出版社

［113］ 周铁军,林岭.2007.城市设计与安全规划的整合——华盛顿纪念碑核心区案例思考[J].建筑学报,(3):30－33

［114］ 朱嘉广.1983.城市住宅防卫安全问题初探[D].[硕士学位论文].北京:清华大学

［115］ 庄劲,廖万里.2005.情境犯罪预防的原理与实践[J].山西警官高等专科学校学报,13(1):17－22

中文电子文献

［1］ 陈燮.四川北川受灾群众在中学操场上等待救援[EB/OL].(2008－05－13)[2008－05－16]http://news.sina.com.cn/c/p/2008－05－13/113715528959.shtml

［2］ 陈燮.四川北川县县城被地震摧毁的建筑物[EB/OL].(2008－05－13)[2008－05－16]http://news.sina.com.cn/c/p/2008－05－13/123915529243.shtml

［3］ 国家统计局.2003年全国群众安全感调查主要数据公报[EB/OL].(2004－03－15)[2008－06－16]http://www.stats.gov.cn/tjgb/qttjgb/qgqttjgb/t20040315_402136312.htm

［4］ 国家统计局.2004年全国群众安全感调查主要数据公报[EB/OL].(2005－02－03)[2008－06－16]

http://www.stats.gov.cn/tjgb/qttjgb/qgqttjgb/t20050203_402228157.htm

［5］ 国家统计局.2005年全国群众安全感调查主要数据公报［EB/OL］.（2006－01－10）［2008－06－16］ http://www.stats.gov.cn/tjgb/qttjgb/qgqttjgb/t20050203_402300332.htm

［6］ 和玲,阳虹霞.避免高层楼群风速大,CBD"风环境"规划先行［EB/OL］（2002－09－20）［2008－10－25］http://house.sina.com.cn/n/b/2002－09－20/14649.html

［7］ 刘应华.工作人员在空旷地带架设临时指挥所［EB/OL］.（2008－05－14）［2008－05－16］http://news.sina.com.cn/c/p/2008－05－14/203415539400.shtml

［8］ 欧阳杰.操场整齐地搭建起救灾帐篷［EB/OL］.（2008－05－15）［2008－05－16］http://news.sina.com.cn/c/p/2008－05－15/145215546256.shtml

［9］ 王小璘.由减灾避难观点探讨防灾公园绿地系统之构建与规划设计［EB/OL］.（2008－09－28）［2008－10－04］http://www.chla.com.cn/html/2008－09/19457p2.html

［10］ 吴胜.灾区居民将马路当成临时的家［EB/OL］.（2008－05－15）［2008－05－16］http://news.sina.com.cn/c/p/2008－05－15/120915545635.shtml

［11］ 项瑛,肖卉,买苗.江苏省2007年梅雨期降水量监测报告:南京地区出现强降水［EB/OL］.（2007－07－09）［2008－03－12］http://www.jsmb.gov.cn/service/folder43/folder86/2007/07/09/2007－07－094498.html

［12］ 周婷玉,宋云霄.51年内中国机动车交通事故死亡人数上升120余倍［EB/OL］.（2007－10－03）［2008－04－12］http://news.xinhuanet.com/newscenter/2007－10/03/content_6824350.htm

［13］ 周婷玉,宋云霄.跌倒是老年人受伤害的首位原因［EB/OL］.（2007－10－02）［2008－04－12］http://news.xinhuanet.com/newscenter/2007－10/02/content_6822262.htm

［14］ 邹其嘉.城市灾害应急管理综述［EB/OL］.（2007－04－26）［2012－08－06］http://www1.mmzy.org.cn/html/article/1247/5114918.htm

外文纸质文献

［1］ Al Zelinka, Dean Bernnan. 2001. Safescape: Creating Safer, More Livable Communities Though Planning and Design［M］. Chicago: Planners Press-American Planning Association

［2］ American Planning Assoiation. 2006. Planning and Urban Design Standards［M］. New Jersey: John Wiley & Sons, Inc.

［3］ Barnett J. 1982. An Introduction to Urban Design［M］. New York: Harper & Row

［4］ Baruch Givoni. 1998. Climate Consideration in Building and Urban Design［M］. New York: A Division of Internation Thomson Publishing Inc.

［5］ Brown G Z, Mark Dckay. 2001. Sun, Wind & Light-Architecture Design Strategies［M］. 2nd ed. New York: John Wiley & Sons, Inc.

［6］ Clarke Ronald V. 1992. Situational Crime Prevention: Successful Case Studies［M］. 2nd ed. New York: Harrow and Heston

［7］ Dennis S Mileti. 1999. Disasters by Design: A Reassessment of Natural Hazards in the United States［M］. Washington DC: Joseph Henry Press

［8］ Donald E Geis. 2000. By Design: The Disaster Resistant and Quality-of-Life Community［J］. The Journal of Natural Hazards Review, 1(3): 151－160

［9］ Donald Watson, Alan Plattus, Robert Shibley. 2001. Time-Saver Standards for Urban Design［M］. McGraw-Hill Professional

[10] Gerda R Wekerle，Carolyn Whitzman. 1995. Safe Cities：Guidelines for Planning，Design and Managements[M]. New York：Van Nostrand Reinhold

[11] Hillier B，Simon Shu. 1999. Designing for Secure Spaces，Planning in London[J]. The London Planning & Development Forum,(29)：36 - 38

[12] Jeffery C R. 1971. Crime Prevention through Environment Design[M]. Beverly Hills，CA：Sage

[13] Joseph A，Demkin，AIA. 2004. Security Planning and Design：A Guide for Architects and Building Design Professionals[M]. John Wiley & Sons，inc.

[14] Michile Hough. 1995. City Form and Natural Process[M]. New York：Routledge

[15] Newman O. 1972. Defensible Space：Crime Prevention through Urban Design [M]. New York：Macmillian

[16] Newman O. 1996. Creating Defensible Space[M]. Washington：U. S. Department of Housing and Urban Development Office of Policy Development and Research

外文电子文献

[1] 911Research. WTC7. net site. Oklahoma City Bombing：The Bombing of the Federal Building in Oklahoma City[EB/OL]. (2011 - 09 - 25)[2012 - 05 - 10] http://911research. wtc7. net/non911/oklahoma/index. html

[2] Australian Government-National Capital Authority. Urban Design Guidelines for Perimeter Security in the Australian National Capital [EB/OL]. (2003 - 05)[2007 - 03 - 11] http://www. nationalcapital. gov. au/downloads/corporate/publications/misc/Urban_Design_Guidelines_LR. pdf

[3] Ben Hamilton-Bailli，Phil Jones. Improving traffic behaviour and safety through urban design[EB/OL]. (2005 - 05)[2007 - 04 - 07] http://www. rospa. com/roadsafety/conferences/congress2006/proceedings/day3/ballie. pdf

[4] City of Portland Office of Transportation Engineering and Development. Pedestrian Transportation ProgramThe Portland Pedestrian Design Guide[EB/OL]. (1998 - 06)[2008 - 04 - 07] http://www. portlandonline. com/TRANSPORTATION/index. cfm? c=34955&a=61759

[5] City of San Diego Street Design Manual Advisory Committee and the City of San Diego Planning Department，The M. W. Steele Group and the Stepner Design Group. The City of San Diego Street Design Manual 2002：Pedestrian Design & Traffic Calming[EB/OL]. (2002 - 11 - 25)[2008 - 04 - 02] http://www. sandiego. gov/planning/pdf/peddesign. pdf

[6] Department of Architecture Chinese University of Hong Kong. Urban Climatic Map and Standards for Wind Environment-Feasibility Study Working Paper 2A：Methodologies of Area Selection for Benchmarking[EB/OL]. (2006 - 10)[2012 - 06 - 05] http://www. pland. gov. hk/pland_en/p_study/prog_s/ucmapweb/ucmap_project/content/reports/wp2a. pdf

[7] Department of Architecture Chinese University of Hong Kong. Urban Climatic Map and Standards for Wind Environment-Feasibility Study Working Paper 2A：Methodologies of Area Selection for Benchmarking[EB/OL]. (2006 - 10)[2012 - 06 - 05] http://www. pland. gov. hk/pland_en/p_study/prog_s/ucmapweb/ucmap_project/content/reports/wp2a. pdf

[8] FEMA. Reference Manual to Mitigate Potential Terrorist Attacks Against Buildings[EB/OL]. (2003 - 12)[2008 - 06 - 07] http://www. fema. gov/library/file；jsessionid=4F7282E83EEC3AD3889C6956A5A5D90F. Worker2Library? type=publishedFile&file=fema426.

pdf&fileid=e52f3010 − 1e55 − 11db − b486 − 000bdba87d5b

[9] FEMA. Safe Rooms and Shelters: Protecting People Against Terrorist Attacks[EB/OL]. (2006 − 05)[2008 − 06 − 03] http://www. fema. gov/library/viewRecord. do? id=1910

[10] FEMA. Site and Urban Design for Security: Guidance Against Potential Terrorist Attacks[EB/OL]. (2007 − 12)[2008 − 06 − 07] http://www. fema. gov/library/viewRecord. do? id=3135

[11] Gosnells Gov. CITY OF GOSNELLS SafeCity URBAN DESIGN STRATEGY[EB/OL]. (2001) [2008 − 09 − 03] http://www. gosnells. wa. gov. au/upload/gosnells/F3E24ABC366C4541916 F003040CA0054. pdf

[12] HOK Architects Corpoation. Design Criteria for Review of Tall Building Proposals: City of Toronto [EB/OL]. (2006 − 06)[2008 − 05 − 29] http://www. toronto. ca/planning/pdf/tallbuildings_udg_ aug17_final. pdf

[13] Johanna Ruotsalainen, Reija Ruuhela, Markku Kangas. Preventing pedestrian slipping accidents with help of a weather and pavement condition model[EB/OL]. (2004 − 06)[2007 − 08 − 02] http:// www. walk21. com/papers/Copenhagen% 2004% 20Ruotsalainen% 20Preventing% 20pedestrian% 20slipping%20ac. pdf

[14] KIAMA MUNICIPAL COUNCIL. KIAMA MUNICIPAL COUNCIL WATER SENSITIVE URBAN DESIGN POLICY[EB/OL]. (2005 − 07 − 19)[2007 − 07 − 23] http://www. kiama. nsw. gov. au/Environmental − Services/pdf/water − sensitive − urban − design − policy. pdf

[15] Melbourne Water. Lynbrook Estate-a demonstration[EB/OL]. (2004 − 10)[2012 − 06 − 07] http:// wsud. melbournewater. com. au/download/water_sensitive_urban_design. pdf

[16] National Capital Planning Commission. The National Capital Urban Design and Security Plan[EB/OL]. (2004 − 12)[2012 − 06 − 21] http://www. inteltect. com/transfer/NCPC_UDSP_Section1_ UrbanDesignSecurityPlan. pdf

[17] National Tsunami Hazard Mitigation Program (NTHMP). Designing for Tsunamis: Seven Principles for Planning and Designing for Tsunami Hazards[EB/OL]. (2001 − 05)[2012 − 06 − 15] http://nthmp − history. pmel. noaa. gov/Designing_for_Tsunamis. pdf

[18] Office of the Deputy Prime Minister, Llewelyn Davies, Holden McAllister Partnership. 2004. Safer Places: The Planning System and Crime Prevention[R/OL]. Queen's Printer and Controller of Her Majestty's Stationery Offfice, [2006 − 10 − 08] http://www. securedbydesign. com/pdfs/safer_ places. pdf

[19] PPK Environment & Infrastructure. Water Sensitive Urban Design Guidelines[EB/OL]. (2002 − 07 − 01)[2012 − 11 − 10] http://www. litter. vic. gov. au/resources/documents/WSUD_Guidelines. pdf

[20] Sara D. Lloyd. WATER SENSITIVE URBAN DESIGN IN THE AUSTRALIAN CONTEXT [EB/OL]. (2001 − 09 − 07)[2008 − 02 − 25] http://melbournewater. com. au/content/library/wsud/ conferences/melb_1999/wsud_in_the_australian_context. pdf

[21] Shaw R, Colley M, Connell R. Climate change adaptation by design: a guide for sustainable communities[EB/OL]. (2007)[2012 − 06 − 18] http://www. tcpa. org. uk/data/files/bd_cca. pdf

[22] Stormwater Committee, Environment Protection Authority, Melbourne Water Corporation, Department of Natural Resources and Environment and Municipal Association of Victoria. 2006. Urban Stormwater: Best Practice Environmental Management Guidelines [M/OL]. Australia: CSIRO PUBLISHING. [2007 − 09 − 10] http://www. publish. csiro. au/? act=viewfile&file_id= SA0601047. pdf

[23] U S Department of transportation，Federal Hightway Administration. Research，Development，and Implementation of Pedestrian Safety Facilities in the United Kingdom［EB/OL］.（1999－12）［2012－11－06］http：//www. fhwa. dot. gov/publications/research/safety/pedbike/99089. pdf

[24] UN-HABITAT. SAFER CITIES APPROACH［EB/OL］.（2003）［2012－06－10］http：//ww2. unhabitat. org/programmes/safercities/approach. asp

[25] United Nations Human Settlements Programme（UN－Habitat）. 2007. GLOBAL REPORT ON HUMAN SETTLEMENTS 2007：ENHANCING URBAN SAFETY AND SECURITY［M/OL］. London：Earthscan， 2007［2009－03－07］http：//www. unhabitat. org/downloads/docs/grhs2007. pdf

[26] United Nations Human Settlements Programme（UN－Habitat）. WOMEN'S SAFETY AUDITS FOR A SAFER URBAN DESIGN［EB/OL］.（2007－10）［2008－08－04］http：//www. unhabitat. org/downloads/docs/5544_32059_WSA％20Centrum％20report. pdf

[27] Wong T H F. An Overview of Water Sensitive Urban Design Practices in Australia［EB/OL］. （2006）［2012－06－15］http：//citeseerx. ist. psu. edu/viewdoc/download？doi＝10. 1. 1. 116. 1518&. rep＝rep1&. type＝pdf

[28] 東京都都市整備局（Bureau of Urban Development Tokyo Metropolitan Government）. 震災復興グランドデザイン［EB/OL］.（2001－05）［2012－06－08］http：//www. toshiseibi. metro. tokyo. jp/bosai/gd/pdf/s_02－3. pdf

[29] 日本国土交通省. これからの都市防災対策：密集市街地の再整備［EB/OL］.［2009－03－23］http：//www. mlit. go. jp/crd/city/sigaiti/tobou/hpimg/saisei. gif

[30] 日本国土交通省. 安全・安心のまちづくり施策：震災に強いまちづくり［EB/OL］.［2009－03－23］http：//www. mlit. go. jp/crd/city/sigaiti/tobou/kokyosisetsu. htm

图表来源

图 0 - 1 源自：United Nations Human Settlements Programme（UN-Habitat）. 2007. GLOBAL REPORT ON HUMAN SETTLEMENTS 2007：ENHANCING URBAN SAFETY AND SECURITY[M/OL]. London：Earthscan，[2012 - 11 - 07] http://www. unhabitat. org/downloads/docs/GRHS2007. pdf

图 0 - 2 源自：American Planning Association. 2006. Planning and Urban Design Standards[M]. New Jersey：John Wiley & Sons, Inc. ：476

图 0 - 3 源自：東京都都市整備局（Bureau of Urban Development Tokyo Metropolitan Government）. 震災復興グランドデザイン[EB/OL]. (2001 - 05)[2012 - 06 - 08] http://www. toshiseibi. metro. tokyo. jp/bosai/gd/pdf/s_02 - 3. pdf

图 0 - 4 源自：黄建中. 2006. 特大城市用地发展与客运交通模式[M]. 北京：中国建筑工业出版社：152

图 0 - 5 源自：American Planning Assoiation. 2006. Planning and Urban Design Standards[M]. New Jersey：John Wiley & Sons, Inc. ：1

图 0 - 6 源自：作者绘制

表 0 - 1 源自：作者整理

图 1 - 1 源自：金龙哲，宋存义. 2004. 安全科学原理[M]. 北京：化学工业出版社：20 - 21 绘制

图 1 - 2 源自：金龙哲，宋存义. 2004. 安全科学原理[M]. 北京：化学工业出版社：33

图 1 - 3 源自：金龙哲，宋存义. 2004. 安全科学原理[M]. 北京：化学工业出版社：171 绘制

图 1 - 4 源自：林玉莲，胡正凡. 2007. 环境心理学[M]. 2 版. 北京：中国建筑工业出版社：88

图 1 - 5 源自：Newman O. 1996. Creating Defensible Space[M]. Washington：U. S. Department of Housing and Urban Development Office of Policy Development and Research：18 - 20

图 1 - 6 源自：American Planning Assoiation. 2006. Planning and Urban Design Standards[M]. New Jersey：John Wiley & Sons, Inc. ：472

图 1 - 7 源自：史培军. 2002. 三论灾害研究的理论与实践[J]. 自然灾害学报，11(3)：1 - 9 绘制

图 1 - 8 源自：张丽萍，张妙仙. 2008. 环境灾害学[M]. 北京：科学出版社：38

图 2 - 1 至图 2 - 2 源自：沈玉麟. 1989. 外国城市建设史[M]. 北京：中国建筑工业出版社：12,14

图 2 - 3 源自：吴庆洲. 2007. 建筑安全[M]. 北京：中国建筑工业出版社：23

图 2 - 4 源自：阿而多·罗西. 2000. 城市建筑[M]. 施植明，译. 台北：田园城市文化事业有限公司：206

图 2 - 5 源自：王建国. 2004. 城市设计[M]. 2 版. 南京：东南大学出版社：8

图 2 - 6 源自：沈玉麟. 1989. 外国城市建设史[M]. 北京：中国建筑工业出版社：26

图 2 - 7 源自：贝纳沃罗. 2000. 世界城市史[M]. 薛钟灵，余靖芝，等译. 北京：科学出版社：263

图 2 - 8 源自：王建国. 2004. 城市设计[M]. 2 版. 南京：东南大学出版社：11

图 2 - 9 源自：沈玉麟. 1989. 外国城市建设史[M]. 北京：中国建筑工业出版社：53

图 2 - 10 源自：王建国拍摄

图 2 - 11 源自：斯皮罗·科斯托夫. 2005. 城市的形成——历史进程中的城市模式和城市意义[M]. 单皓，译. 北京：中国建筑工业出版社：299

图 2-12 源自:沈玉麟.1989.外国城市建设史[M].北京:中国建筑工业出版社:65

图 2-13 至图 2-14 源自:斯皮罗·科斯托夫.2005.城市的形成——历史进程中的城市模式和城市意义[M].单皓,译.北京:中国建筑工业出版社:161,19;191

图 2-15 源自:沈玉麟.1989.外国城市建设史[M].北京:中国建筑工业出版社:99

图 2-16 至图 2-17 源自:张敏.2000.国外城市防灾减灾及我们的思考[J].国外城市规划,16(2):101-104

图 2-18 源自:张驭寰.2003.中国城池史[M].天津:百花文艺出版社:328

图 2-19 至图 2-22 源自:董鉴泓.2004.中国城市建设史[M].3 版.北京:中国建筑工业出版社:253,185,29,48

图 2-23 至图 2-24 源自:张驭寰.2003.中国城池史[M].天津:百花文艺出版社:182,183

图 2-25 源自:王其亨.2003.风水理论研究[M].天津:天津大学出版社

图 2-26 源自:王建国.2004.城市设计[M].2 版.南京:东南大学出版社:219

图 2-27 至图 2-29 源自:董鉴泓.2004.中国城市建设史[M].3 版.北京:中国建筑工业出版社:28,30,114

图 2-30 源自:斯皮罗·科斯托夫.2005.城市的形成——历史进程中的城市模式和城市意义[M].单皓,译.北京:中国建筑工业出版社:97

图 2-31 源自:郑力鹏.1990.沿海城镇防潮灾的历史经验与对策[J].城市规划,(3):38-40

图 2-32 源自:董鉴泓.2004.中国城市建设史[M].3 版.北京:中国建筑工业出版社:246

图 2-33 源自:谭纵波.2005.城市规划[M].北京:清华大学出版社:27

图 2-34 源自:贝纳沃罗.2000.世界城市史[M].薛钟灵,余靖芝,等译.北京:科学出版社:834

图 2-35 至图 2-36 源自:谭纵波.2005.城市规划[M].北京:清华大学出版社:40,44

图 2-37 源自:王建国.2004.城市设计[M].2 版.南京:东南大学出版社:34

图 2-38 源自:Matthew Carmona,Tim Heath,Taner Oc,等.2005.城市设计的维度:公共场所——城市空间[M].冯江,袁粤,万谦,等译.南京:江苏科学技术出版社:110

图 2-39 至图 2-40 源自:谭纵波.2005.城市规划[M].北京:清华大学出版社:62,66

图 2-41 源自:作者绘制

表 2-1 源自:根据全国城市规划执业制度管理委员会.2000.城市规划相关知识(上)[M].北京:中国建筑工业出版社:216-230;何振德,金磊.2005.城市灾害概论[M].天津:天津大学出版社:8-9 整理

表 2-2 源自:根据吴庆洲.2007.建筑安全[M].北京:中国建筑工业出版社:13-387 整理

表 2-3 源自:作者绘制

图 3-1 至图 3-2 源自:作者拍摄

图 3-3 源自:City of Portland Office of Transportation Engineering and Development. Pedestrian Transportation ProgramThe Portland Pedestrian Design Guide[EB/OL].(1998-06)[2008-04-07] http://www.portlandonline.com/TRANSPORTATION/index.cfm? c=34955&a=61759

图 3-4 源自:911Research. WTC7. net site. Oklahoma City Bombing:The Bombing of the Federal Building in Oklahoma City[EB/OL].(2011-09-25)[2012-05-10] http://911research. wtc7. net/non911/oklahoma/index. html

图 3-5 源自:FEMA. Site and Urban Design for Security:Guidance Against Potential Terrorist Attacks[EB/OL].(2007-12)[2008-06-07] http://www. fema. gov/library/viewRecord. do? id=3135

图 3-6 源自:作者绘制

图 3-7 源自:项瑛,肖卉,买苗.江苏省 2007 年梅雨期降水量监测报告:南京地区出现强降水[EB/

OL]. (2007 - 07 - 09)[2008 - 03 - 12] http://www.jsmb.gov.cn/service/folder43/folder86/2007/07/09/2007 - 07 - 094498.html

图 3 - 8 源自：陈燮. 四川北川县县城被地震摧毁的建筑物[EB/OL]. (2008 - 05 - 13)[2008 - 05 - 16] http://news.sina.com.cn/c/p/2008 - 05 - 13/123915529243.shtml

图 3 - 9 源自：American Planning Assoiation. 2006. Planning and Urban Design Standards[M]. New Jersey: John Wiley & Sons, Inc. : 105

图 3 - 10 源自：柳孝图主编. 2008. 建筑物理环境与设计[M]. 北京：中国建筑工业出版社：150

图 3 - 11 源自：徐小东，王建国. 2009. 绿色城市设计——基于生物气候条件的生态策略[M]. 南京：东南大学出版社：75

图 3 - 12 源自：柳孝图. 2008. 建筑物理环境与设计[M]. 北京：中国建筑工业出版社：351

图 3 - 13 源自：陈燮. 四川北川受灾群众在中学操场上等待救援[EB/OL]. (2008 - 05 - 13)[2008 - 05 - 16] http://news.sina.com.cn/c/p/2008 - 05 - 13/113715528959.shtml

图 3 - 14 源自：刘应华. 工作人员在空旷地带架设临时指挥所[EB/OL]. (2008 - 05 - 14)[2008 - 05 - 16] http://news.sina.com.cn/c/p/2008 - 05 - 14/203415539400.shtml

图 3 - 15 源自：欧阳杰. 操场整齐地搭建起救灾帐篷[EB/OL]. (2008 - 05 - 15)[2008 - 05 - 16] http://news.sina.com.cn/c/p/2008 - 05 - 15/145215546256.shtml

表 3 - 1 源自：U S Department of transportation, Federal Hightway Administration. Research, Development, and Implementation of Pedestrian Safety Facilities in the United Kingdom[EB/OL]. (1999 - 12)[2012 - 11 - 06] http://www.fhwa.dot.gov/publications/research/safety/pedbike/99089.pdf

表 3 - 2 源自：威廉·M. 马什. 2006. 景观规划的环境学途径[M]. 4 版. 朱强，黄丽玲，俞孔坚，等译. 北京：中国建筑工业出版社：336

表 3 - 3 源自：根据沈清基. 1998. 城市生态与城市环境[M]. 上海：同济大学出版社：113 - 115,211 - 214；毕凌岚. 2007. 城市生态系统空间形态与规划[M]. 北京：中国建筑工业出版社：42 - 43 整理

表 3 - 4 源自：作者绘制

图 4 - 1 至图 4 - 2 源自：作者绘制
表 4 - 1 源自：作者绘制

图 5 - 1 源自：作者绘制
图 5 - 2 至图 5 - 7 源自：作者拍摄
图 5 - 8 源自：作者绘制
图 5 - 9 源自：参考 City of Portland Office of Transportation Engineering and Development. Pedestrian Transportation ProgramThe Portland Pedestrian Design Guide[EB/OL]. (1998 - 06)[2008 - 04 - 07] http://www.portlandonline.com/TRANSPORTATION/index.cfm? c＝34955＆a＝61759 绘制

图 5 - 10 源自：作者拍摄
图 5 - 11 源自：Donald Watson, Alan Plattus, Robert Shibley. 2001. Time-Saver Standard for Urban Design[M]. New York, NY: McGraw-Hill Professional: 2 - 10

图 5 - 12 至图 5 - 13 源自：作者绘制
图 5 - 14 源自：王建国. 2004. 城市设计[M]. 2 版. 南京：东南大学出版社：129
图 5 - 15 至图 5 - 17 源自：作者拍摄
图 5 - 18 源自：作者绘制
图 5 - 19 源自：作者拍摄

图 5 - 20 源自:作者绘制

图 5 - 21 源自:作者拍摄

图 5 - 22 源自:作者绘制

图 5 - 23 源自:王建国.2004.城市设计[M].2 版.南京:东南大学出版社:129

图 5 - 24 源自:作者绘制

图 5 - 25 至图 5 - 31 源自:作者拍摄

图 5 - 32 源自:Matthew Carmona, Tim Heath, Taner Oc,等.2005.城市设计的维度:公共场所——城市空间[M].冯江,袁粤,万谦,等译.南京:江苏科学技术出版社:181

图 5 - 33 至图 5 - 34 源自:作者拍摄

图 5 - 35 源自:王建国.2004.城市设计[M].2 版.南京:东南大学出版社:129

图 5 - 36 源自:普林茨.1992.城市景观设计方法[M].李维荣,译.天津:天津大学出版社:119

图 5 - 37 源自:City of Portland Office of Transportation Engineering and Development, Pedestrian Transportation Program. The Portland Pedestrian Design Guide[EB/OL]. (1998 - 06)[2008 - 04 - 07] http://www. portlandoregon. gov/transportation/article/61759

图 5 - 38 源自:U S Department of transportation, Federal Hightway Administration. Research, Development, and Implementation of Pedestrian Safety Facilities in the United Kingdom[EB/OL]. (1999 - 12)[2012 - 04 - 08] http://www. fhwa. dot. gov/publications/research/safety/pedbike/99089. pdf

图 5 - 39 源自:City of Portland Office of Transportation Engineering and Development, Pedestrian Transportation Program. The Portland Pedestrian Design Guide[EB/OL]. (1998 - 06)[2008 - 04 - 07] http://www. portlandoregon. gov/transportation/article/61759

图 5 - 40 源自:卡门·哈斯克劳,英奇·诺尔德,格特·比科尔.2008.文明的街道——交通稳静化指南[M].郭志锋,陈秀娟,译.北京:中国建筑工业出版社:15

图 5 - 41 源自:City of Portland Office of Transportation Engineering and Development, Pedestrian Transportation Program. The Portland Pedestrian Design Guide[EB/OL]. (1998 - 06)[2008 - 04 - 07] http://www. portlandoregon. gov/transportation/article/61759

图 5 - 42 源自:作者拍摄

图 5 - 43 源自:City of San Diego Street Design Manual Advisory Committee and the City of San Diego Planning Department, The M. W. Steele Group and the Stepner Design Group. The City of San Diego Street Design Manual 2002:Pedestrian Design & Traffic Calming[EB/OL]. (2002 - 11 - 25)[2008 - 04 - 02] http://www. sandiego. gov/planning/pdf/peddesign. pdf

图 5 - 44 至图 5 - 45 源自:卡门·哈斯克劳,英奇·诺尔德,格特·比科尔.2008.文明的街道——交通稳静化指南[M].郭志锋,陈秀娟,译.北京:中国建筑工业出版社:6,5,20

表 5 - 1 源自:作者绘制

图 6 - 1 源自:作者绘制

图 6 - 2 至图 6 - 10 源自:作者拍摄

图 6 - 11 源自:Matthew Carmona, Tim Heath, Taner Oc,等.2005.城市设计的维度:公共场所——城市空间[M].冯江,袁粤,万谦,等译.南京:江苏科学技术出版社:180

图 6 - 12 至图 6 - 17 源自:作者拍摄

图 6 - 18 至图 6 - 19 源自:作者绘制和拍摄

图 6 - 20 至图 6 - 21 源自:作者绘制

图 6 - 22 源自:Matthew Carmona, Tim Heath, Taner Oc,等.2005.城市设计的维度:公共场所——

城市空间[M].冯江,袁粤,万谦,等译.南京:江苏科学技术出版社:112

图 6 - 23 源自:作者绘制

图 6 - 24 源自:作者拍摄

图 6 - 25 至图 6 - 27 源自:作者绘制

图 6 - 28 源自:作者拍摄

图 6 - 29 源自:American Planning Assoiation. 2006. Planning and Urban Desi-gn Standards[M]. New Jersey:John Wiley & Sons,Inc. :473

图 6 - 30 至 图 6 - 33 源自:作者拍摄

图 6 - 34 至 图 6 - 35 源自:作者绘制

图 6 - 36 源自:FEMA. Safe Rooms and Shelters:Protecting People Against Terrorist Attacks[EB/OL]. (2006 - 05)[2008 - 06 - 03] http://www. fema. gov/library/viewRecord. do? id=1910

图 6 - 37 源自:FEMA. Site and Urban Design for Security:Guidance Against Potential Terrorist Attacks[EB/OL]. (2007 - 12)[2008 - 06 - 07] http://www. fema. gov/library/viewRecord. do? id=3135

图 6 - 38 源自:作者拍摄

图 6 - 39 源自:National Capital Planning Commission. The National Capital Urban Design and Security Plan[EB/OL]. (2004 - 12)[2012 - 06 - 21] http://www. inteltect. com/transfer/NCPC_UDSP_Section1_UrbanDesignSecurityPlan. pdf

图 6 - 40 源自:FEMA. Site and Urban Design for Security:Guidance Against Potential Terrorist Attacks[EB/OL]. (2007 - 12)[2008 - 06 - 07] http://www. fema. gov/library/viewRecord. do? id=3135

图 6 - 41 源自:作者绘制

图 6 - 42 源自:American Planning Assoiation. 2006. Planning and Urban Desi-gn Standards[M]. New Jersey:John Wiley & Sons,Inc. :477

图 6 - 43 源自:作者绘制

图 6 - 44 源自:FEMA. Site and Urban Design for Security:Guidance Against Potential Terrorist Attacks[EB/OL]. (2007 - 12)[2008 - 06 - 07] http://www. fema. gov/library/viewRecord. do? id=3135

图 6 - 45 源自:National Capital Planning Commission. The National Capital Urban Design and Security Plan[EB/OL]. (2004 - 12)[2012 - 06 - 21] http://www. inteltect. com/transfer/NCPC_UDSP_Section1_UrbanDesignSecurityPlan. pdf

图 6 - 46 至 图 6 - 47 源自:FEMA. Site and Urban Design for Security:Guidance Against Potential Terrorist Attacks[EB/OL]. (2007 - 12)[2008 - 06 - 07] http://www. fema. gov/library/viewRecord. do? id=3135

图 6 - 48 源自:Office of the Deputy Prime Minister,Llewelyn Davies,Holden McAllister Partnership. 2004. Safer Places:The Planning System and Crime Prevention[M/OL]. Queen's Printer and Controller of Her Majesty's Stationery Office,[2006 - 10 - 08] http://www. securedbydesign. com/pdfs/safer_places. pdf 绘制

图 6 - 49 至 图 6 - 54 源自:National Capital Planning Commission. The National Capital Urban Design and Security Plan[EB/OL]. (2004 - 12)[2012 - 06 - 21] http://www. inteltect. com/transfer/NCPC_UDSP_Section1_UrbanDesignSecurityPlan. pdf

表 6 - 1 源自:Office of the Deputy Prime Minister,Llewelyn Davies,Holden McAllister Partnership. 2004. Safer Places:The Planning System and Crime Prevention[M/OL]. Queen's Printer and Controller of Her Majesty's Stationery Office,[2006 - 10 - 08] http://www. securedbydesign. com/pdfs/safer_places. pdf 绘制

表 6-2 源自：American Planning Assoiation. 2006. Planning and Urban Desi-gn Standards[M]. New Jersey：John Wiley & Sons, Inc.：474

表 6-3 源自：FEMA. Site and Urban Design for Security：Guidance Against Potential Terrorist Attacks[EB/OL]. (2007-12)[2008-06-07] http://www.fema.gov/library/viewRecord.do? id=3135

表 6-4 至表 6-5 源自：作者绘制

图 7-1 源自：柳孝图. 2008. 建筑物理环境与设计[M]. 北京：中国建筑工业出版社：140

图 7-2 源自：威廉·M. 马什. 2006. 景观规划的环境学途径[M]. 4 版. 朱强,黄丽玲,俞孔坚,等译. 北京：中国建筑工业出版社：324

图 7-3 源自：徐小东,王建国. 2009. 绿色城市设计——基于生物气候条件的生态策略[M]. 南京：东南大学出版社：78

图 7-4 源自：Brown G Z, Mark Dckay. 2001. Sun, Wind & Light-Architecture Design Strategies [M]. 2nd ed. New York：John Wiley & Sons, Inc.：78

图 7-5 源自：American Planning Assoiation. 2006. Planning and Urban Design Standards[M]. New Jersey：John Wiley & Sons, Inc.：107

图 7-6 至图 7-8 源自：威廉·M. 马什. 2006. 景观规划的环境学途径[M]. 4 版. 朱强,黄丽玲,俞孔坚,等译. 北京：中国建筑工业出版社：156,157,174

图 7-9 源自：Stormwater Committee, Environment Protection Authority, Melbourne Water Corporation, Department of Natural Resources and Environment and Municipal Association of Victoria. Urban Stormwater：Best Practice Environmental Management Guidelines[M/OL]. CSIRO PUBLISHING, Australia, 2006 [2007-09-10] http://www.publish.csiro.au/? act = view _ file&file _ id = SA0601047. pdf

图 7-10 源自：Kiama Municipal Counail. Kiama Municipal Council Water Sensitive Urban Design Policy[EB/OL]. (2005-07-19)[2007-07-23] http://www.kiama.nsw.gov.au/Environmental-Services/pdf/water-sensitive-urban-design-policy.pdf

图 7-11 至图 7-12 源自：威廉·M·马什. 2006. 景观规划的环境学途径[M]. 4 版. 朱强,黄丽玲,俞孔坚,等译. 北京：中国建筑工业出版社：180,251

图 7-13 源自：Kiama Municipal Counail. Kiama Municipal Council Water Sensitive Urban Design Policy[EB/OL]. (2005-07-19)[2007-07-23] http://www.kiama.nsw.gov.au/Environmental-Services/pdf/water-sensitive-urban-design-policy.pdf

图 7-14 源自：张丽萍,张妙仙. 2008. 环境灾害学[M]. 北京：科学出版社：90

图 7-15 源自：Matthew Carmona, Tim Heath, Taner Oc,等. 2005. 城市设计的维度：公共场所——城市空间[M]. 冯江,袁粤,万谦,等译. 南京：江苏科学技术出版社：183

图 7-16 源自：柳孝图. 2008. 建筑物理环境与设计[M]. 北京：中国建筑工业出版社：145 改绘

图 7-17 至图 7-18 源自：吴庆洲. 2007. 建筑安全[M]. 北京：中国建筑工业出版社：117

图 7-19 源自：谭纵波. 2005. 城市规划[M]. 北京：清华大学出版社：171

图 7-20 源自：作者绘制

图 7-21 源自：徐小东,王建国. 2009. 绿色城市设计——基于生物气候条件的生态策略[M]. 南京：东南大学出版社：78

图 7-22 至图 7-24 源自：作者绘制

图 7-25 源自：Department of Architecture Chinese University of Hong Kong. Feasibility Study for Establishment of Air Ventilation Assessment System-FINAL REPORT[EB/OL]. (2005-11)[2008-12-

16〕http://www.pland.gov.hk/pland_en/p_study/comp_s/avas/papers&reports/final_report.pdf 绘制

图 7 - 26 源自：Department of Architecture Chinese University of Hong Kong. Feasibility Study for Establishment of Air Ventilation Assessment System-FINAL REPORT〔EB/OL〕. (2005 - 11)〔2008 - 12 - 16〕http://www.pland.gov.hk/pland_en/p_study/comp_s/avas/papers&reports/final_report.pdf

图 7 - 27 至图 7 - 28 源自：作者绘制

图 7 - 29 源自：HOK Architects Corpoation. Design Criteria for Review of Tall Building Proposals：City of Toronto〔EB/OL〕. (2006 - 06)〔2008 - 05 - 29〕http://www.toronto.ca/planning/pdf/tallbuildings_udg_aug17_final.pdf

图 7 - 30 源自：作者绘制

图 7 - 31 源自：黄世孟. 2002. 场地规划〔M〕. 沈阳：辽宁科学技术出版社：257

图 7 - 32 源自：谭纵波. 2005. 城市规划〔M〕. 北京：清华大学出版社：187

图 7 - 33 至图 7 - 34 源自：作者绘制

图 7 - 35 源自：American Planning Assoiation. 2006. Planning and Urban Design Standards〔M〕. New Jersey：John Wiley & Sons，Inc.：177

图 7 - 36 源自：谭纵波. 2005. 城市规划〔M〕. 北京：清华大学出版社：184

图 7 - 37 源自：吴胜. 灾区居民将马路当成临时的家〔EB/OL〕. (2008 - 05 - 15)〔2008 - 05 - 16〕http://news.sina.com.cn/c/p/2008 - 05 - 15/120915545635.shtml

图 7 - 38 源自：王小璘. 由减灾避难观点探讨防灾公园绿地系统之构建与规划设计〔EB/OL〕. (2008 - 09 - 28)〔2008 - 10 - 04〕http://www.chla.com.cn/html/2008 - 09/19457p2.html

图 7 - 39 源自：沈悦，齐藤庸平. 2007. 日本公共绿地防灾的启示〔J〕. 中国园林，23(7)：6 - 12

图 7 - 40 源自：作者绘制

图 7 - 41 源自：叶光毅. 2001. 因应防灾之道路交通对策〔J〕. 科学发展月刊，29(7)：504 - 510 绘制

图 7 - 42 源自：作者绘制

图 7 - 43 源自：李景奇，夏季. 2007. 城市防灾公园规划研究〔J〕. 中国园林，23(7)：16 - 21

图 7 - 44 源自：沈悦，齐藤庸平. 2007. 日本公共绿地防灾的启示〔J〕. 中国园林，23(7)：6 - 12

图 7 - 45 源自：日本国土交通省. 安全・安心のまちづくり施策：震災に強いまちづくり〔EB/OL〕. 〔2009 - 03 - 23〕http://www.mlit.go.jp/crd/city/sigaiti/tobou/kokyosisetsu.htm

图 7 - 46 源自：根据作者参与工程实践项目《宜兴团氿滨水区城市设计》绘制

图 7 - 47 源自：根据 Sara D. Lloyd. WATER SENSITIVE URBAN DESIGN IN THE AUSTRALIAN CONTEXT〔EB/OL〕. (2001 - 09 - 07)〔2008 - 02 - 25〕http://melbournewater.com.au/content/library/wsud/conferences/melb_1999/wsud_in_the_australian_context.pdf 重绘

图 7 - 48 源自：昆・斯蒂摩. 2004. 可持续城市设计：议题、研究和项目〔J〕. 世界建筑，(8)：34 - 39

图 7 - 49 至图 7 - 50 源自：日本国土交通省. これからの都市防災対策：密集市街地の再整備〔EB/OL〕. 〔2009 - 03 - 23〕http://www.mlit.go.jp/crd/city/sigaiti/tobou/hpimg/saisei.gif

图 7 - 51 至图 7 - 55 源自：沈悦，齐藤庸平. 2007. 日本公共绿地防灾的启示〔J〕. 中国园林，23(7)：6 - 12

表 7 - 1 源自：Kiama Municipal Counail. Kiama Municipal Council Water Sensitive Urban Design Policy〔EB/OL〕. (2005 - 07 - 19)〔2007 - 07 - 23〕http://www.kiama.nsw.gov.au/Environmental-Services/pdf/water-sensitive-urban-design-policy.pdf 和 PPK Environment & Infrastructure. Water Sensitive Urban Design Guidelines〔EB/OL〕. (2002 - 07 - 01)〔2012 - 11 - 10〕http://www.litter.vic.gov.au/resources/documents/WSUD_Guidelines.pdf 整理

表 7 - 2 源自：关滨蓉，马国馨. 1995. 建筑设计和风环境〔J〕. 建筑学报，(11)：44 - 48

表 7 - 3 源自：沈清基.1998.城市生态与城市环境[M].上海：同济大学出版社：246 - 249；王绍增，李敏.2001.城市开敞空间规划的生态机理研究（上）[J].中国园林，(4)：5 - 9 整理

表 7 - 4 源自：作者整理绘制

表 7 - 5 源自：作者绘制

表 7 - 6 源自：沈悦，齐藤庸平.2007.日本公共绿地防灾的启示[J].中国园林，23(7)：6 - 12；王小璘.由减灾避难观点探讨防灾公园绿地系统之构建与规划设计[EB/OL].(2008 - 09 - 28)[2008 - 10 - 04] http://www.chla.com.cn/html/2008 - 09/19457p3.html 绘制

表 7 - 7 源自：作者绘制

表 7 - 8 源自：王小璘.由减灾避难观点探讨防灾公园绿地系统之构建与规划设计[EB/OL].(2008 - 09 - 28)[2008 - 10 - 04] http://www.chla.com.cn/html/2008 - 09/19457p3.html 整理绘制

表 7 - 9 至表 7 - 10 源自：作者绘制

后记

　　时至今日，本书完成。回首过程，感慨良多。面对较新的研究领域，缺漏和遗憾难免，收获和成果却更令人欣慰。

　　基于对城市发展中的安全问题和城市规划设计发展走向的把握，在工作室的组织形式下，我们于数年前对基于公共安全的城市设计研究展开探索。面对这一极富意义和挑战的领域，我们始终坚守城市设计自身的学科特点和框架，立足于物质空间三维形态和整体环境设计的基点，厘清城市公共安全问题与城市设计的关联，初步论证安全城市设计的理论基础，建立其基本的理论框架，并探讨具有操作性的技术策略，试图为我国城市公共安全建设提供理论和实践层面的参考。通过对相关资料的反复梳理、分析、论证，我们的研究逐渐从困惑走向明晰，并形成较为系统的成果。本书即是以王建国教授指导、蔡凯臻完成的相关课题的博士学位论文为基础充实、完善而成的。

　　在选题和撰写过程中，同济大学的王伯伟教授、南京大学的丁沃沃教授和东南大学的韩冬青教授、郑炘教授、阳建强教授、龚恺教授对研究内容、研究思路和研究方法等方面提出了中肯的意见和有益的建议。

　　感谢陈宇副教授、徐小东副教授、魏羽力、顾震弘对本书的关心和帮助，他们自觉、主动地留意、收集和提供了重要的资料，对本书的完成具有直接贡献。

　　在本书的编辑出版过程中，东南大学出版社徐步政编辑和孙惠玉编辑给予了大力的支持。

　　还要感谢工作室的其他老师和同学，与他们无拘无束的纵谈和讨论不仅令我们多次获取信息、触发灵感、得到启示，也是对压力和疲惫的舒解，共度数载的经历实在令人难忘。

　　此外，还要衷心感谢家人的照顾和支持，他们不辞劳苦，勉力承担，是我们的动力和后盾。

　　最后，期盼本书有助于城市公共安全规划建设和城市设计的发展和完善，为关注和从事相关研究领域的读者提供有益的启示。由于笔者学术水平和能力有限，书中的疏漏甚至谬误恐在所难免，敬请各位读者指正和赐教，这有益于未来研究工作的修正与完善。

作　者

2013 年 6 月于南京东南大学